普通高等教育新工科电子信息类课改系列教材

计算机软件基础

孟彩霞　编著

张长海　主审

西安电子科技大学出版社

内 容 简 介

本书较全面地介绍了计算机软件领域中最基本的原理和设计方法，包括：数据结构、操作系统、数据库和软件工程。数据结构中介绍了常用的数据结构及部分典型算法，其算法采用 C 语言描述；操作系统结合现代操作系统的原理进行介绍；数据库中除介绍关系数据库系统的基本概念和基本理论外，还讲解了关系数据库标准语言 SQL；软件工程主要介绍软件开发的方法和步骤。全书内容紧凑，深入浅出，通俗易懂，注重实用。

本书可作为高等院校非计算机专业计算机软件基础课程的教材，以及全国计算机等级考试数据库技术（三级）的教材，也可供工程技术人员作为提高软件水平的参考书，亦可用作成人教育和职业培训教材。

★ 本书配有电子教案，需要的教师可与出版社联系，免费提供。

图书在版编目(CIP)数据

计算机软件基础 / 孟彩霞编著. —西安：西安电子科技大学出版社，2003.8(2021.7 重印)
ISBN 978–7–5606–1271–3

Ⅰ. 计…　Ⅱ. 孟…　Ⅲ. 软件—高等学校：技术学校—教材　Ⅳ. TP31

中国版本图书馆 CIP 数据核字(2003)第 062325 号

责任编辑　马武装
出版发行　西安电子科技大学出版社（西安市太白南路 2 号）
电　　话　(029)88202421　88201467　　　　邮　　编　710071
网　　址　www.xduph.com　　　　　　　　电子邮箱　xdupfxb001@163.com
经　　销　新华书店
印刷单位　陕西天意印务有限责任公司
版　　次　2003 年 8 月第 1 版　2021 年 7 月第 18 次印刷
开　　本　787 毫米×1092 毫米　1/16　印张 18.75
字　　数　434 千字
印　　数　43 001～45 000 册
定　　价　42.00 元

ISBN 978-7-5606-1271-3 / TP

XDUP 1542011-18

*** 如有印装问题可调换 ***

前　　言

在当今信息化的社会中，计算机技术作为一种新的信息处理手段，已经深入到各行各业、各个领域，发挥着越来越重要的作用，因而学习计算机基础知识、利用计算机技术解决本专业工作中的具体问题，就成为各行各业、各种层次人员迫切需要解决的问题。在普通高等院校中对学生的计算机基础知识与应用能力的培养已成为各学科、各专业教学计划的重要组成部分，高等院校毕业生的计算机基础知识与应用能力的水平也已成为绝大多数用人单位选择录用人员的重要依据之一。对于大学各类专业来说，计算机软件应用与开发技术显得越来越重要和必不可少了。

计算机技术日新月异，教学内容必须更新，因此原有的一些教材已不能适应教学发展的需求，《计算机软件基础》一书正是为满足这种教学需求而编写的。本书的目的是培养非计算机专业学生的软件开发能力。为了满足各种水平读者的需求，本书在内容上力求深入浅出，通俗易懂，简明扼要，注重实用技术。

本书从计算机软件的基础知识、基本概念入手，介绍数据结构、操作系统、数据库系统和软件工程方面的基本理论知识，并在此基础上，把编者多年从事有关计算机的教学体会和在科研实践中总结出来的计算机软件实用技术介绍给读者，使读者真正掌握计算机软件应用的基本方法，提高软件应用和开发能力。书中还介绍了计算机软件的最新发展动向，以使读者了解其飞速发展的步伐。特别要指出的一点是：在使用本书时，为了达到最佳的学习效果，一定要配合一定数量的上机实验。

全书共分 4 大部分 10 章：

第 1 章基础知识，对计算机软件的基本内容做一概述。

第 1 部分数据结构(第 2～4 章)，介绍线性表、栈、队列、数组、二叉树、图等数据结构及有关算法，以及查找和排序的方法及相应算法。为了加强课程间的联系，不再使用类–PASCAL 作为描述语言，而采用更为实用的 C 语言。

第 2 部分操作系统(第 5 章)，介绍操作系统的基本概念、基本原理，并结合现代操作系统，介绍了操作系统的 5 大功能及实现技术。

第 3 部分数据库系统(第 6～9 章)，介绍数据库系统的基本概念，关系数据库系统的定义，关系代数，关系数据库标准语言 SQL，关系规范化理论以及数据库应用系统的设计方法和步骤，最后介绍了几种常用的数据库管理系统。

第 4 部分软件工程(第 10 章)，介绍软件工程的形成，软件生存周期的各个阶段，为了提高学生的软件设计水平，增加了面向对象方法的介绍。

本书由吉林大学张长海教授主审，西安电子科技大学出版社为本书的出版做了大量工作，在此一并表示感谢。

由于作者水平有限，书中有不当之处，恳请读者批评指正。

编　者

2003 年 5 月

目　　录

第 1 章 基础知识

1.1 计算机系统组成与应用分类

　　一个完整的计算机系统由硬件和软件两个部分组成。计算机硬件是组成计算机的物理设备的总称，它们由各种器件和电子线路组成，是计算机系统工作的物质基础。所谓软件是一个程序的集合，这种程序不只是用户为解决某一个具体问题而编制的程序，它还具有支持计算机工作和扩大计算机功能的作用。随着程序规模及复杂程度的增大，软件的内容不仅仅是其程序实体，还包括开发程序、使用程序、维护程序所需要的一切文档。因此，计算机软件是计算机硬件设备上运行的各种程序及其相关资料的总称。没有软件的计算机系统通常称为"裸机"，而"裸机"是无法工作的，只有硬件和软件的相互依存才能构成一个可用的计算机系统。随着计算机硬件技术的不断发展和广泛使用，软件也逐步丰富与完善，而软件的发展又大大促进了硬件的发展。

1.1.1 计算机的基本组成

　　迄今为止的计算机都是以存储程序原理为基础的冯·诺依曼型计算机，是 1946 年由冯·诺依曼领导设计的，一般都由 5 大功能部件组成，它们是：运算器、控制器、存储器、输入设备和输出设备。图 1-1 给出了计算机各功能部件的关系图，图中双线代表数据传输线路，单线代表控制信号传输线路。

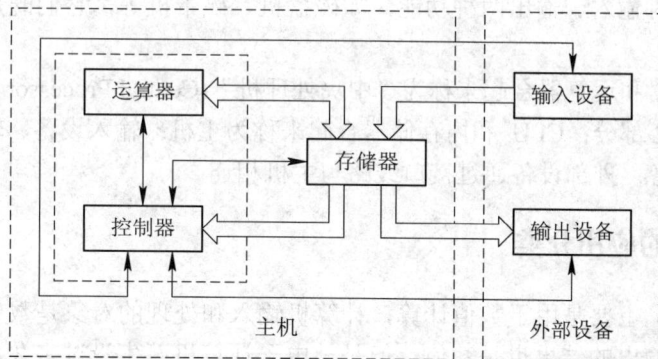

图 1-1　计算机硬件系统基本组成框图

1. 控制器

　　控制器是计算机的控制部件，它控制计算机各部分自动协调地工作，它完成对指令的解释和执行。控制器每次从存储器读取一条指令，经分析译码，产生一串操作命令发向各个部件，控制各部件动作，实现该指令的功能；然后再取下一条指令，继续分析、执行，直至程序结束，从而使整个机器能连续、有序地工作。应当说明，控制器本身不进行运算，运算是由运算器来完成的。

2．运算器

运算器是用于对数据进行加工的部件，它可对数据进行算术运算和逻辑运算。在需要进行某项运算时，由控制器发出命令，将存放在存储器中的数据送到运算器。然后由控制器再发出运算的命令(例如使 A 和 B 相加)，然后将运算结果送回存储器存起来，以便下次运算时使用或将它输出。

算术运算包括加、减、乘、除及它们的复合运算。逻辑运算包括一般的逻辑判断和逻辑比较，如比较、移位、逻辑加、逻辑乘、逻辑反等操作。

3．存储器

存储器是计算机的记忆装置，用来存放程序和数据。程序是计算机操作的依据，数据是计算机操作的对象。计算机中数据的存储和运算是以二进制形式进行的。

存储器有一个特点，即从某一存储单元中"取"一个数据后，该存储单元中的数据并不消失。除非向该单元送入一个新的数据后，该单元的内容才改变。因此把数据的"存"和"取"称为"读出"和"写入"更为确切。

4．输入设备

输入设备是外部向计算机传送信息的装置。其功能是将数据、程序及其它信息，从人们熟悉的形式转换成计算机能接受的信息形式，输入到计算机内部。

常见的输入设备有键盘、鼠标、光笔、纸带输入机、模/数转换器、声音识别输入等。

5．输出设备

其功能是将计算机内部二进制形式的信息转换成人们所需要的或其它设备能接受和识别的信息形式，输出到输出设备上。

常见的输出设备有打印机、显示器、绘图仪、数/模转换器、声音合成输出等。

有的设备兼有输入、输出两种功能，如磁盘机、磁带机等，它们既是输入设备，也是输出设备。

通常把控制器和运算器合起来称为"中央处理机"(Central Processor Unit)，简称 CPU，它是计算机的核心部分；CPU 和内存储器合起来称为主机；输入设备、输出设备和外存储器合称为外部设备；外部设备通过接口线路与主机相连。

1.1.2　计算机的应用分类

早期的计算机主要是用于数值计算，计算机输入和处理的对象是数值，处理的算法是数值计算方法，输出的结果也是数值。但是，电子计算机诞生没过多久，就突破了这个界限。由于它的逻辑功能增强和信息技术飞速发展，人们发现除了处理数值外还可以处理字母、符号、表格、图像乃至文字、语言、声音等。对数值的处理而言，也不仅限于对数值的计算，还可以进行数值的排序、数值的检索等，这些都称为计算机的非数值应用。

计算机应用从数值到非数值是计算机发展史上的一次飞跃，其结果是使计算机从科学家、工程师们手中解放出来进入到银行、商店、工厂、办公室乃至社会的各个领域。

计算机应用根据其应用性质来分可以归纳为 5 大类：

1．数值计算(又称科学计算)

数值计算是指用计算机来处理科学研究和工程技术中所提出的数学问题。其特点是计算量大，而逻辑关系相对简单。例如，导弹飞行轨道计算，宇宙飞船运动轨迹和气动干扰的计算，热核反应控制条件及能量计算，天文测量和天气预报方程计算等。除了国防和尖端科技外，在其它学科和工程设计方面，如数学、力学、化学、物理以及石油勘探、桥梁设计等领域都存在着复杂的数学问题，需要利用计算机进行数值计算。

2．数据和数据处理

数据和数据处理是计算机的重要应用领域。数据是指需用计算机处理的日常生活工作中碰到的大量数据，甚至相当多是需要重复处理的数据。这一类数据的特点是数据量多，要反复处理。当前的数据也已有更广泛的含义，如图、文、声、像等多媒体数据，它们都已成为计算机的处理对象。

数据处理是指对数据的收集、存储、加工、分析和传送的全过程。计算机数据处理应用广泛，例如财政、金融系统数据的统计和核算，银行储蓄系统的存款、取款和计息，图书、情报系统的书刊、文献和档案资料的管理及查询，商业系统的计划、销售、市场、采购和库存管理等，还有铁路、机场、港口的管理和调度。而航空订票系统、交通管制系统等又都是实时数据和信息处理系统。上述数据处理应用的特点是数据量很大，但计算相对简单。近年来随着多媒体技术的发展，数据处理增加了新的内容，如指纹的识别、图像和声音信息的处理等，这些处理都会涉及更广泛的数据形式。这些数据处理过程不但数据量大，而且还有大量且复杂的运算过程。

据统计，计算机在数据处理方面的应用占全部计算机应用的80%。

3．过程控制(实时控制)

过程控制是生产自动化的重要技术内容和手段，它是由计算机对所采集到的数据按一定方法进行计算，然后再将计算结果输出到指定执行机构去控制生产的过程。计算机的控制对象可以是机床、生产线和车间，甚至是整个工厂。例如，在化工厂控制化工生产的某些环节或全过程，在炼铁车间控制高炉生产的全过程等。

用于生产过程控制的系统，一般都是实时系统，它要求有对输入数据及时做出反映(响应)的能力。这一类问题的特点是精度高，要求及时做出反映。当然，由于环境和控制对象以及工作任务的不同，控制系统对计算机系统的要求也会不同，一般会对计算机系统的可靠性、封闭性、抗干扰性等指标提出要求。

4．辅助设计

计算机辅助设计是计算机的另一个重要应用领域。它不仅应用于产品和工程辅助设计，而且还包括辅助制造、辅助测试、辅助教学以及其它多方面的内容，这些都统称为计算机辅助系统。

计算机辅助设计(CAD，Computer Aided Design)是利用计算机帮助设计人员进行产品、工程设计的重要技术手段，它能提高设计自动化程度，不仅能节省人力和物力，而且速度快、质量高，为缩短产品设计周期、保证质量提供了条件。这种技术目前已在飞机、车船、桥梁、建筑、机械、服装等设计中得到广泛的应用。计算机辅助设计为超大规模集成电路技术的发展与应用提供了有力的支持。

　　计算机辅助制造(CAM，Computer Aided Manufacturing)是利用计算机进行生产设备的控制、操作和管理的系统，它能提高产品质量，降低生产成本，缩短生产周期，并有利于改善生产人员的工作条件。

　　计算机辅助测试(CAT，Computer Aided Testing)是利用计算机来辅助进行复杂而大量的测试工作的系统。

　　计算机辅助教学(CAI，Computer Aided Instruction)是现代教学手段的体现，它利用计算机帮助学员进行学习，它将教学内容加以科学的组织，并编制好教学程序，使学生能通过人机交互方式自如地从提供的材料中学到所需要的知识并接受考核。

5. 人工智能

　　人工智能主要研究用计算机来模拟人类的某些智力活动，如学习过程、适应能力、推理过程等，它也是计算机的一个重要应用领域。如利用计算机进行数学定理的证明、进行逻辑推理、理解自然语言、辅助疾病诊断、实现人机对弈、密码破译等，这些都是利用人们赋予计算机的智能来完成的。

　　人工智能是利用计算机来模拟人的思维的过程，并利用计算机程序来实现这些过程。智能机器人、专家系统等都是人工智能的应用成果，它们为计算机应用开辟了一个最有吸引力的领域。

1.2　计算机软件

1.2.1　计算机语言

1. 机器语言

　　人和计算机打交道，必须要解决一个"语言"的沟通问题。计算机并不能理解和执行人们使用的自然语言，而只能接受和执行二进制的指令。计算机能够直接识别和执行的这种指令，称为机器指令。每一种类型的计算机都规定了可以执行的若干种指令，这种指令的集合就是机器语言指令系统，简称为机器语言。

　　用机器语言编写程序，程序设计人员必须熟悉机器指令的二进制代码。这些由"0"和"1"组成的指令使人难学、难记、难懂、难修改，给使用者带来很大的不便。由于机器语言直接依赖机器，所以对于不同型号的计算机，其机器语言是不同的，即在一种类型计算机上编写的机器语言程序，不能在另一种类型的机器上运行。要想在另一种机器上运行，必须重新学习该机器的机器语言，并编写相关程序。显然这是很不方便的，给计算机的推广使用造成很大的障碍。

2. 汇编语言

　　汇编语言是从机器语言发展演变而来的。它用一些"助记忆符号"来代替那些难懂难记的二进制代码，也称为符号语言。通常用有指令功能的英文词的缩写代替操作码，如"传送"指令用助记符 MOV(move 的缩写)表示，"加法"指令用助记符 ADD(Addition 的缩写)表示。这样，每条指令就有明显的标识，从而易于理解和记忆，因此，汇编语言程序有较直观易理解等优点。

计算机并不能识别和直接运行汇编语言程序，必须由一种翻译程序将汇编语言程序翻译成机器语言程序后才能识别并运行。这种翻译程序称为汇编程序，其关系如图 1-2 所示。用汇编语言(或高级语言)写的程序称为源程序，经过转换后得到可以由计算机直接执行的机器指令程序称为目标程序。

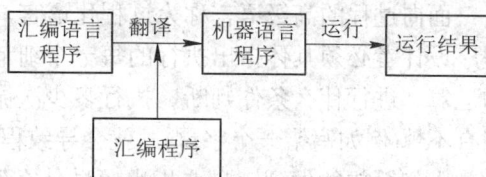

图 1-2　汇编过程

汇编语言和机器语言都是针对特定的计算机系统，不同类型的计算机所用的汇编语言也是不同的。所以我们称机器语言和汇编语言为"面向机器的语言"，它们也被称为"低级语言"。如果要用汇编语言编写程序，首先必须了解计算机的内部结构，在存取数据时要具体写出存储单元的地址，这对程序编写人员的要求比较高。

3. 高级语言

高级语言是一类人工设计的语言，因为它对具体的算法进行描述，所以又称为算法语言。高级语言与具体计算机无关，即用它所写的程序可以在任一种计算机上运行(必要时只需做一些很小的修改)。这种语言称为"面向过程的语言"，只需根据所求解的问题的算法，写出处理的过程即可，而不必涉及计算机内部的结构。比如在存取数据时，不必具体指出各存储单元的具体地址，可以用一个符号(即变量名)代表地址。

高级语言是一类面向问题的程序设计语言，且独立于计算机的硬件，其表达方式接近于被描述的问题，易于理解和掌握。用高级语言编写程序，可简化程序编制和测试，其通用性和可移植性好。目前，计算机高级语言虽然很多，据统计已经有好几百种，但广泛应用的却仅有十几种，它们有各自的特点和使用范围。如 BASIC 语言是一类普及性的会话语言；FORTRAN 语言多用于科学及工程计算；COBOL 语言多用于商业事务处理和金融业；PASCAL 语言有利于结构化程序设计；C 语言常用于软件的开发；PROLOG 语言多用于人工智能；当前流行的面向对象的程序设计语言 C++和面向对象的用于网络环境的程序设计语言 Java 等。

显然，计算机不能直接执行高级语言程序，而必须先翻译转换成"目标程序"(即机器语言程序)才能执行。这种翻译转换工作由被称为"编译程序"的专门软件来完成，其过程如图 1-3 所示。每一种高级语言都有自己的编译程序，在一个计算机上运行某一种高级语言源程序的前提是：该计算机系统配置了该语言的编译程序。

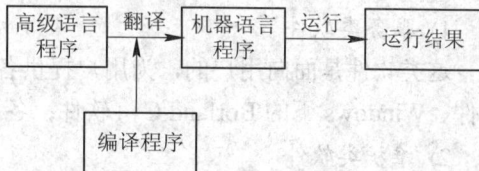

图 1-3　编译过程

高级语言的出现，使成千上万非计算机专业的工作者能十分方便地使用计算机。学习使用高级语言要比学习使用机器语言和汇编语言容易得多，它为计算机的推广普及扫除了一个大障碍，即使对计算机内部结构毫无所知的人，也能学会使用高级语言编写程序去解决他们需要计算机处理的问题。

4. 非过程化语言

面向过程的高级语言称为过程化语言，用它编程序必须写出每一步如何进行的全过程。程序设计者必须具体指出执行的每一个细节(例如，输入一个数给某一变量、进行某一公式的运算、进行什么条件判断、执行多少次循环等)。这要求程序设计人员考虑得十分周到，稍有不慎(例如写错一个字母)，就会导致程序运行失败。

人们希望能做到：只要指出"做什么"，而不必具体指出"如何做"，由计算机自己去解决"如何做"的问题，这就是"非过程化语言"(即不需指出解决问题的过程)。20 世纪70 年代后期，计算机专家研制出了非过程化语言，即关系数据库语言。关系数据库语言是一种高度的非过程化语言，例如指出"将全厂职工中工资高于 1500 元以上的职工姓名、职务、部门打印出来"，计算机便会自动执行，打印出所需结果。显然，这又是一个飞跃，为更多的人更方便地使用计算机创造了极为有利的条件。

非过程化语言是比高级语言功能更强的高级语言。

归纳起来，计算机语言的发展经历了以下几个阶段：

第一代计算机语言——机器语言。

第二代计算机语言——汇编语言(符号语言)。

第三代计算机语言——高级语言(算法语言)。

第四代计算机语言——非过程化语言。

1.2.2　计算机软件定义

在飞速发展的计算机产业中，计算机软件所承担的角色越来越重要，"软件"这一词汇在不同的场合其含义可能不尽相同。习惯上，人们认为软件就是程序或程序就是软件。随着计算机的发展及软件规模愈来愈大，人们发现程序和软件是两个不同的概念，于是有人提出这样一种观点：软件是由程序和程序开发、使用、维护所需要的一切文档组成的。这一观点强调了文档在软件研制中的重要性。1983 年，IEEE 组织明确地给软件作了定义：软件是计算机程序、方法和规则相关的文档以及在计算机上运行它时所必需的数据。

计算机软件发展非常迅速，其内容又十分丰富，对它进行分类也比较困难，仅从用途来划分，大致分为服务类、维护类和操作管理类。

1) 服务类软件

这类软件是面向用户的，为用户提供各种服务，包括各种语言的集成化软件如 Turbo C软件、Windows 下的 Borland C++软件；各种软件开发工具及常用的库函数等。

2) 维护类软件

此类软件是面向计算机维护的，包括错误诊断和检测软件、测试软件、各种调试用软件如 Debug 等。

3) 操作管理类软件

此类软件是面向计算机操作和管理的，包括各种操作系统、网络通信系统、计算机管理软件等。

若从计算机系统角度看，软件又分为系统软件和应用软件。

系统软件是指为管理、控制和维护计算机及外设，以及提供计算机与用户界面等的软件。如操作系统、数据库管理系统、各种语言编译系统及编辑软件等。

系统软件以外的其它软件称为应用软件。目前应用软件的种类很多，按其主要用途分为科学计算类、数据处理类、过程控制类、辅助设计类和人工智能软件类。应用软件的组合可称为软件包或软件库。数据库及数据库管理系统过去一般认为是应用软件，随着计算机的发展，现在已被认为是系统软件。随着计算机技术的不断发展，应用领域不断拓宽，应用软件种类将日益增多，其在软件中所占比重越来越大。

1.2.3 系统软件

系统软件是随计算机出厂并具有通用功能的软件，由计算机厂家或第三方厂家提供，一般包括：操作系统、语言处理系统、数据库管理系统以及服务程序等。

1. 操作系统(OS，Operating System)

操作系统是系统软件的核心，它是管理计算机软、硬件资源，调度用户作业程序和处理各种中断，从而保证计算机各部分协调有效工作的软件。操作系统也是最贴近硬件的系统软件，它也是用户与计算机的接口，用户通过操作系统来操作计算机并能使计算机充分实现其功能。操作系统的功能和规模随不同的应用要求而异，故操作系统又可分为批处理操作系统、分时操作系统及实时操作系统等。

2. 语言处理系统

任何语言编制的程序，最后一定都需要转换成机器语言程序，才能被计算机执行。语言处理程序的任务，就是将各种高级语言编写的源程序翻译成机器语言表示的目标程序。不同语言编写的源程序，有不同的语言处理程序。语言处理程序按其处理的方式不同，可分为解释型程序与编译型程序两大类。前者对源程序的处理采用边解释边执行的方法，并不形成目标程序，称为对源程序的解释执行；后者必须先将源程序翻译成目标程序才能执行，称做编译执行。

3. 数据库管理系统(DBMS，DataBase Management System)

数据库管理系统是对计算机中所存放的大量数据进行组织、管理、查询并提供一定处理功能的大型系统软件。随着社会信息化进程的加快，信息量的剧增，当前数据库已成为计算机信息系统和应用系统的基础。数据库管理系统能够对大量数据合理组织，减少冗余；支持多个用户对数据库中数据的共享；还能保证数据库中数据的安全和对用户进行数据存取的合法性验证。当前数据库管理系统可以划分为两类，一类是基于微型计算机的小型数据库管理系统，它具有数据库管理的基本功能，易于开发和使用，可以解决对数据量不大且功能要求较简单的数据库应用，常见的 FoxBASE 和 FoxPro 数据库管理系统即是这种系统；另一类是大型的数据库管理系统，其功能齐全，安全性好，能支持对大数据量的管理，还提供了相应的开发工具。目前在国际上流行的大型数据库管理系统主要有 Oracle、SYBASE、DB2、Informix 等。国产化的数据库管理系统已初露头角，并走向市场，如 Cobase、DM2、Openbase 等。

数据库技术是计算机技术中发展快、用途广泛的一个分支。可以说，在今后的任何计算机应用开发中都离不开对数据库技术的应用。先掌握微型计算机数据库的应用，再了解大型数据库的技术和应用是一条较好的掌握数据库技术的途径。

4. 服务程序

服务程序是一类辅助性的程序，它提供程序运行所需的各种服务。例如，用于程序的装入、连接、编辑及调试用的装入程序、连接程序、编辑程序和调试程序以及故障诊断程序、纠错程序等。

1.2.4　应用软件

应用软件是为解决实际应用问题所编写的软件的总称，它涉及到计算机应用的所有领域，各种科学和工程计算的软件和软件包、管理软件、辅助设计软件和过程控制软件都属于应用软件范畴。由于计算机应用的日益普及，应用软件的种类及数量还将会不断增加。应用软件的开发是使计算机充分发挥作用的十分重要的工作，它是吸引软件技术人员最多的技术领域。

计算机硬件、软件及计算机系统组成情况如图 1-4 所示。

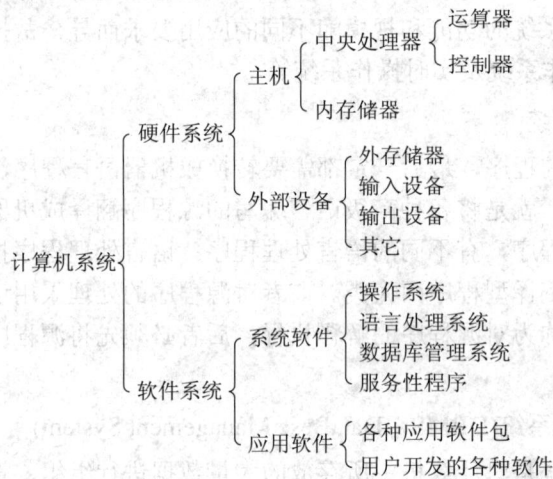

图 1-4　计算机系统组成

1.2.5　软件开发环境

学习软件基础知识，主要目的是为了进行软件的开发。搞好软件开发，除了要掌握先进的开发技术外，还要求有良好的软件开发环境。

在软件开发环境中，用户界面占有重要的地位。近十几年来开发的应用软件，多数开发者都十分注意用户界面的设计。其中"多窗口"、"菜单"与"联机帮助"被称为用户界面的三大友好技术。

随着计算机的普及与性能的提高，人们越来越重视用户界面的改善。在 20 世纪 80 年代，图形用户界面(GUI, Graphical User Interface)取得了重要的进展。美国 Microsoft 公司的 Windows，麻省理工学院 DEC 公司开发的 X-Windows，精彩纷呈。非键盘输入工具鼠标器也随之得到广泛的使用。与此同时，包括文字、图形、声音、图像等多媒体用户界面也应运而生，受到人们的广泛的注意。

操作系统是开发环境的重要基础。它不仅通过对其它系统软件和一切服务软件的支持给开发环境提供各种有用的开发工具，还以数以百计的键盘命令和系统调用，向用户直接提供功能强大的服务。比较著名的操作系统如 UNIX、Windows 及 LINUX 已经向我们展示了现代操作系统丰富多采的用户界面。

在软件开发中，无论技术活动还是管理活动，都离不开环境的支持。近十几年来，各技术先进国家大力开展软件环境的研究，一批实用的环境应运而生。CASE(Computer Aided Software Engineering)环境和工具，已经成为一切现代化软件开发环境的总称。

1.2.6　面向对象的软件开发方法

面向对象(OO，Object-Oriented)方法是当代计算机科学领域，特别是软件领域的发展主流。面向对象方法起源于 20 世纪 70 年代，在 20 世纪 80 年代出现了一大批面向对象的编程语言，标志着 OO 方法在编程领域走向成熟和实用。但是 OO 方法的作用和意义决不只局限于编程技术。OO 方法是一种新的程序设计范型，是一种具有深刻哲学内涵的认识方法学和系统构造理论。面向对象方法的主要特点和优势表现在以下几点：

(1) 强调从现实世界中客观事物(对象)出发来认识问题域和构造系统，大大减少了系统开发者对问题域的理解难度，使系统能准确的反映问题域。

(2) 运用人类日常的思维方法和原则(体现于 OO 方法的抽象、分类、继承、封装、消息通信等基本原则)进行系统开发，有益于发挥人类的思维能力，并有效地控制了系统的复杂性。

(3) 对象的概念贯穿于软件开发过程的始终，使各个开发阶段成分具有良好的反应，从而显著地提高了系统的开发效率与质量，并大大降低了系统维护的难度。

(4) 对象的相对稳定性和对易变因素的隔离，增强了系统的应变能力。

(5) 对象类之间的继承性关系和对象的独立性，对软件复用提供了强有力的支持。

正是由于上述特点，使面向对象方法在计算机领域产生了巨大影响。近十几年来，它的影响渗透到计算机科学技术的几乎每一个分支领域，如编程语言、系统分析与设计、数据库、人机界面、知识工程、操作系统、计算机体系结构等。

习　　题

1. 一个计算机系统可以分为哪两大部分？各部分包含哪些内容？
2. 计算机应用领域有哪几类？
3. 计算机语言的发展经历了哪几个阶段？
4. 试述计算机系统的组成。
5. 什么是系统软件？什么是应用软件？

第 2 章　线性数据结构

数据结构是计算机相关专业的一门重要的基础课程。在计算机科学各领域中，尤其是在系统软件和应用软件的设计和实现中都要用到各种数据结构。学习数据结构既为进一步学习其它软件课程提供必要的准备知识，又有助于提高软件设计和程序编制水平。从本章开始将用三章的篇幅介绍数据结构的基本概念和一些常用的数据结构，对于每一种数据结构，将阐明数据内在的逻辑关系，讨论它们在计算机中的存储表示，以及在数据结构上进行各种运算的算法，并做简单的算法分析。

本章将讨论一种最常用且最简单的数据结构——线性表，并介绍几种特殊的线性表：栈、队列、串和数组。

2.1　基　本　概　念

2.1.1　数据和数据结构

现代数字计算机原是作为能快速地进行复杂、耗时计算的工具而发明的。随着计算机的发展，在计算机的绝大多数应用中，能够存取、处理大量信息的能力却被认为是计算机的首要特征，而它的计算能力在许多情况下已经几乎被人们忽略了。有位美国学者曾批评说："计算机"这个词只告诉我们以前能做的事，却未道出它的潜能。有鉴于此，人们常常把计算机称作数据处理机。

什么是数据？数据就是计算机可以保存和处理的信息。可以看出，数据这个概念本身是随着计算机的发展而不断扩展的概念。在计算机发展的初期，由于计算机主要用于数值计算，数据指的就是数值。计算机硬件和软件技术的不断发展，扩大了计算机的应用领域，诸如文字、表格、图形、图像、声音等也属于数据的范畴。

组成数据的基本单位是数据元素。例如：全部学生的学籍登记卡组成学生的学籍数据，每个学生的学籍登记卡就是学籍数据的一个数据元素。数据元素可以是一个数或字符串，也可以由若干数据项组成。在这种情况下，通常把数据元素称为记录。如表 2-1 所示的学生学籍登记表，在这个表中每一个学生的学籍登记卡作为一个数据元素，每一个元素由学号、姓名、性别、民族、籍贯、专业六个数据项组成。

什么是数据结构？在任何问题中，构成数据的数据元素并不是孤立存在的，它们之间存在着一定的关系以表达不同的事物及事物之间的联系。所以简单地说，数据结构就是研究数据及数据元素之间关系的一门学科。它不仅是一般程序设计的基础，而且是设计和实现编译程序、操作系统、数据库系统及其它系统程序和大型应用程序的重要基础。它包括三个方面的内容：

- 数据的逻辑结构。
- 数据的存储结构。
- 数据的运算。

表 2-1　学生学籍登记表

学　号	姓　名	性　别	民　族	籍　贯	专　业
1	王　安	男	汉	北京	计算机通信
2	李　华	男	回	河北	软件
3	张　莉	女	汉	山西	计算机应用
4	张　平	女	汉	广东	软件
⋮	⋮	⋮	⋮	⋮	⋮

1. 数据的逻辑结构

数据的逻辑结构就是数据元素之间的逻辑关系。可以用一个二元组，给出其形式定义为

$$Data\text{-}Structure =(D，R)$$

其中，D 是组成数据的数据元素的有限集合，R 是数据元素之间的关系集合。

根据数据元素之间关系的不同特性，数据结构又可分为两大类：线性数据结构和非线性数据结构。按照这种划分原则，本书介绍的所有数据结构如图 2-1 所示。

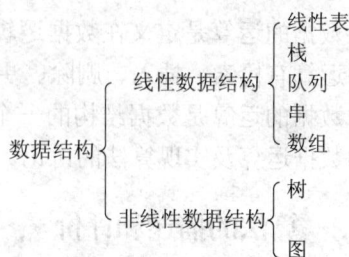

```
                                        ┌ 线性表
                                        │ 栈
                        ┌ 线性数据结构 ┤ 队列
                        │               │ 串
            数据结构 ┤               └ 数组
                        │               ┌ 树
                        └ 非线性数据结构 ┤
                                        └ 图
```

图 2-1　数据结构分类

2. 数据的存储结构

数据的逻辑结构是从逻辑上来描述数据元素之间的关系的，是独立于计算机的。然而讨论数据结构的目的是为了在计算机中实现对它的处理。因此还需要研究数据元素和数据元素之间的关系如何在计算机中表示，这就是数据的存储结构。

计算机的存储器是由很多存储单元组成的，每个存储单元有惟一的地址。数据的存储结构要讨论的就是数据结构在计算机存储器上的存储映像方法。

实现数据的逻辑结构到计算机存储器的映像有多种不同的方式。一般来说，数据在存储器中的存储有四种基本的映像方法。

(1) 顺序存储结构。这种存储方式主要用于线性数据结构，就是把数据元素按某种顺序放在一块连续的存储单元中。其特点是逻辑上相邻的数据元素存储在物理上相邻的存储单元中，元素之间的关系由存储单元的邻接关系来体现。

某些非线性数据结构也可以采用顺序方式存储，例如完全二叉树、多维数组等，具体方法将在后面介绍。

(2) 链式存储结构。链式存储结构可以把逻辑上相邻的两个元素存放在物理上不相邻的存储单元中。即可用一组任意的存储单元来存储数据元素，这些存储单元可以是连续的，也可以是不连续的。另外对于非线性数据结构，还可以在线性编址的计算机存储器中表示结点之间的非线性关系。

链式存储结构的特点就是将存放每个数据元素的结点分为两部分：一部分存放数据元

素(称为数据域)：另一部分存放指示存储地址的指针(称为指针域)，借助指针表示数据元素之间的关系。

(3) 索引存储结构。在线性表中，数据元素可以排成一个序列：R_1、R_2、R_3、…、R_n，每个数据元素 R_i 在序列里都有对应的位置数据 i，这就是元素的索引。索引存储结构就是通过数据元素的索引号 i 来确定数据元素 R_i 的存储地址。一般索引存储结构的实现方法是建立附加的索引表，索引表里第 i 项的值就是第 i 个元素的存储地址。

(4) 散列存储结构。这种存储方法就是在数据元素与其在存储器上的存储位置之间建立一个映像关系 F。根据这个映像关系 F，已知某数据元素就可以得到它的存储地址。即 D=F(E)，这里 E 是要存放的数据元素，D 是该数据元素的存储位置。可见，这种存储结构的关键是设计这个函数 F。但函数 F 不可能解决数据存储中的所有问题，还应有一套意外事件的处理方法，它们共同实现数据的散列存储结构。本书第 4 章中介绍的哈希表，就是散列存储结构的一个实例。

3. 数据的运算

数据的运算是定义在数据逻辑结构上的操作，每种数据结构都有一个运算的集合。常用的运算有检索、插入、删除、更新、排序等。运算的具体实现要在存储结构上进行。

数据的运算是数据结构的一个重要方面。讨论任何一种数据结构时都离不开对该结构上的数据运算及实现算法的讨论。

2.1.2 算法的描述和评价

算法是对特定问题求解步骤的一种描述，它是指令的有限序列，其中每一条指令表示一个或多个操作。有时，把运算的实现称之为算法。运算是定义在逻辑结构上的操作，是独立于计算机的，而运算的具体实现则是在计算机上进行的，因此算法要依赖于数据的存储结构。

作为算法应具有下述的五个重要特性：

(1) 有穷性。一个算法必须在执行有穷步后结束，且每一步都能在有限的时间内完成。

(2) 确定性。算法中每一条指令必须有确切的含义，读者理解时不会产生二义性。并且，在任何条件下，算法只有惟一的一条执行路径，即对于相同的输入只能得到相同的输出。

(3) 可行性。一个算法必须是可行的，即算法中描述的操作都是可以通过已经实现的基本运算执行有限次来实现。

(4) 输入。一个算法应该有零个或多个输入。

(5) 输出。一个算法应该有一个或多个输出。

1. 算法的描述

算法需要用一种工具来描述，同时，算法可有各种描述方法以满足不同的需求。常用的描述方法有自然语言描述、伪码描述、流程图描述、类 - PASCAL 语言描述、C 语言描述等。本书中使用 C 语言作为描述算法的工具。

2. 算法的评价

在算法是"正确"的前提下，评价算法主要有两个指标：

（1）时间复杂度：依据算法编制成程序后，在计算机上运行时所消耗的时间。

（2）空间复杂度：依据算法编制成程序后，在计算机执行过程中所需要的最大存储空间。

要确定实现算法在运行时所花的时间和所占用的存储空间，最直接的方法就是测试，即将依据算法编制的程序在计算机上运行，所得到的结果就是算法运行时所花的时间。这种方法有时也称为事后统计的方法。同一算法在不同档次的计算机上运行所花的时间肯定不同，这取决于计算机系统的速度。

另外一种方法就是事前分析估算的方法，这是人们常常采用的一种方法，下面将详细讨论之。

（1）时间复杂度。假定知道算法中每一条语句执行一次所花的平均时间，则有：

算法运行所花的时间 = 语句执行一次所花的时间×语句执行次数

其中语句执行一次所花的平均时间取决于计算机系统中硬件、软件等环境因素，而一个算法中语句的执行次数一般来说是确定的。因此，对于事前分析估算方法，我们讨论的目标集中在确定语句的执行频度上，即把算法的语句执行频度作为衡量一个算法时间复杂度的依据。

在实际分析中，关注的是频度的数量级，即按重复执行次数最多的语句确定算法的时间复杂度。引入符号"O"来表示这种数量级，算法的时间复杂度记作：

$$T(n) = O(f(n))$$

它表示随问题规模 n 的增大，算法执行时间的增长率和函数 $f(n)$ 的增长率相同，称作算法的渐近时间复杂度，简称时间复杂度。

按数量级递增次序排列，常见的几种时间复杂度有：$O(1)$，$O(\log n)$，$O(n)$，$O(n\log n)$，$O(n^2)$，$O(n^3)$，$O(2^n)$，这里，n 表示问题的规模。

例如，在下列三个程序段中：

（1）　　{ ++x；s = 0；}

（2）　　for (i = 1；i<=n；++i)　{ ++x；s += x；}

（3）　　for (j = 1；j<=n；++j)

　　　　　for (k = 1；k<=n；++k)　{ ++x；s +=x；}

含基本操作"x 增 1"的语句的频度分别为 1，n 和 n^2，则这三个程序段的时间复杂度分别为 $O(1)$，$O(n)$ 和 $O(n^2)$，它们分别称为常量阶、线性阶和平方阶。

需要指出的是，有些算法的基本操作的频度不仅仅依赖于问题的规模，还取决于它所处理的输入数据集的状态。对于这一类算法，一般按每种情况发生的概率求出其数学期望值作为算法的平均时间复杂度，或者按最坏情况下基本操作的执行频度得出算法最坏情况下的时间复杂度，以此作为该算法的时间复杂度。

（2）空间复杂度。一个算法的实现所占用的存储空间大致有这样三个方面：其一是指令、常数、变量所占用的存储空间；其二是输入数据所占用的存储空间；其三是算法执行时必需的辅助空间。前两种空间是计算机运行时所必须的。因此，把算法在执行时所需的辅助空间的大小作为分析算法空间复杂度的依据。

与算法时间复杂度的表示一致，也用辅助空间大小的数量级来表示算法的空间复杂度，仍然记为：$O(x)$。常见的几种空间复杂度有：$O(1)$，$O(n)$，$O(n^2)$，$O(n^3)$ 等。

事实上，一个问题的算法实现，时间复杂度和空间复杂度往往是相互矛盾的，要降低算法的执行时间就要以使用更多的空间为代价，要节省空间就可能要以增加算法的执行时间作为代价，两者很难兼顾。因此，只能根据具体情况有所侧重。

2.2　线　性　表

2.2.1　线性表的定义及操作

定义 2-1　线性表(Linear-list)是 $n(n \geq 0)$ 个数据元素的有限序列。记为：

$$(a_1, \ a_2, \cdots, a_n)$$

其中，数据元素个数 n 称为表的长度，$n = 0$ 时，称此线性表为空表。

线性表的结构仅涉及诸元素的线性相对位置，即第 i 个元素 a_i 处在第 $i-1$ 个元素 a_{i-1} 的后面和第 $i+1$ 个元素 a_{i+1} 的前面，这种位置上的有序性就是一种线性关系，所以线性表是一种线性结构。

线性表中每个数据元素 a_i 的具体含义，在不同情况下各不相同，它可以是一个数，或是一个符号，也可以是一页书，甚至是其它更复杂的信息。但在同一个线性表中的数据元素必须具有相同的特性(或者说具有相同的类型)。

若线性表是非空表，则第一个元素 a_1 无前趋，最后一个元素 a_n 无后继，其它元素 $a_i(1<i<n)$ 均只有一个直接前趋 a_{i-1} 和一个直接后继 a_{i+1}。

下面给出几个线性表的例子：

例 2-1　26 个大写的英文字母表：(A，B，C，…，Z)

例 2-2　某校从 1996 年到 2002 年各种型号计算机拥有量的变化情况，可以用线性表给出：

(200，220，250，300，400，700，1200)

例 2-3　某单位职工政治面貌登记表如表 2-2 所示，每个职工的情况为一条记录，它由职工号、姓名、性别、职称、工龄、政治面貌六个数据项组成。

在表 2-2 中，一个数据元素由若干个数据项组成。在这种情况下，常把数据元素称为记录，含有大量记录的线性表又称为文件。

表 2-2　职工政治面貌登记表

职工号	姓　名	性　别	职　称	工　龄	政治面貌
0001	张忠	男	工程师	12	党员
0002	王平	女	助工	2	团员
0003	李林	男	助工	2	团员
⋮	⋮	⋮	⋮	⋮	⋮

线性表是一个相当灵活的数据结构，它的长度可以根据需要增减，操作也比较灵活方便。线性表的基本操作有以下几种：

(1) INITIATE(L)。初始化操作，设定一个空的线性表 L。

(2) LENGTH(L)。求表长，求出线性表 L 中数据元素个数。

(3) GET(L，i)。取元素函数，若 $1 \leq i \leq$ LENGTH(L)，则函数值为给定线性表 L 中第 i 个数据元素，否则为空元素 NULL。

(4) PRIOR(L，elm)。求前趋函数，若 elm 的位序大于 1，则函数值为 elm 的前趋，否则为空元素。

(5) NEXT(L，elm)。求后继函数，若 elm 的位序小于 LENGTH(L)，则函数值为 elm 的后继，否则为空元素。

(6) LOCATE(L，x)。定位函数，返回元素 x 在线性表 L 中的位置。若 L 中有多个 x，则只返回第一个 x 的位置，若在 L 中不存在 x，则返回 0。

(7) INSERT(L，i，x)。插入操作，若 $1 \leqslant i \leqslant$ LENGTH(L)+1，则在线性表 L 中的第 i 个位置上插入元素 x，运算结果使得线性表的长度增加 1；否则空操作。

(8) DELETE(L，i)。删除操作，若 $1 \leqslant i \leqslant$ LENGTH(L)，则删除给定线性表 L 中的第 i 个数据元素，使得线性表的长度减 1；否则空操作。

(9) EMPTY(L)。判空表函数，若 L 为空表，则返回布尔值"true"，否则返回布尔值"false"。

对线性表还有一些更为复杂的操作，如将两个线性表合并成一个线性表；把一个线性表拆成两个或两个以上的线性表；重新复制一个线性表；对线性表中的元素按值的大小重新排列等。这些运算都可以通过上述基本运算来实现。

2.2.2　线性表的顺序存储结构

在计算机内可以用不同的方式来表示线性表，其中最简单和最常用的方式是用一组地址连续的存储单元依次存储线性表中的元素。

线性表的顺序存储结构就是将线性表的元素按其逻辑次序依次存放在一组地址连续的存储单元里。

设有线性表$(a_1, a_2, \cdots, a_n)$，若一个数据元素只占一个存储单元，则这种分配方式如图 2-2 所示。

若用 Loc 表示某元素的地址，则线性表中第 i 个数据元素的存储地址为：

$$Loc(a_i) = Loc(a_1) + (i-1)$$

其中，$Loc(a_1)$ 是线性表第一个数据元素的存储地址，通常称做线性表的起始地址或者基地址。

若一个数据元素占 1 个存储单元，则有

$$Loc(a_i) = Loc(a_1) + (i-1)*1$$

$$Loc(a_{i+1}) = Loc(a_i) + 1$$

图 2-2　线性表顺序存储结构示意图

可见，线性表中每个元素的存储地址是该元素在表中序号的线性函数。只要确定了线性表的起始地址，线性表中任一数据元素都可以随机存取，所以线性表的顺序存储结构是一种随机存取的存储结构。

顺序存储结构是以元素在计算机内"物理位置相邻"来表示线性表中数据元素之间相邻的逻辑关系。也就是说，在顺序存储结构中，线性表的逻辑关系的存储是隐含的。

线性表的顺序存储结构通常称为向量(Vector)。可用字母 V 来表示，用 V [i] 表示向量

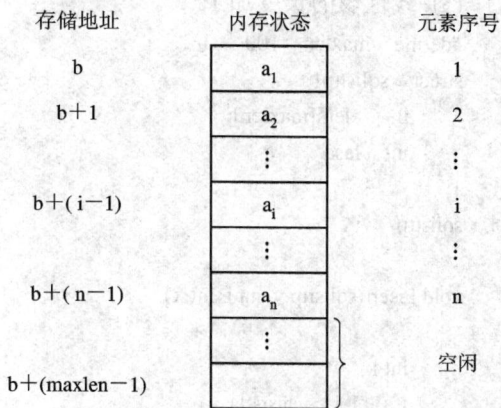

V 的第 i 个分量，设向量下界为 1，上界为线性表的长度 n，则可以用此向量来表示长度为 n 的线性表。向量的第 i 个分量 V [i] 是线性表的第 i 个数据元素 a_i 在计算机内存中的映像。

在 C 语言中，向量即一维数组，所以可用一维数组来描述顺序存储结构。

```
#define   maxlen   100
struct   sqlisttp {
      int   elem[maxlen];
      int   last;
};
```

其中，maxlen 是大于线性表长度的一个整数，它可以根据实际需要而修改。这里假设线性表的数据元素是整数，当然也可以根据需要取其它类型。数据域 elem 描述了线性表中数据元素占用的数组空间，线性表的各个元素 a_1，a_2，…，a_n 依次存放在一维数组 elem 的各个分量 elem[1]，elem[2]，…，elem[n] 中。数据域 last 指示最后一个数据元素在数组中的位置。

在这种存储结构中，线性表的某些操作很容易实现。如线性表的长度即为 last 域的值等。下面着重讨论线性表的插入和删除两种操作。

算法 2-1   线性表的插入算法。

已知线性表的当前状态是 $(a_1, a_2, \cdots, a_{i-1}, a_i, \cdots, a_n)$，要在第 i 个位置插入一个元素 x，线性表变为 $(a_1, a_2, \cdots, a_{i-1}, x, a_i, \cdots, a_n)$。其实施步骤为：

(1) 将第 n 至第 i 个元素后移一个存储位置；
(2) 将 x 插入到第 i 个位置；
(3) 线性表的长度加 1。

```
#define   maxlen   100
struct   sqlisttp{
      int   elem[maxlen];
      int   last;
};
sqlisttp   v;
    ⋮
void insert(sqlisttp v, int i, int x)
    {
    int k;
    if (i<1 ‖ i>v.last+1)
          printf( "插入位置不合适！\n" );
    else if (v.last>=maxlen−1)
          printf( "线性表已满！\n" );
    else
          {
          for( k = v.last; k >= i; k−− )
                v.elem[k+1] = v.elem[k];
          v.elem[i] = x;
          v.last++;
          }
    }
```

算法 2-2　线性表的删除算法。

已知线性表的当前状态是$(a_1, a_2, \cdots, a_{i-1}, a_i, a_{i+1}, \cdots, a_n)$，若要删除第 i 个元素 a_i，则线性表成为$(a_1, a_2, \cdots, a_{i-1}, a_{i+1}, \cdots, a_n)$。具体实施步骤为：

(1) 若 i 值合法，则将第 i+1 至第 n 个位置上的元素依次向前移动一个存储单位；

(2) 将线性表的长度减 1。

```
#define   maxlen   100
struct   sqlisttp{
    int   elem[maxlen];
    int   last;
};
sqlisttp   v;
  ⋮
void delete(sqlisttp v, int i)
    {
    int k;
    if (i<1||i>v.last)
        printf( "删除位置不合适！\n" );
    else
        {
        for( k = i+1; k <= v.last; k++ )
            v.elem[k−1] = v.elem[k];
        v.last−−;
        }
    }
```

从上述算法中不难看出，当在顺序存储结构的线性表中某个位置上插入或删除一个数据元素时，其时间主要耗费在移动元素上，而移动元素的个数取决于插入或删除元素的位置。假设在第 i 个元素之前插入一个新元素的概率为 1/(n+1)，即在表的任何位置(包括 a_n 之后)插入新元素的概率是相等的，则插入操作中元素的平均移动次数为：

$$T = \frac{1}{n+1} \sum_{i=1}^{n+1} (n-i+1) = \frac{n}{2}$$

对于删除操作，假定对长度为 n 的线性表，在表的任何位置上删除元素的概率是相等的，即等于 1/n，则删除操作中元素的平均移动次数为：

$$T = \frac{1}{n} \sum_{i=1}^{n} (n-i) = \frac{n-1}{2}$$

从以上分析可以看出，在顺序存储的线性表中进行插入或删除操作，平均要移动一半的元素，当线性表的元素很多，且每个元素的数据项较多时，花费在移动元素上的时间会很长。一般情况下，线性表的顺序存储结构适合于表中元素变动较少的线性表。

上述插入和删除算法的时间复杂度可记为 O(n)。

2.2.3 线性表的链式存储结构

上节介绍的线性表的顺序存储结构，它的特点是逻辑关系上相邻的两个元素在物理位置上也是相邻的。因此，可以随机存取表中任一元素，它的存储位置可用一个简单、直观的公式来表示。然而，这种存储结构有三个缺点：第一，在作插入或删除操作时，需移动大量元素；第二，在给长度变化较大的线性表预先分配空间时，必须按最大空间分配，使存储空间不能得到充分利用；第三，表的容量难以扩充。为克服线性表顺序存储结构的缺点，引进了另一种存储结构——链式存储结构。

1. 线性链表

线性表的链式存储结构的特点是用一组任意的存储单元存储线性表中的数据元素，这组存储单元可以是连续的，也可以是不连续的。这样，逻辑上相邻的元素在物理位置上就不一定是相邻的，为了能正确反映元素的逻辑顺序，就必须在存储每个元素 a_i 的同时，存储其直接后继元素的存储位置。这时，存放数据元素的结点至少包括两个域，一个域存放该元素的数据，称为数据域(data)；另一个域存放后继结点在存储器中的地址，称为指针域或链域(next)。这种链式分配的存储结构称为链表。

数据元素的结点结构如下：

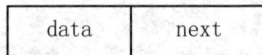

data	next

此结构的 C 语言描述为

```
struct node{
        int data;
        struct node *next;
        };
typedef struct node NODE;
```

一般情况下，链表中每个结点可以包含若干个数据域和指针域。若每个结点中只有一个指针域，则称此链表为线性链表或单链表，否则被称为多链表。

例 2-4 设有线性表由动物名组成: (cat, horse, monkey, elephant, pig, panda)，其物理状态如图 2-3 所示。

当链表采用图 2-3 来表示时，逻辑上的顺序不易观察，所以经常把链表用图 2-4 所示的逻辑状态来表示。

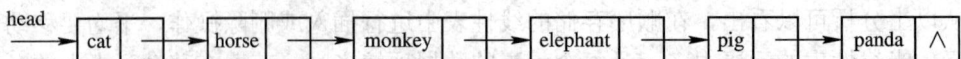

头指针head

23

存储地址	数据域	指针域
1	horse	8
8	monkey	40
15	panda	NIL
23	cat	1
35	pig	15
40	elephant	35

图 2-3　线性链表的物理状态示意图

图 2-4　线性链表的逻辑状态示意图

在图 2-4 中，指针域的值用箭头代替了，线性链表结点的相邻关系用箭头来指示，逻辑结构的表示非常形象、清晰。在此单链表中，head 是指向单链表中第一个结点的指针，我们称之为头指针；最后一个元素 panda 所在结点不存在后继，因而其指针域为"空"(用 NIL 或∧表示)。

可以看出，用线性链表表示线性表时，数据元素之间的逻辑关系是由结点中的指针指示的，逻辑上相邻的两个数据元素其存储的物理位置不要求相邻，因此，这种存储结构为非顺序映像或链式映像。在使用中，我们只关心数据元素的逻辑次序而不必关心它的真正存储地址。

通常，我们在单链表第一个元素所在的结点之前附设一个结点——头结点。头结点的指针域存储第一个元素所在结点的存储位置；数据域可以不存储任何信息，也可以存储如线性表的长度等附加信息。若线性表为空表，则头结点的指针域为"空"，如图 2-5 所示。

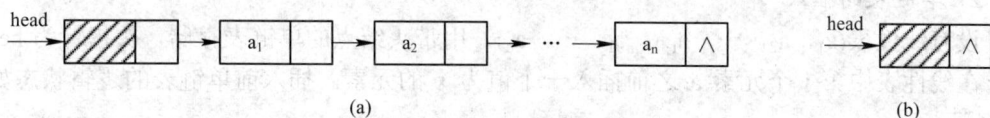

图 2-5 带头结点的单链表

(a) 非空表；(b) 空表

带头结点的单链表把空表和非空表的处理统一了起来，因此可以简化单链表的操作。

2. 线性链表的运算

线性链表是线性表的链式存储表示，所以对线性链表的运算与前面所介绍的对线性表的运算相同，只是相应的算法与顺序存储的线性表有所不同。

设 head 为单链表的表头指针。下面主要介绍对单链表的查找、插入、删除等常用操作的算法。

对链表操作时，最基本的操作为插入、删除运算。在讨论插入、删除操作之前，首先要解决插入时的新结点从何处取出，删除后的结点又往何处送的问题。在采用链接分配时，总存在一个可利用的内存空间称为可利用空间表，至于可利用空间表是怎样生成的，可以有不同的方法，这里不再介绍。假设可利用空间表总是可以满足存储要求的。这样，每当要调用新结点时就到这个可利用空间表里去取，删除时就把结点归还给这个可利用空间表。

在编程实现时，申请与释放一结点对应于 C 语言中两个标准函数 malloc(sizeof(NODE)) 和 free(p)。malloc 是从可利用空间表中调用一新结点，并返回该结点的地址。free(p)将 p 指向的结点归还给可利用空间表。为方便起见，以后把指针型变量 p 所指向的结点称为 p 结点。

1) 单链表的查找

由于链表存储结构不是一种随机存取结构，要查找单链表中的一个结点，必须从头指针出发，沿结点的指针域逐个往后查找，直到找到要查找的结点为止。

算法 2-3 在带头结点的单链表中找出第 i 个元素所在的结点。

```
NODE *get(NODE *head, int i)
    {
    NODE *p;
    int counter = 1;
    p = head -> next;
```

```
while (( p!=NULL) && (counter < i ))
    {
    p = p -> next;
    counter++;
    }
if (( p!= NULL) && (counter = i ))
    return p;
else
    return NULL;
}
```

2) 单链表的插入

设有线性表(a_1, a_2, …, a_{i-1}, a_i, …, a_n)，用带头结点的单链表存储，头指针为 head，要求在线性表中第 i 个元素 a_i 之前插入一个值为 x 的元素。插入前单链表的逻辑状态如图 2-6 所示。

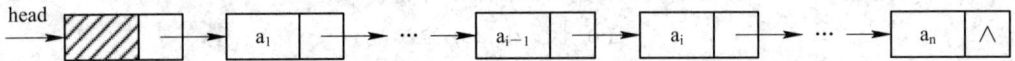

图 2-6　带头结点的单链表

为插入数据元素 x，首先要生成一个数据域为 x 的新结点 s；然后确定插入位置，即找到 a_i 之前的元素 a_{i-1}，并使指针 p 指向之；最后改变链接，将 x 插在 a_{i-1} 与 a_i 之间，修改结点 p 和结点 s 的指针域。即 s->next = p->next；p->next = s。

插入结点 s 后单链表的逻辑状态如图 2-7 所示。

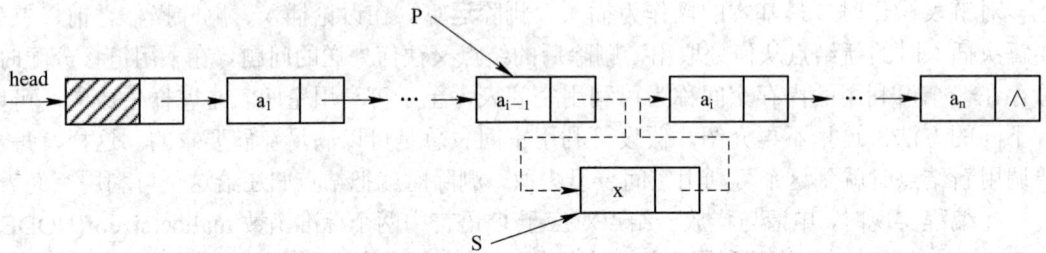

图 2-7　在单链表中插入结点 S

算法 2-4

```
void insert(NODE *head, int i, int x)
    {
    NODE *p, *s;
    int j=0;
    p = head;
    while (( p!=NULL) && (j < i-1))
        {
        p = p -> next;
        j++;
```

```
        }
    if ((p == NULL) || (j > i−1))
        printf( "i 值不合法 \n");
    else
        {
        s = (NODE *)malloc(sizeof(NODE));
        s -> data = x;
        s -> next = p -> next;
        p -> next = s;
        }
    }
```

3) 单链表的删除

删除操作和插入操作一样，首先要搜索单链表以找到指定删除结点的前趋结点(假设为 p)；然后改变链接，即只要将待删除结点的指针域内容赋予 p 结点的指针域即可。

设有线性表$(a_1, a_2, \cdots, a_{i-1}, a_i, a_{i+1}, \cdots, a_n)$，用带头结点的单链表存储，删除前的逻辑状态如图 2-8 所示。

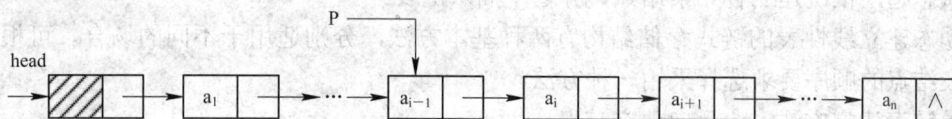

图 2-8　带头结点的单链表

删除元素 a_i 所在的结点之后，单链表的逻辑状态如图 2-9 所示。

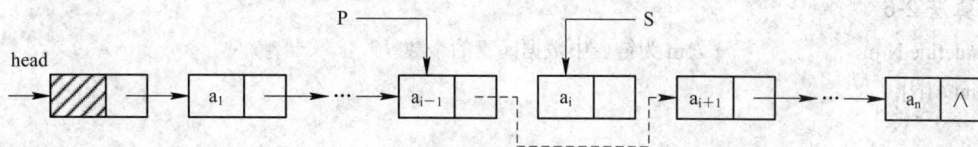

图 2-9　在单链表中删除一个结点

算法 2-5

```
void delete(NODE *head, int i)
    {
    NODE *p, *s;
    int j=0;
    p = head;
    while (( p->next != NULL) && (j < i−1))
        {
        p = p -> next;
        j++;
        }
    if ((p->next == NULL) || (j > i−1))
        printf("i 值不合法 \n");
```

```
else
        {
        s = p -> next;
        p -> next = s -> next;
        free(s);
        }
    }
```

可以看到,在链表中插入或删除元素时不需要移动元素,但为了找到表中第 i−1 个元素,仍需从表头开始顺链查找。

4) 动态建立单链表的算法

要对单链表进行操作,首先要掌握怎样建立单链表。链表是一种动态存储结构,所需的存储空间只有在程序执行 malloc 之后,才可能申请到一个可用结点空间;free(p)的作用是系统回收一个结点,回收后的空间可以备作再次生成结点时用。整个可用存储空间可为多个链表共同享用,每个链表占用的空间不需预先分配划定,而是由系统应需求即时生成。因此,建立线性表的链式存储结构的过程就是一个动态生成链表的过程。即从"空表"的初始状态起,依次建立各元素结点,并逐个插入链表。

动态建立线性表的链式存储结构有两种基本方法,分别适用于不同的场合。可根据所建链表结点的顺序要求选择采用一种方法。

单链表建立方法一:反向建立链表。

思想:若线性表的元素已顺序存放在一维数组 A[N]中,建表方法是从线性表的最后一个元素开始,从后向前依次插入到当前链表的第一个结点之前。

算法 2-6

```
#define N m                    /*m 为链表中数据元素的个数*/
int A[N];
    ⋮
NODE *creatlink1( )
    {
    NODE *head, *s;
    int i;
    head = (NODE *)malloc(sizeof(NODE));
    head -> next = NULL;
    for(i=N−1; i>=0; i−−)
        {
        s = (NODE *)malloc(sizeof(NODE));
        s -> data = A[i];
        s -> next = head -> next;
        head -> next = s;
        }
    return head;
    }
```

单链表建立方法二：正向建立单链表。

思想：依次读入线性表的元素，从前往后依次将元素插入到当前链表的最后一个结点之后。

算法 2-7

```
NODE *creatlink2( )
    {
    NODE *head, *p, *s;
    int num;
    head = (NODE *)malloc(sizeof(NODE));
    scanf("%d", &num);
    p = head;
    while (num!=0)
        {
        s = (NODE *)malloc(sizeof(NODE));
        s -> data = num;
        p -> next = s;
        p = s;
        scanf("%d", &num);
        }
    p -> next = NULL;
    return head;
    }
```

3. 线性链表算法示例

例 2-5　求不带头结点的头指针为 head 的单链表中的结点数目。

解：

```
int length(NODE *head)
    {
    NODE *p;
    int j;
    p = head;
    j = 0;
    while ( p != NULL )
        {
        p = p -> next;
        j++;
        }
    return j;
    }
```

例 2-6　设计算法：将一个带头结点的单链表 A 分解为两个带头结点的单链表 A 和 B，使得 A 表中含有原表中序号为奇数的元素，B 表中含有原表中序号为偶数的元素，且保持其相对顺序。

解：

```
void disA(NODE *A, NODE *B)
    {
    NODE *r, *p, *q;
    B = (NODE *)malloc(sizeof(NODE));        /*建立单链表 B 的头结点*/
    r = B;
    p = A->next;
    while ((p!=NULL) && (p->next!=NULL))
        {
        q = p->next;
        p->next = q->next;
        r->next = q;
        r = q;
        p = p->next;
        }
    r->next = NULL;
    p->next = NULL;
    }
```

例 2-7　已知两个不带头结点的单链表 A、B 分别表示两个集合，其元素递增有序。试设计算法求出 A 与 B 的交集 C。要求 C 另外开辟存储空间，并同样以元素值递增的带头结点的单链表形式存储。

解：

```
void intersectionset(NODE *A, NODE *B, NODE *C)
    {
    NODE *r, *p, *q, *s;
    C = (NODE *)malloc(sizeof(NODE));
    r = C;
    p = A;
    q = B;
    while ((p!=NULL) && (q!=NULL))
        {
        if (p->data < q->data)
            p = p->next;
        else if (p->data > q->data)
            q = q->next;
        else if (p->data == q->data)
            {
            s = (NODE *)malloc(sizeof(NODE));
            s->data = p->data;
            r->next = s;
```

```
                r = s;
                p = p->next;
                q = q->next;
            }
        }
        r->next = NULL;
    }
```

2.2.4 循环链表和双向链表

1. 循环链表

如果链表最后一个结点的指针域指向头结点，整个链表形成一个环，这样的链表称为循环链表。这样，从表中任一结点出发均可找到表中其它结点，其逻辑状态图如图 2-10。

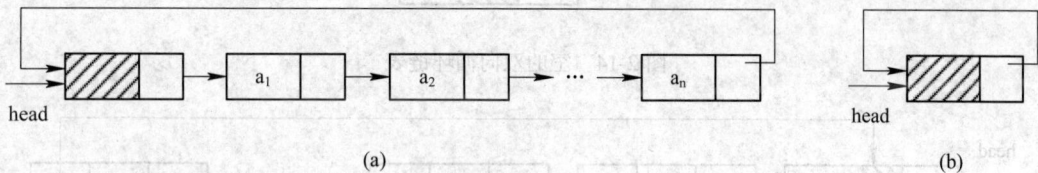

图 2-10 循环单链表

(a) 非空表； (b) 空表

循环链表一般设表头结点，这样链表将永不为空，这将使空表和非空表的逻辑状态及运算统一起来。

循环链表的操作和线性链表基本一致，差别仅在于算法中的循环条件不是 P 或 P->next 是否为空，而是它们是否等于头指针。

与单链表比较，循环链表有以下特点：

(1) 在循环单链表中，从表中任何一个结点出发都能访问到其它所有的结点；而单链表一般把头指针作为入口点，从某一结点出发，只能访问到其所有后继结点。

(2) 循环单链表的空表判定条件是 head->next=head。

2. 双向链表

前面讨论的链式存储结构中只有一个指示直接后继的指针域，所以从某结点出发只能顺指针往后查找其它结点。若要查找结点的直接前趋，则应从头指针出发(或在循环单链表中从 p 结点出发)一直往后找，直到结点 q 满足 q->next=p，那么 q 是 p 的前趋结点。为克服链表这种单向性的缺点，为有更大的灵活性来操作线性链表，可采用双向链表存储结构。

在每个结点上增加一个指向线性表中每个元素的前趋结点的指针域 prior，就得到双向链表。其结点的结构如图 2-11 所示。

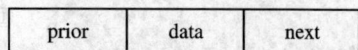

prior	data	next

图 2-11 双向链表结点结构

其中，prior 是指向前趋结点的指针域；data 是数据域；next 是指向后继结点的指针域。

和循环单链表类似，也可将双向链表的头结点和尾结点链接起来组成双向循环链表。双向链表的几种不同状态如图 2-12，图 2-13，图 2-14 和图 2-15 所示。

图 2-12　带头结点的空双向链表

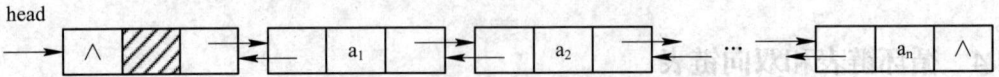

图 2-13　带头结点的非空双向链表

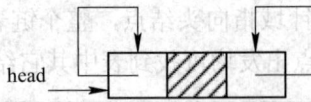

图 2-14　空的双向循环链表

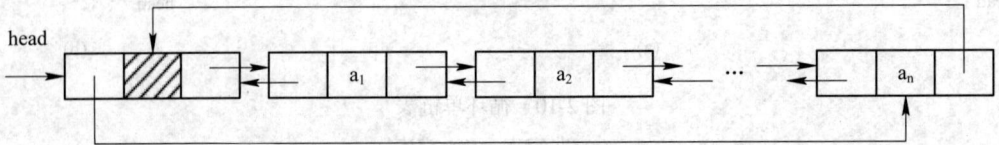

图 2-15　非空双向循环链表

在图 2-15 中，设 p 是指向链表中任一结点的指针，则有

p->next->prior = p->prior->next = p

这个等式反映了这种链表的本质，在此链表上进行插入或删除操作是十分方便的。双向链表虽然多花了存储空间，但却换得了操作上的更大灵活性。

双向链表的运算如 LENGTH(Head)，GET(Head, i)，LOCATE(Head, x)等操作，仅涉及一个方向的指针，操作类似单链表。但插入、删除时要同时修改两个方向的指针。

(1) 插入。在链表中第 i 个结点前插入元素 x。

步骤：首先搜索插入位置，找到第 i 个结点用指针 P 指示，然后申请新结点并改变链接。插入结点时指针变化状况如图 2-16 所示。

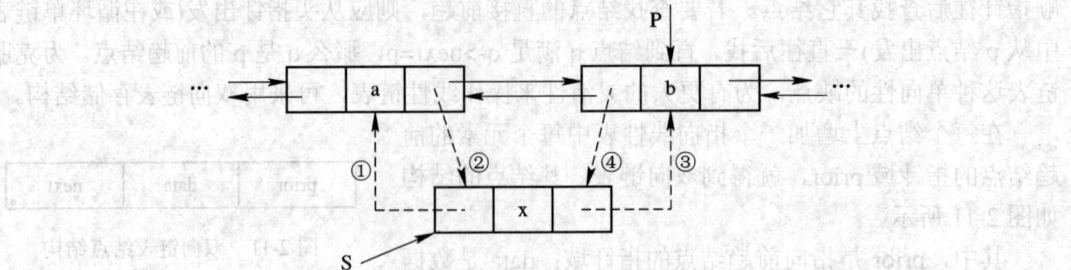

图 2-16　在双向链表中插入结点

插入时相关操作序列为

① s->prior = p->prior;

② (p->prior)->next = s;

③ s->next = p;

④ p->prior = s。

(2) 删除。在链表中删除第 i 个结点。

步骤：首先找到删除位置 P，然后改变链接，最后释放被删结点 P。删除结点时指针变化状况如图 2-17 所示。

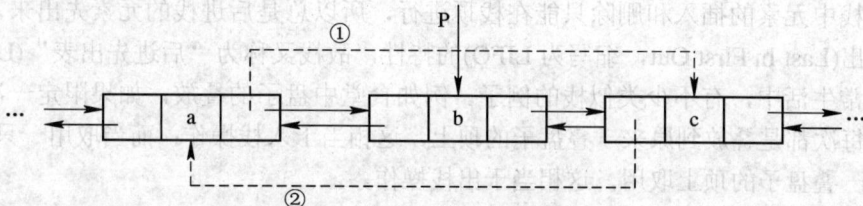

图 2-17　在双向链表中删除结点

删除时相关操作序列为

$$(p->prior)->next = p->next;$$

$$(p->next)->prior = p->prior;$$

例 2-8　设计算法：判断带头结点的循环双向链表 head 按元素值是否对称(所谓对称，就是在线性表中 $a_1=a_n$，$a_2=a_{n-1}$，…)。

```
int symmetry(DNODE *head)
{
    DNODE *p, *q;
    p = head->next;
    q = head->prior;
    while (p->data == q->data)
        if ((p == q) || (p->next == q))
            return 1;
        else
            {
            p = p->next;
            q = q->prior;
            }
    return 0;
}
```

2.3　栈 和 队 列

栈(stack)和队列(queue)是经常遇到的两种数据结构，它们都是特殊情况下的线性表。前面介绍的线性表的向量及链表存储，进行插入、删除时是比较麻烦的。向量导致数据元素的大量移动，而链表中则要顺链寻找指定位置。如果能够把插入、删除操作都限制在线性表的端部进行，则运算效率可以大大提高。本节要讨论的就是这种限制存取位置的线性表——栈和队列。

2.3.1 栈

1．栈的定义

栈是限定只能在表的同一端进行插入和删除操作的线性表。其中允许进行插入和删除操作的一端称为栈顶(top)，而表中固定的一端称为栈底(bottom)。栈中元素个数为零时称为空栈。

由于栈中元素的插入和删除只能在栈顶进行，所以总是后进栈的元素先出来，即栈具有后进先出(Last In First Out，缩写为 LIFO)的特性，故栈又称为"后进先出表"(LIFO 表)。

在日常生活中，有不少类似栈的例子。例如食堂中盘子的叠放，如果限定一次叠放一只，那么每次都是叠放到原来一叠盘子的顶上，这相当于入栈操作；而当取用一只盘子时，也是从这一叠盘子的顶上取用，这相当于出栈操作。

栈的五种基本运算：

(1) Inistack(S)。初始化栈 S 为空栈。

(2) Empty(S)。判定 S 是否为空栈。若 S 是空栈则返回值为真(Ture)，否则返回值为假(False)。

(3) Push(S，x)。进栈操作。在栈 S 的栈顶插入数据元素 x。

(4) Pop(S)。出栈操作。若栈 S 不是空栈，则删除栈顶元素。

(5) Gettop(S)。取栈顶元素。它只读取栈顶元素，不改变栈中的内容。

例 2-9 有三个元素的进栈序列是 1，2，3，举出此三个元素可能的出栈序列，并写出相应的进栈和出栈操作序列如图 2-18 所示(假设以 I 和 O 表示进栈和出栈操作)。

出栈序列	操作序列
1 2 3	I O I O I O
1 3 2	I O I I O O
2 1 3	I I O O I O
2 3 1	I I O I O O
3 2 1	I I I O O O

图 2-18

2．栈的表示和实现

因为栈是线性表的一种特例，所以线性表的存储结构对它都适用。一般称采用顺序存储结构的栈为顺序栈；采用链式存储结构的栈为链栈。

1) 栈的顺序存储结构——顺序栈

利用一组地址连续的存储单元依次存放自栈底到栈顶的数据元素，同时设指针 top 指示栈顶元素的当前位置。空栈的栈顶指针值为−1。设用数组 Stack[MAXSIZE]表示栈，则对非空栈，Stack[0]为最早进入栈的元素，Stack[top]为最迟进入栈的元素，即栈顶元素。当 top=MAXSIZE−1 时意为栈满，此时若有元素入栈则将产生"数组越界"的错误，称为栈的"上溢"(overflow)；反之，top= −1 意为栈空，若此时再作退栈操作，则发生"下溢"(underflow)。图 2-19 展示了顺序栈中数据元素和栈顶指针之间的对应关系，设 MAXSIZE =m。

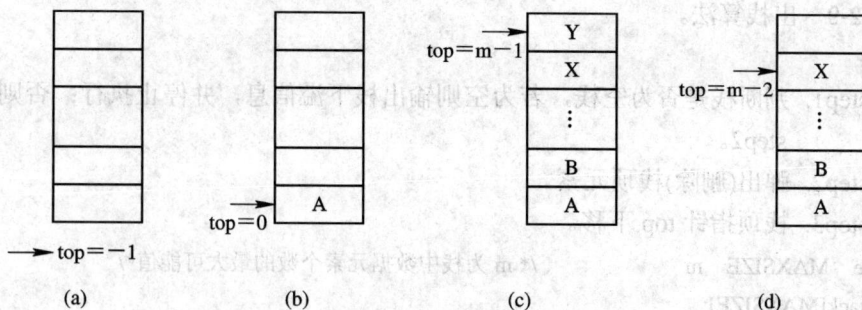

图 2-19　栈顶指针和栈中元素之间的关系

(a) 空栈；(b) 元素 A 入栈；(c) 栈满；(d) 元素 Y 出栈

顺序栈的 C 语言描述如下：

```
#define   MAXSIZE   m        /* m 为栈中数据元素个数的最大可能值*/
int   stack[MAXSIZE];
int   top=-1;
```

通常对栈进行的运算是进栈和出栈，这些运算都比较简单，下面给出进栈和出栈操作的实现算法。

算法 2-8　进栈算法。

步骤：

　　step1. 判断栈是否已满，若满则输出栈溢出信息，并停止执行；否则，执行 step2。

　　step2. 栈顶指针 top 后移。

　　step3. 在栈顶指针所指当前位置插入元素 x。

```
#define   MAXSIZE   m        /* m 为栈中数据元素个数的最大可能值*/
int   stack[MAXSIZE];        /* 假设数据元素的类型为整型*/
int   top=-1;
  ...
void push(int x)
   {
   if (top == MAXSIZE-1)
      {
      printf("栈满溢出 \n");
      exit(1);
      }
   else
      {
      top++;
      stack[top]=x;
      }
   }
```

算法 2-9 出栈算法。

步骤:

　　step1. 判断栈是否为空栈, 若为空则输出栈下溢信息, 并停止执行; 否则, 执行
　　　　　　step2。

　　step2. 弹出(删除)栈顶元素。

　　step3. 栈顶指针 top 下移。

```
#define   MAXSIZE   m          /* m 为栈中数据元素个数的最大可能值*/
int   stack[MAXSIZE];
int   top;
  :
int pop( )
    {
    int x;
    if (top == -1)
        {
        printf("栈空溢出 \n");
        exit(1);
        }
    else
        {
        x=stack[top];
        top--;
        }
    return x;
    }
```

　　栈的使用非常广泛, 常常会出现在一个程序中需要同时使用多个栈的情形, 为了不因栈上溢而产生错误中断, 必须给每个栈预分一个较大的空间, 但这并不容易做到, 因为各个栈实际所用空间很难估计。考虑到在实际进程中, 当一个栈发生上溢时, 其它栈可能还留有很多空间, 所以可设法动态地加以调整, 以达到多个栈共享内存时, 只要有一个栈未满, 其它任何栈的入栈操作均不会发生上溢。现在以两个栈为例, 讨论其共享内存时的顺序分配方法。

　　当有两个栈共享大小为 m 的内存空间时, 可以把两个栈的栈底分别设在给定内存空间的两端。然后, 各自向中间伸展, 仅当两个栈顶相遇时才发生溢出。这种分配方式, 在每个栈的动态变化过程中, 使每个栈可利用的最大空间均有可能超过 m/2。这种分配方法如图 2-20 所示。

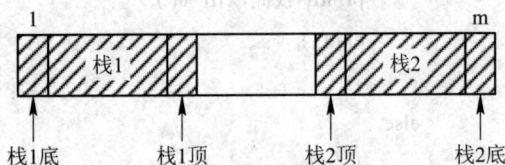

图 2-20　两个栈共享空间示意图

2) 栈的链式存储结构——链栈

采用顺序存储结构, 对于一个栈、两个栈可以清楚自然地表达, 但当遇到多个栈共享

空间的问题或栈的最大容量事先不能估计时，采用链式存储结构是有效的方法。

类似于单链表，链栈的 C 语言描述如下：

```
struct snode{
        int data;
        struct snode *link;
        };
typedef struct snode SNODE;
```

栈顶指针仍是 top，其类型为 SNODE *，相当于单链表的头指针，可惟一确定一个链栈。当 top=NULL，表示一个空链栈。链栈的逻辑示意图如图 2-21 所示。

对于链栈，不会产生单个栈满而其余栈空的情形，只有当整个可用空间都被占满，malloc 函数无法实现时才会发生上溢。因此多个链栈共享空间也就是自然的事了。

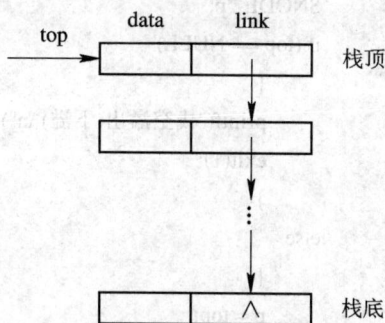

图 2-21　链栈示意图

链栈的出入栈操作类似于单链表，下面给出相应的算法。

算法 2-10　进栈操作 push(stack,x)。

步骤：

step1. 申请一链栈结点，若无可用内存空间，则表示栈满，否则执行 step2；

step2. 在 top 所指结点之前插入新结点，并将 top 指向新申请的结点。

```
void push(SNODE *top, int x)
    {
    SNODE *p;
    p = (SNODE *)malloc(sizeof(SNODE));
    if (p == NULL)
        {
        printf( "内存中无可用空间，栈溢出! \n");
        exit(1);
        }
    else
        {
        p->data = x;
        p->link = top;
        top = p;
        }
    }
```

算法 2-11　出栈操作 pop(stack)。

步骤：

step1.　若链栈为空，则输出栈溢出信息；否则执行 step2；

step2.　删除 top 所指结点，并使 top 指向被删结点的后继结点。

```
void pop(SNODE *top)
    {
```

```
int x;
SNODE *p;
if (top == NULL)
        {
        printf("栈空溢出(下溢) \n");
        exit(1);
        }
else
        {
        p = top;
        top = top->link;
        x = p->data;
        free(p);
        }
}
```

2.3.2　队列

队列(Queue)是一种先进先出(FIFO，First In First Out)的线性表。它只允许在表的一端进行插入元素操作，而在另一端进行删除元素操作。这和日常生活中的排队是一致的，最早进入队列的元素最早离开。在队列中，允许插入的一端称为队尾(rear)，允许删除的一端则称为队头(front)。如图 2-22 所示。

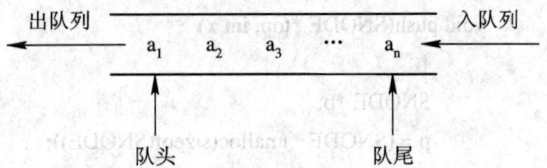

图 2-22　队列的示意图

队列的五种基本运算：

(1) Iniqueue(Queue)。初始化队列 Queue，即置 Queue 为空队列。

(2) Empty(Queue)。判定队列 Queue 是否为空。若 Queue 是空队列则返回值为真(True)，否则返回值为假(False)。

(3) Addqueue(Queue，x)。入队操作。若队列未满，则在 Queue 的队尾插入元素 x。

(4) Delqueue(Queue)。出队操作。若队列非空，则将 Queue 的队头元素删除。

(5) Getheadqueue(Queue)。读取队列 Queue 的队头元素，不改变队列中的内容。

1．队列的顺序存储结构

用一组地址连续的空间存放队列中的元素。即用一个能容纳最大容量元素的向量，另外还需要两个指针(front 和 rear)分别指示队头元素和队尾元素的存储位置。

顺序队列的 C 语言描述如下：

```
#define    MAXSIZE   m                /* m 为队列中数据元素个数的最大可能值*/
int    queue[MAXSIZE];                /* 假设数据元素的类型为整型*/
int    front, rear;
```

约定：队头指针 front 指向队列中队头元素的**前**一个位置，队尾指针 rear 指向队尾元素在队列中的当前位置。

若不作上述约定，会出现：

① 在实现出队列的操作时，第一个元素和其它元素的处理方法不一致，如

读第一个元素：
$$\begin{cases} \text{front++;} \\ x = \text{queue[front];} \\ \text{front++;} \end{cases}$$

读其它元素：
$$\begin{cases} x = \text{queue[front];} \\ \text{front++;} \end{cases}$$

② 队列空的判别条件复杂化。

图 2-23 展示了顺序结构队列中头、尾指针的变化情况。

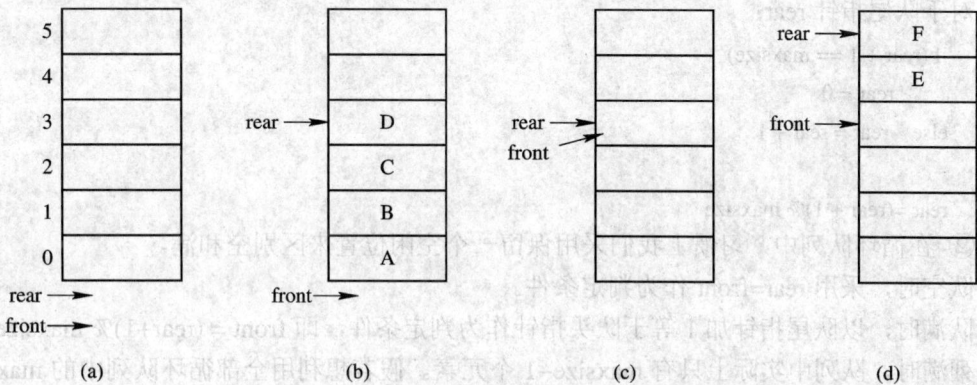

图 2-23　顺序队列中头、尾指针变化

(a) 空队列；(b) A, B, C, D 相继入队；(c) A, B, C, D 相继出队；(d) E, F 入队

入队时相关操作为：

rear++;	/* 修改尾指针*/
queue[rear] = x;	/* x 入队列*/

出队时需修改头指针：

　　　　front++;

　　　在顺序结构队列中，值得考虑的是队列满(即上溢)的判定条件是什么？假设当前队列处在图 2-23 中(d)的状态，即 MAXSIZE=6，rear=5，front=3，显然不能作入队列操作，因为 rear+1> MAXSIZE−1，出现上溢，但队列中还有空间，我们称这种现象为"假溢出"。

　　　解决"假溢出"的办法有两种：

　　　(1) 将全部元素向前移动直至队头指针为−1，使队列的第一个元素重新位于 queue[0]。这种方案是比较费时的。

　　　(2) 设想 queue[0]接在 queue[MAXSIZE−1]之后，使一维数组成为一个首尾相接的环，即如果 rear+1=maxsize，则令 rear=0，这就是循环队列的概念。循环队列如图 2-24 所示。

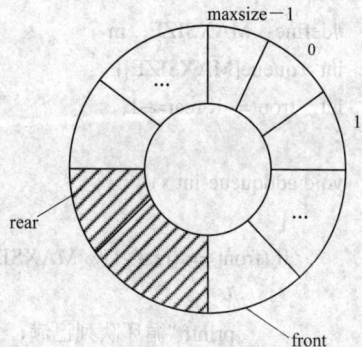

图 2-24　循环队列示意图

在循环队列中，需要解决两类问题，即队头指针及队尾指针的后移和如何判定队列的空与满。

① 队头指针和队尾指针的后移实际上就是如何从队列的第 maxsize−1 个位置移到第 0 个位置。这很容易地通过"求模"运算实现。

对于队头指针 front：

```
if (front + 1 == maxsize)
    front = 0
else   front = front + 1
```

或者

```
front = (front + 1)% maxsize
```

对于队尾指针 rear：

```
if (rear + 1 == maxsize)
    rear = 0
else   rear = rear + 1
```

或者：

```
rear =(rear + 1)% maxsize
```

② 在循环队列中，习惯上我们采用保留一个空闲位置来区别空和满。

队空时，采用 rear=front 作为判定条件。

队满时，以队尾指针加 1 等于队头指针作为判定条件，即 front = (rear+1)% maxsize。当队列满时，队列中实际上只有 maxsize−1 个元素。假若想利用全部循环队列中的 maxsize 个存储位置，此时队列满时 front=rear 与队列空时的关系相同，因而需要另外设一标志 tag 来区别队列的空和满。初始时 front=rear，说明队列空，tag 置队列空标志，若随着元素的入队再次满足条件 front=rear，说明队列满，tag 置队列满标志。由于另设标志增加了判别标志所需的时间，通常不采用此法。而前一种方法虽留有一个空额损失了一个空间，但避免了由于判别另设标志造成的时间损失，加快了算法的执行速度。

下面是循环队列的出、入队算法。

算法 2-12   循环队列的入队列操作 Addqueue(Queue，x)。

步骤：

step1. 判定循环队列是否已满，若满，则给出队列溢出出错信息；

step2. 队尾指针后移，将入队元素放入队尾指针所指的存储位置。

```
#define   MAXSIZE   m            /* m 为队列中数据元素个数的最大可能值*/
int   queue[MAXSIZE];            /* 假设数据元素的类型为整型*/
int   front=-1, rear=-1;
⋮
void addqueue(int x)
    {
    if (front == (rear+1)% MAXSIZE)
        {
        printf("循环队列已满，上溢! \n");
        exit(1);
```

```
            }
        else
            {
            rear = (rear+1)% MAXSIZE;
            queue[rear] = x;
            }
        }
```

算法 2-13 循环队列的出队列操作 Delqueue(Queue)。

步骤：

step1. 判定循环队列是否为空，若空，则给出队列溢出(下溢)信息；

step2. 队头指针后移一个位置。

```
#define   MAXSIZE   m
int   queue[MAXSIZE];
int   front=-1, rear=-1;
   ⋮
int delqueue( )
    {
    int x;
    if (front == rear)
        {
        printf("循环队列已空，下溢！ \n");
        x =-1;
        }
    else
        {
        front = (front+1)% MAXSIZE;
        x = queue[front];
        }
    return x;
    }
```

2. 队列的链式存储结构

利用带头结点的单链表作为队列的链式存储结构。由前所述，一个队列需要两个分别指向队头和队尾的指针才能惟一确定。在链队列里，将队头指针指向单链表的头结点，而将队尾指针指向单链表的最后一个结点。

链队列的 C 语言描述为：

```
struct   qnode{
        int data;
        struct qnode *next;
        };
typedef struct qnode QNODE;
QNODE *front, *rear;
```

链队列的逻辑状态如图 2-25 所示。

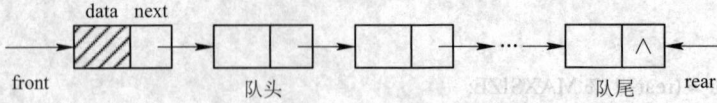

图 2-25　链队列示意图

也可将头、尾指针画在一个结点里，将链队列用如图 2-26 表示。

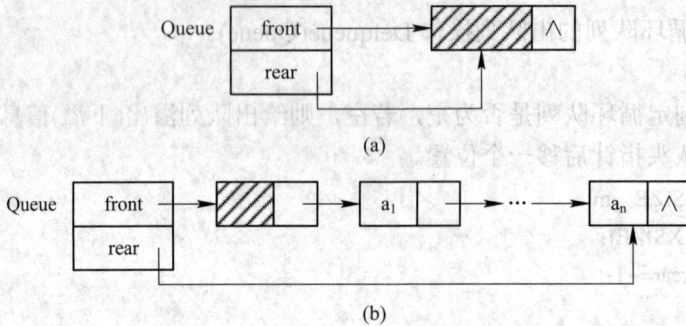

(a)

(b)

图 2-26　链队列

(a) 空链队列；(b) 非空链队列

类似于链栈，链队列满的条件是仅当内存中无可利用内存；链队列空的条件是：

　　　　　front == rear

链队列运算指针变化状况如图 2-27 所示。

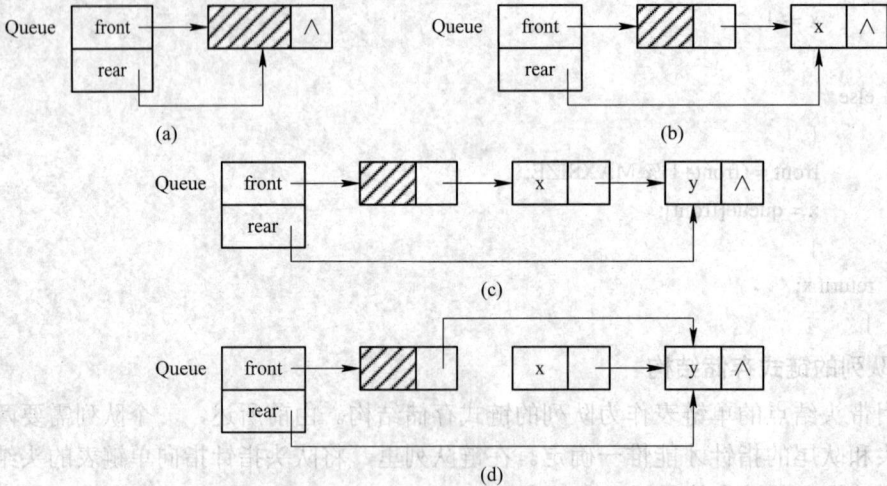

(a)

(b)

(c)

(d)

图 2-27　链队列指针变化示例

(a) 空队列；(b) 元素 x 入队列；(c) 元素 y 入队列；(d) 元素 x 出队列

算法 2-14　链队列的入列操作 Addqueue(Queue，x)。

```
struct qnode{
        int data;
        struct qnode *next;
        };
```

```
typedef struct qnode QNODE;
QNODE *front, *rear;
    ⋮
void addqueue(int x)
    {
    QNODE *p;
    p = (QNODE *)malloc(sizeof(QNODE));
    if (p == NULL)
        {
        printf("内存中无可用空间。链队列已满，即上溢。 \n");
        exit(1);
        }
    else
        {
        p->data = x;
        p->next = NULL;
        rear->next = p;
        rear = p;
        }
    }
```

算法 2-15　链队列的出列操作 Delqueue(Queue)。

```
struct qnode{
        int data;
        struct qnode *next;
        };
typedef struct qnode QNODE;
QNODE *front, *rear;
    ⋮
void delqueue( )
    {
    int x;
    QNODE *p;
    if (front == rear)
        {
        printf ("链队列已空，即下溢。 \n");
        exit(1);
        }
    else
        {
        p = front->next;
```

```
        front->next = p->next;
        x = p->data;
        if (p->next == NULL)
            rear = front;
        free(p);
        }
    }
```

队列采用链式存储分配可以很容易地实现多个队列共享内存空间。空队列状态也是程序设计中常用的一种控制转移的条件。在程序设计中，凡是按照"先来先处理"的原则操作的事情都需要用队列来加以管理。例如我们在后面章节中提到的树和图的某种遍历就要用到队列。

2.4 串 和 数 组

2.4.1 串

从数据结构的角度来看，串是一种每个数据元素仅由一个字符组成的特殊线性表。

随着数据处理技术的发展，串在文字编辑、符号处理、词法分析、信息检索、自然语言翻译等方面的应用越来越广泛。越来越多的程序设计语言支持串作为一种变量类型，参加各种运算。本节将讨论串的基本概念、基本操作及存储方法。

1．串及其操作

1) 串

串(String)是由零个或多个字符组成的有限序列。一般记为

$$S = 'a_1 a_2 \cdots a_n' \qquad (n \geqslant 0)$$

其中，S 是串的名，用单引号括起来的字符序列是串的值；$a_i (1 \leqslant i \leqslant n)$可以是字母、数字或其它字符，串中字符的数目 n 称为串的长度。

零个字符的串称为空串(null string)，它的长度为零。为了清楚起见，以后用符号"Ø"来表示"空串"。

串中任意个连续的字符组成的子序列称为该串的子串。包含子串的串相应地称为主串。通常称字符在序列中的序号为该字符在串中的位置。子串在主串中的位置则以子串的第一个字符在主串中的位置来表示。

例 2-10　串名为 A、B、C、D 的四个串如下：

```
    A='very good';
    B='    ';
    C='';
    D='good';
```

串 A 的长度是 9；串 B 的长度为 3 的空格串；串 C 中不包含任何字符，是空串，长度

为零；串 D 的长度是 4，显然串 D 是串 A 的子串，串 A 是串 D 的主串，串 D 在主串 A 中的位置是 6。

当两个串的长度相等，并且各个对应位置上的字符都相等时，称两个串是相等的。

2) 串的基本操作

常用的串的基本操作有七种：

(1) ASSIGN(s，t)和 CREAT(s，ss)赋值操作。

将串 t 或字符序列 ss 的值赋给 s。

(2) EQUAL(s，t)判等函数。若 s 和 t 相等，则返回函数值"true"，否则返回函数值"false"。

(3) LENGTH(s)求串长函数。其返回值是串 s 中字符的个数。

(4) SUBSTR(s，start，len)求子串函数，表示从串 s 中的第 start 个字符开始，取出 len 个字符构成一个新的串。其中，$1 \leqslant start \leqslant LENGTH(s)$，且 $1 \leqslant len \leqslant LENGTH(s) - start + 1$。

(5) CONCAT(s1，s2)联接函数。将 s2 的串值紧接着放在 s1 串值的末尾而组成一个新的串，新的串值名为 s1。

如 s1='very '，s2='good'，则 CONCAT(s1，s2)='very good'。

(6) INDEX(s1，s2)定位函数。若在主串 s1 中存在与 s2 相等的子串，则函数值为 s1 中第一个与 s2 相等的子串在主串 s1 中的位置；否则函数值为 0。注意，在此 s2 不能为空串。

如　INDEX('abbcbc', 'bc')=3

　　INDEX('abcbc', 'ac')=0

(7) REPLACE(s1，s2，s3)置换操作。操作结果是用串 s3 替换 s1 中所有与串 s2 相等且不重叠的子串。如

设 s='bbabbabba'则

REPLACE(s, 'ab', 'c')后，串 s 变为

S='bbcbcba'。

另外，对串还可以进行插入和删除操作，这两种操作均可用上述介绍的七种基本操作来实现。

2．串的存储结构

与线性表的存储结构类似，字符串的两种基本存储结构是顺序存储结构和链式存储结构。分别简单介绍如下：

1) 顺序存储结构

顺序存储结构是用一组地址连续的存储单元存储串中的字符序列。其 C 语言描述如下：

```
#define    MAXLEN n          /* n 为串中字符个数的最大可能值*/

char   ch[MAXLEN];

int    curlen;
```

其中，ch 为存储串值的一维数组，其每个分量存放一个字符；curlen 为指示串的当前长度。

当计算机的存储器采用的是字编址(设 1 字=4 字节)结构时，数组的一个分量至少占一个字的存储单元，此时串值的存储方式称为非紧缩格式，即一个字存储单元存放一个字符，如图 2-28 所示。

D			
A			
T			
A			
S			
T			
R			
U			
C			
T			
U			
R			
E			

D	A	T	A
	S	T	R
U	C	T	U
R	E		

图 2-28　串的非紧缩格式　　　　　　　　图 2-29　串的紧缩格式

　　为了节省存储空间，也可以采用紧缩格式存储串值，即在一个字存储单元中存放多个字符，如图 2-29 所示。(因一个字符的 ASCII 码只占一个字节的内存单元。)

　　例：S ='DATA STRUCTURE'，n=14

　　与非紧缩存储格式相比，紧缩存储格式节省了存储空间，但在对串值进行访问时要比前者慢得多，因为后者需要花费较多的时间分离同一个字存储单元中的字符。此外，作为顺序存储结构的共同缺点就是当需要在字符串中插入或删除字符时，要花许多时间移动字符。

　　2) 链式存储结构

　　串的链式存储结构与线形表的链式存储结构相类似，也可以采用链表存储串值。由于串结构的特殊性，结构中的每个数据元素是一个字符，则用链表存储串值，存在一个"结点大小"的问题。可定义数据域中存放字符的数目为结点的大小。

　　串的链式存储结构是将存储区域分成一系列大小相同的结点，当讨论仅限于线性链表时，每个结点有两个域：Data 域存放字符，next 域存放指向下一个结点的指针。对于结点大小超过 1 的结点，在存储串值时，最后一个结点的 data 域不一定正好填满，这时就要以 Ø 来填充。例如图 2-30 所示的链表，其结点大小分别为 4 和 1。

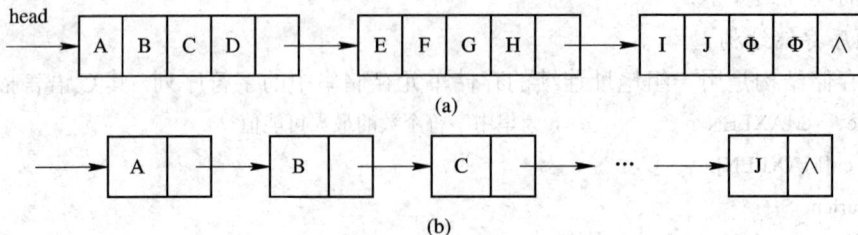

head →
| A | B | C | D | → | E | F | G | H | → | I | J | Φ | Φ | ∧ |

(a)

→ | A | | → | B | | → | C | | → …… → | J | ∧ |

(b)

图 2-30　串的链式存储结构

(a) 结点大小为 4 的链表；(b)　结点大小为 1 的链表

　　在链表上进行子串的插入和删除操作是很方便的，只要修改有关结点的链域就可以实现。结点大小为 1 的链表虽然存储密度较小，但形式简单，更便于进行串的插入和删除操作。

虽然扩大结点 data 域的存储容量可以提高存储密度，但在做插入、删除运算时，可能会引起大量字符的移动。因此在具体应用中应视系统的要求选择一个较"合适"的结点大小。

另外，在链式分配中，除了可用结点大小都是相同的定长结点链表外，还可以用结点大小不固定的变长结点的链表来存储串值。

2.4.2　数组

数组是大家已经很熟悉的一种数据类型，几乎所有的程序设计语言都把数组类型设定为固有类型。

数组(array)可看成是线性表的推广，是最常用的数据结构之一。数组是有限个数组元素的集合；数组的每个元素与一组下标相对应；和线性表一样，数组中所有数组元素的数据类型必须一致。如下所示，就是一个 m 行 n 列的二维数组(也称为矩阵)，记作 A[m, n]。

$$A = \begin{bmatrix} a_{11} & a_{12} & \cdots & a_{1n} \\ a_{21} & a_{22} & \cdots & a_{2n} \\ \vdots & \vdots & & \vdots \\ a_{m1} & a_{m2} & \cdots & a_{mn} \end{bmatrix}$$

矩阵 A 可以看成是由 m 个行向量组成的向量，也可以看成是由 n 个列向量组成的向量。

在矩阵中，每个元素 a_{ij} 都属于两个线性表。一个是第 i 行的行表(a_{i1}, a_{i2}, $\cdots$, a_{ij}, $\cdots$, a_{in})，另一个是第 j 列的列表(a_{1j}, a_{2j}, $\cdots$, a_{ij}, $\cdots$, a_{mj})。这种行表(行向量)和列表(列向量)都相当于线性表。所以说，数组可看作是线性表的推广，将线性表推广到二维或高维，就是我们所说的数组。如上例的数组 A，可表示为：

①　$A_{m \times n} = ((a_{11}, \cdots, a_{1n}), (a_{21}, \cdots, a_{2n}), \cdots, (a_{m1}, \cdots, a_{mn}))$

②　$A_{m \times n} = ((a_{11}, \cdots, a_{m1}), (a_{12}, \cdots, a_{m2}), \cdots, (a_{1n}, \cdots, a_{mn}))$

在 C 语言中，把一个二维数组看作是一种特殊的一维数组，该一维数组的元素又是一个一维数组。例如定义：

　　　　int a[3][4];

中，可以把 a 看作是一个一维数组，它有 3 个元素：a[0]、a[1]、a[2]，每个元素又是一个包含 4 个元素的一维数组。

同样，一个三维数组可以用其数据元素为二维数组的线性表来定义；依次类推，n 维数组是由数据元素为 n–1 维数组的线性表构成。

数组通常有两种基本操作：

①　给定下标，存取相应的数据元素；

②　给定下标，修改相应数据元素的值。

数组不能进行元素的插入和删除操作。

1. 数组的顺序存储结构

数组的顺序分配就是用向量作为数组的存储结构。但是二维以上的多维数组，不像一维数组那样，所有的元素已经排成一个序列，所以要把多维数组顺序地存储到一维顺序的存储器中，则必须对多维数组里的元素存放顺序做出一些规定。

通常数组采用两种顺序存储方式。

1) 行优先顺序存储

行优先顺序存储就是数组元素按行表次序进行存储，即第 i+1 个行表紧跟在第 i 个行表后面进行存储。在 C、BASIC、PASCAL、COBOL 等高级语言中均采用这种方法。

以二维数组 $A_{m×n}$ 为例，按行优先顺序存储的数组元素次序为：

a_{11}，a_{12}，…，a_{1n}，a_{21}，a_{22}，…，a_{2n}，…，a_{m1}，a_{m2}，…，a_{mn}

2) 列优先顺序存储

列优先顺序存储就是数组元素按列表次序进行存储，即第 j+1 个列表紧跟在第 j 个列表后面进行存储。在 FORTRAN 语言中，数组是按列优先顺序组织存储。

以二维数组 $A_{m×n}$ 为例，按列优先顺序存储的数组元素次序为：

a_{11}，a_{21}，…，a_{m1}，a_{12}，a_{22}，…，a_{m2}，…，a_{1n}，a_{2n}，…，a_{mn}

这两种方法的存储状态如图 2-31 所示。

同样，对 n 维数组也有上述两种不同的顺序分配的存储结构。当把 n 维数组的元素这样顺序地存放在存储器里，则每个元素的存储地址可以用公式计算出来。这些计算公式称为"地址公式"。

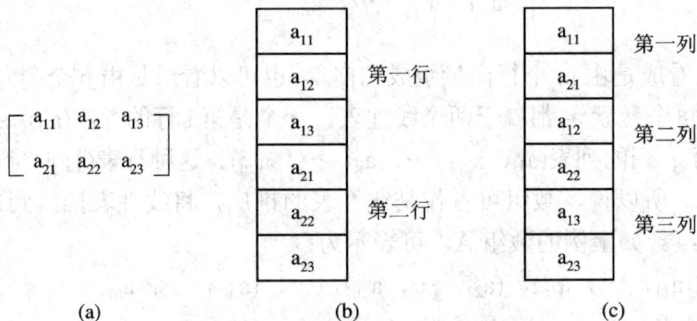

图 2-31　二维数组的两种存储方式

(a) 二维数组 $A_{2×3}$ 的逻辑结构；(b) 行优先顺序存储；(c) 列优先顺序存储

假设每个数据元素占 1 个存储单元，则可得

一维数组的地址公式：

$$Loc(a_i)= Loc(a_1)+(i-1)* l$$

若存储分配采用行优先顺序分配，则二维数组 $A_{m×n}$ 的地址公式为

$$Loc(a_{ij})= Loc(a_{11})+ [(i-1)* n +(j-1)] * l$$

同理，可写出三维数组、n 维数组的数组元素存储地址的计算公式。

若存储分配采用列优先顺序分配，则二维数组 $A_{m×n}$ 的地址公式为

$$Loc(a_{ij})= Loc(a_{11})+ [(j-1)* m +(i-1)] * l$$

同理，可写出三维数组、n 维数组的数组元素存储地址的计算公式。

2. 矩阵的压缩存储

通常在实际计算中经常出现一些阶数很高的矩阵，同时矩阵中有许多值相同的元素或者零元素。有时为了节省存储空间，可以对这类矩阵进行压缩存储。所谓压缩存储是指：为多个值相同的元素只分配一个存储空间；对零元素不分配空间。

1) 特殊矩阵

假若值相同的元素或零元素在矩阵中的分布有一定规律，则称此类矩阵为特殊矩阵。像三角矩阵，对称矩阵、三对角矩阵等都属于特殊矩阵。

例：下三角矩阵 $A_{n \times n}$，当 i<j 时，$a_{ij}=0$。

$$A = \begin{bmatrix} a_{11} & 0 & \cdots & 0 \\ a_{21} & a_{22} & \cdots & 0 \\ \vdots & \vdots & & \vdots \\ a_{n1} & a_{n2} & \cdots & a_{nn} \end{bmatrix}$$

在下三角矩阵中，对角线以上元素全部为 0，我们只需存储下三角的元素。

特殊矩阵的压缩存储实际上就是把二维数组的数据元素压缩到一维数组上，即要在下标[i,j]与下标[k]之间建立一个映像关系，使得对二维数组的存取操作通过一维数组来完成。

假设以一维数组 Sa(1：n(n+1)/2)作为 n 阶下三角矩阵 A 的存储结构，则 Sa[k]和矩阵元素 a_{ij} 之间存在着一一对应关系：

$$k = \frac{i(i-1)}{2} + j$$

n 阶对称矩阵 A 的压缩存储如图 2-32 所示。

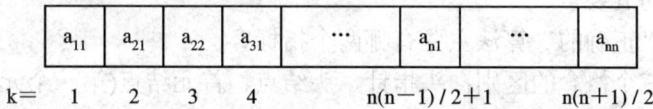

a_{11}	a_{21}	a_{22}	a_{31}	···	a_{n1}	···	a_{nn}

k=　　1　　2　　3　　4　　　　　n(n−1)/2+1　　　n(n+1)/2

图 2-32　对称矩阵 A 的压缩存储

其地址公式为

$$Loc(a_{ij}) = Loc(a_{11}) + i(i-1)/2 + (j-1)$$

2) 稀疏矩阵

如果一个矩阵中大多数元素为零，非零元素较少且分布无一定规律，这类矩阵称之为稀疏矩阵。

在存储稀疏矩阵时，为了节省存储单元，很自然的方法就是只存非零元素。由于每个矩阵元素可由它的行号和列号惟一地确定，这样稀疏矩阵中的每个非零元素就由一个三元组(i, j, val)惟一确定。其中，i 是行号；j 是列号；val 是非零元的数值。整个稀疏矩阵可用一个三元组表表示。

三元组表以非零元行号递增的顺序排列。

例 2-11　稀疏矩阵 $M_{6 \times 5}$

$$M = \begin{bmatrix} 3 & 0 & 0 & 0 & 0 \\ 0 & 0 & 0 & 0 & 0 \\ 0 & 0 & 0 & 0 & 5 \\ 2 & 0 & 0 & 0 & 0 \\ 0 & 0 & 0 & 6 & 0 \\ 1 & 0 & 0 & 0 & 0 \end{bmatrix}$$

共有 30 个元素，仅有 5 个非零元。其三元组表如图 2-33 所示。

	行号域	列号域	值域
0	6	5	5
1	1	1	3
2	3	5	5
3	4	1	2
4	5	4	6
5	6	1	1

图 2-33　表示矩阵 M 的三元组表

注意，为惟一确定稀疏矩阵，在三元组表的第一个位置上增加了一个表示矩阵行数、列数、非零元素个数的三元组。

习　　题

1. 名词解释：数据，数据元素，数据结构。

2. 简述算法的五要素。

3. 评价一个"正确的"算法主要有哪两个指标？

4. 描述以下三个概念的区别：头指针、头结点、首元结点(第一个元素结点)。

5. 有一线性表存储在一个带头结点的循环单链表 L 中，写出计算线性表元素个数的算法。

6. 假设有一个循环单链表的长度大于 1，且表中既无头结点也无头指针。已知 S 为指向链表中某结点的指针，试编写算法，在链表中删除结点 S 的前趋结点。

7. 已知指针 ha 和 hb 分别指向两个单链表的头结点，且头结点的数据域中存放链表的长度，试写一算法将这两个链表连接在一起(即令其中一个表的首元结点连在另一个表的最后一个结点之后)，hc 指向连接后的链表的头结点，并要求算法以尽可能短的时间完成连接运算。请分析你的算法的时间复杂度。

8. 设计一个将线性链表进行逆置的算法。

9. 设有多项式

$$A(x) = 7 + 3x + 9x^8 + 3x^{15}$$

$$B(x) = 5x + 6x^7 - 9x^8$$

(1) 用单链表给出 A(x)的存储表示；

(2) 用单链表给出 B(x)的存储表示；

(3) 以上述两个单链表为基础，通过插入和删除等运算给出 A(x)+B(x)的存储表示，使其存储空间覆盖 A(x)和 B(x)的存储空间。

10. 设有编号为 1，2，3，4 的四辆列车，顺序进入一个栈式结构的车站，具体写出这四辆列车开出车站的所有可能的顺序。

11. 假设以带头结点的循环单链表表示队列，并且只设一个指针指向队尾元素结点(不设头指针），试编写相应的入列和出列算法。

12. 假设以数组 sequ[m]存放循环队列的元素，同时设变量 rear 和 quelen 分别指示队尾元素的位置和内含元素的个数。试给出此循环队列的队满条件，并写出相应的入列和出列算法。

13. 试将下列稀疏矩阵 A 用三元组形式来表示。

$$A = \begin{bmatrix} 0 & 3 & 0 & 0 & -7 \\ 0 & 0 & 0 & 0 & 0 \\ 8 & 0 & 0 & 0 & 0 \\ 20 & 0 & 0 & 0 & 0 \\ 0 & 0 & -13 & 0 & 0 \end{bmatrix}$$

14. 简述空串和空格串的区别。

15. 已知 s = '(XYZ)+*'，t = '(X+Z)*Y'，利用联接、求子串和转换等基本运算，将 s 转化为 t。

16. 二维数组 A 的元素是 6 个字符组成的串，行下标 i 的范围从 0 到 8，列下标 j 的范围从 1 到 10。从供选择的答案中选出应填入下列关于数组存储叙述中(　)内的正确答案。

(1) 存放 A 至少需要(　)个字节。

(2) A 的第 8 列和第 5 行共占(　)个字节。

(3) 若 A 按行存放，元素 A[8, 5] 的起始地址与当 A 按列存放时的元素(　)的起始地址一致。

[供选择答案]

(1) a. 90;　　　　b. 180;　　　　c. 240;　　　　d. 270;　　　　e. 540;

(2) a. 108;　　　　b. 114;　　　　c. 54;　　　　d. 60;　　　　e. 150;

(3) a. A[8, 5];　　　b. A[3, 10];　　　c. A[5, 8];　　　d. A[0, 9].

第 3 章 非线性数据结构

前面介绍的几种数据结构都是线性的。在实际中许多问题用线性结构还不能明确方便地表明数据之间的复杂关系，如数据元素之间的层次特性、分支关系必须用一种非线性的数据结构才能体现出来，树就是这样一种数据之间有分支的层次关系的结构。在图结构中，结点之间的关系可以是任意的，图中任意两个数据元素之间都可能相关。在本章中，主要向大家介绍树和图这两种非线性数据结构。

3.1 树及其基本概念

树型结构是一种应用十分广泛的非线性数据结构，它很类似自然界中的树，直观地讲，树型结构是以分支关系定义的层次结构。

树(Tree)是 n(n≥0)个结点的有限集合。当 n=0 时称为空树，否则在任一非空树中：

(1) 有且仅有一个称为该树之根的结点；

(2) 除根结点之外的其余结点可分为 m(m≥0)个互不相交的集合 T_1，T_2，…，T_m，且其中每一个集合本身又是一棵树，并且称为根的子树(SubTree)。

这是一个递归定义，即在树的定义中又用到了树，它显示了树的固有特性。树中的每一个结点都是该树中某一棵子树的根。

如图 3-1 所示的树中，A 为根结点，其余的结点分为三个互不相交的有限集合：T_1={B，E，F}，T_2={C，G，J}，T_3={D，H，I}。T_1、T_2 和 T_3 都是 A 的子树，而它们本身也是一棵树。例如，T_1 是一棵以 B 为根的树，其余结点分为互不相交的两个集合{E}和{F}，而{E}和{F}本身又是仅有一个根结点的树。

下面结合图 3-1，给出树型结构中的一些基本术语。

结点的度：一个结点拥有的子树数目。如 A 结点的度为 3，它有三个子树 T_1、T_2 和 T_3。E、F 结点的度为 0，它们没有子树。

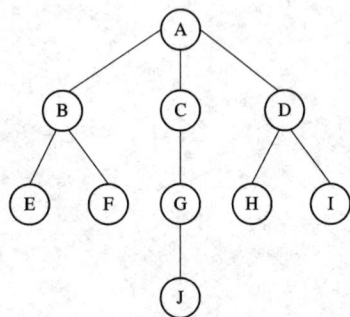

图 3-1 树型结构

叶子：度为零的结点称叶子或终端结点。

树的度：一棵树上所有结点的度的最大值就是这棵树的度。

结点的层次：根结点的层数为 1，其它任何结点的层数等于它的父结点的层数加 1。

树的深度：一棵树中，结点的最大层次值就是树的深度。图 3-1 中树的深度为 4。

森林：森林是 m(m≥0)棵互不相交的树的集合。

孩子(child)：某结点子树的根称为该结点的孩子结点。

双亲(parent)：一个结点是它的那些子树的根的双亲结点。

兄弟(sibling)：同一个双亲的孩子之间互为兄弟。如 A 是 B、C、D 的双亲；B、C、D 是 A 的孩子；B、C、D 互为兄弟。

堂兄弟(cousins)：其双亲在同一层的结点互为堂兄弟。如 G 与 E、F、H、I 互为堂兄弟。

有序树：树 T 中各子树 T_1，T_2，…，T_n 的相对次序是有意义的，则称 T 为有序树。在有序树中，改变了子树的相对次序就变成了另一棵树。

在计算机中表示一棵树时，就隐含着一种确定的相对次序，所以后面我们讨论的都是有序树。

3.2　二　叉　树

3.2.1　二叉树的定义及其性质

1. 二叉树的定义

一个二叉树是一个有限结点的集合，该集合或者为空，或由一个根结点和两棵互不相交的被称为该根的左子树和右子树的二叉树组成。

这是一个递归定义，由定义可知二叉树有下面两个主要特点：

(1) 每个结点最多只能有两个孩子，即二叉树中不存在度大于 2 的结点。

(2) 二叉树的子树有左、右之分，其次序不能任意颠倒。

二叉树可以有五种基本形态，如图 3-2 所示。

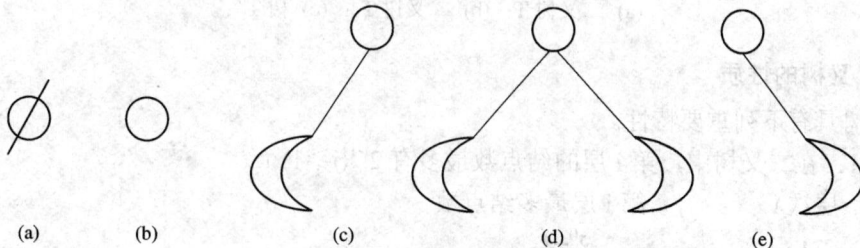

图 3-2　二叉树的五种基本形态

(a) 空二叉树；(b) 仅有根结点的二叉树；(c) 右子树为空的二叉树；
(d) 左、右子树均非空的二叉树；(e) 左子树为空的二叉树

例 3-1　画出具有 3 个结点的树和二叉树的所有不同形态。

解：(1) 具有 3 个结点的树有 2 种不同的形态，如图 3-3 所示。

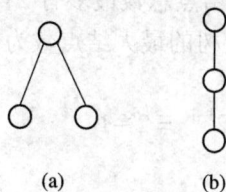

图 3-3　有 3 个结点的所有树的不同形态

(2) 具有 3 个结点的二叉树有 5 种不同的形态，如图 3-4 所示。

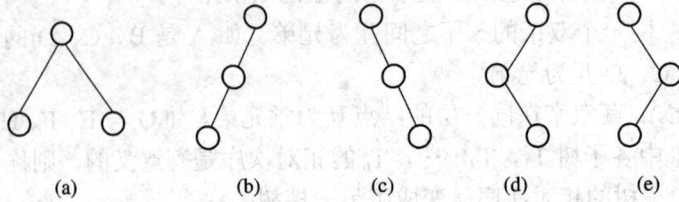

(a)   (b)   (c)   (d)   (e)

图 3-4   3 个结点的所有二叉树的不同形态

注意：树和二叉树的区别主要是二叉树的结点的子树要区分左子树和右子树，即使在结点只有一个子树的情况下，也要明确指出该子树是左子树还是右子树。

如二叉树 T 和 T′ 是不同的二叉树，但作为树，它们就是相同的。如图 3-5 所示。

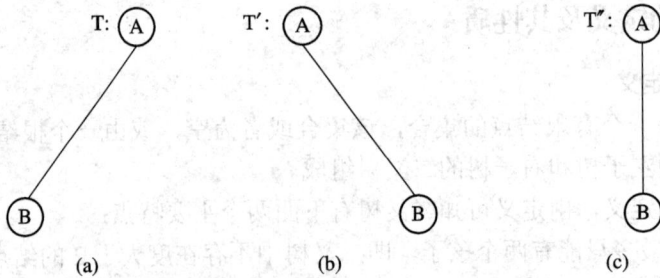

(a)   (b)   (c)

图 3-5   二叉树与树的区别

(a) 二叉树 T；(b) 二叉树 T′；(c) 树 T″

2．二叉树的性质

二叉树具有下列重要特性。

性质 1：在二叉树中，第 i 层的结点数最多有 $2^{i-1}(i \geq 1)$ 个。

例如：层次 i   第 i 层最多结点数

1            $2^0 = 1$

2            $2^1 = 2$

3            $2^2 = 4$

⋮   ⋮

k 2^{k-1}

此性质可以用数学归纳法证明。

性质 2：在深度为 k 的二叉树中结点总数最多有 $2^k - 1$ 个。

由性质 1 可见，深度为 k 的二叉树的最大结点数为：

$$\sum_{i=1}^{k} 2^{i-1} = 2^k - 1$$

性质 3：对任何一棵二叉树 T，如果其终端结点数为 n_0，度为 2 的结点数为 n_2，则 $n_0 = n_2 + 1$。

证明:

(1) 由于在二叉树中,任一结点的度数小于或等于 2,所以其结点总数

$$n = n_0 + n_1 + n_2$$

(2) 设 B 为二叉树中总的分支数目,由于二叉树中除了根结点之外,其余结点都有一个分支进入,所以

$$B = n-1 \qquad 即 \qquad n = B+1$$

而这些分支只能是由度数为 1 或 2 的结点所发出,所以

$$B = n_1 + 2n_2$$

于是得:

$$n = n_1 + 2n_2 + 1$$

(3) 由(1)和(2)得:

$$n_0 + n_1 + n_2 = n_1 + 2n_2 + 1$$

所以 $$n_0 = n_2 + 1$$ 证毕

下面介绍两种特殊形态的二叉树,满二叉树和完全二叉树。

如果一棵二叉树的深度为 k,并且含有 2^k-1 个结点,则称此二叉树为满二叉树。图 3-6 是一棵深度为 4 的满二叉树。

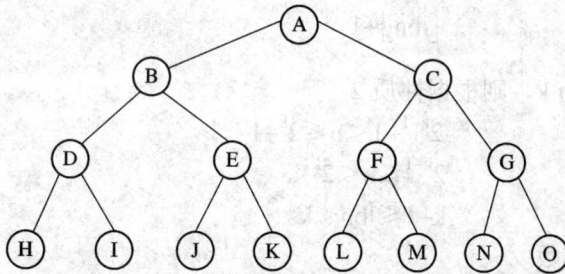

图 3-6 深度为 4 的满二叉树

可以看出这种树的特点是每一层的结点数都是最大结点数。

对满二叉树的结点进行连续编号:从根结点起,自上而下逐层从左到右给每个结点编一个从 1 开始的顺序号。图 3-6 就成为图 3-7。

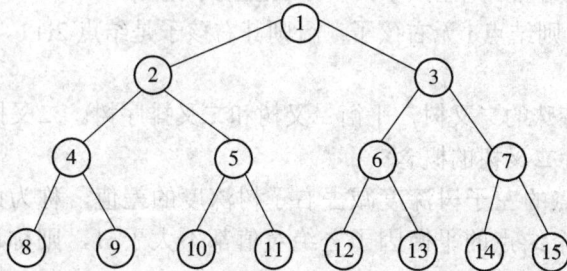

图 3-7 深度为 4 的满二叉树

深度为 k,有 n 个结点的二叉树,当且仅当其每一个结点都与深度为 k 的满二叉树中的编号从 1 到 n 的结点一一对应时,称之为完全二叉树。如图 3-8 所示是一棵深度为 4 的完全二叉树。

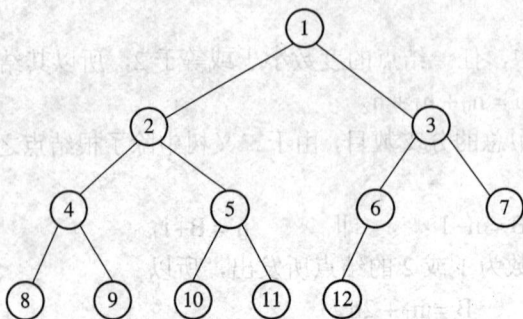

图 3-8　深度为 4 的完全二叉树

可以看出，完全二叉树有下面的特点：

(1) 叶子只可能在层次最大的两层上出现。

(2) 最下面一层的结点都集中在该层最左边的若干位置上。

完全二叉树是一个十分重要的概念，在许多算法和算法分析中，都明显或隐含地用到了完全二叉树的概念。下面介绍完全二叉树的两个重要特性。

性质 4：具有 n 个结点的完全二叉树的深度为

$$\lfloor lbn \rfloor + 1$$

证明：假设深度为 k，则根据性质 2

$$2^{k-1}-1 < n \leqslant 2^k - 1$$

或　　　　　　　　　　　　$2^{k-1} \leqslant n < 2^k$

于是　　　　　　　　　　　$k-1 \leqslant lbn < k$

　　因为　　k 是整数

　　所以　　$k = \lfloor lbn \rfloor + 1$

性质 5：如果对一棵有 n 个结点的完全二叉树的结点按层序编号(从第 1 层到第 $\lfloor lbn \rfloor + 1$ 层，每层从左到右)，则对任一结点 i($1 \leqslant i \leqslant n$)，有

(1) 如果 i=1，则 i 是二叉树的根，无双亲；如果 i>1，则其双亲是结点 $\lfloor i/2 \rfloor$。

(2) 如果 2i>n，则结点 i 无左孩子；否则其左孩子是 2i。

(3) 如果 2i+1>n，则结点 i 无右孩子；否则其右孩子是结点 2i+1。

证明从略。

另外，还有两种特殊的二叉树，平衡二叉树和二叉排序树。二叉排序树将在第 4 章中介绍，这里只介绍平衡二叉树的概念。

二叉树上任一结点的左子树深度减去右子树深度的差值，称为此结点的平衡因子。若一棵二叉树中，每个结点的平衡因子之绝对值都不大于 1，则称这棵二叉树为平衡二叉树。

例 3-2　图 3-9 中有两棵二叉树，试判定其是否是平衡二叉树？

解：二叉树 (a) 是平衡二叉树。二叉树(b)中结点 C 的平衡因子为 2，大于 1，故不是平衡二叉树。

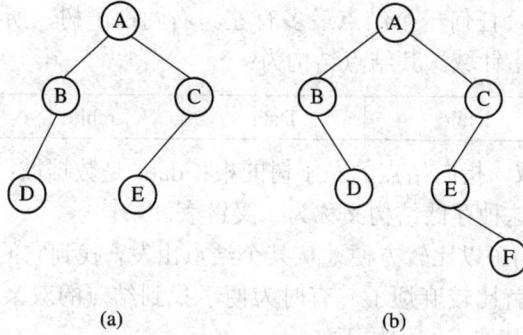

图 3-9 两棵二叉树

3.2.2 二叉树的存储结构

对于二叉树，我们既可采用顺序存储，又可采用链式存储。

1. 顺序存储结构

顺序存储就是将一棵二叉树的所有结点按照一定的次序顺序存放到一组连续的存储单元中，为此，必须把二叉树中所有结点构成一个适当的线性序列，以使各个结点在这个序列中的相互位置能反映出结点之间的逻辑关系。

对于完全二叉树，按图 3-8 中的编号顺序，就能得到一个足以反映整个二叉树结构的线性序列。因此，可将完全二叉树中所有结点按编号顺序依次存储到一组连续的存储单元(即向量)中，这样既不浪费内存，又可以利用地址公式确定其结点的位置。但对于一般的二叉树，顺序分配常会造成内存的浪费，因为一般的二叉树也必须按完全二叉树的形式来存储。图 3-8 所示的完全二叉树，其顺序存储结构如图 3-10(a)所示。而图 3-10(b)所示的二叉树，其顺序存储结构如图 3-10(c)所示，图中以 "0" 表示不存在此结点。在最坏情况下，一个深度为 k 且只有 k 个结点的单支树(树中无度为 2 的结点)却需要 $2^k - 1$ 个存储单元。可见，浪费很大。所以，一般情况下，还是用链表来表示二叉树。

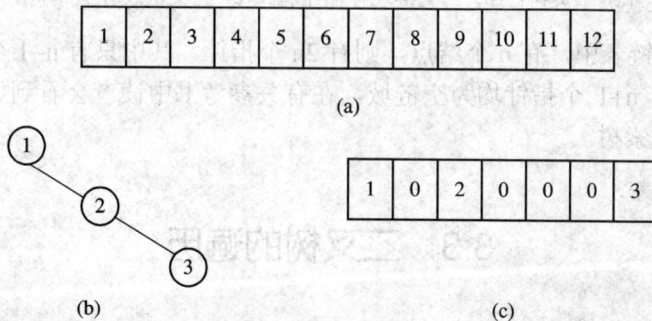

图 3-10 二叉树的顺序存储结构
(a) 图 3-8 中完全二叉树的顺序存储；(b) 二叉树；(c) 二叉树的顺序存储

2. 链式存储结构

因为树型结构是非线性的结构，所以在存储器里表示树型结构的最自然的方法是链式存储。根据二叉树的特性，任何一个结点最多有左、右两棵子树，所以每个结点至少设有三个域：数据域和左、右指针域。其结点结构为：

lchild	Data	rchild

其中，lchild 是左指针域，指向结点的左子树的根；data 是数据域；rchild 是右指针域，指向结点的右子树的根。这种存储结构又称为二叉链表。

在二叉链表中，我们可以比较方便地从某个结点出发，找到它的一个子结点，但如果要从某个结点找其父结点就比较麻烦了。有时为便于找到结点的双亲，还可增加一个指向其双亲的指针域(parent)，其结点结构如下：

lchild	data	parent	rchild

由这种结点结构所得的二叉树存储结构称为三叉链表。

另外，还需设一个指针 T 指向树的根。若树为空，则 T=NULL，否则 T 指向树的根。

例 3-3　画出给定二叉树的二叉链表和三叉链表存储结构。结果如图 3-11 所示。

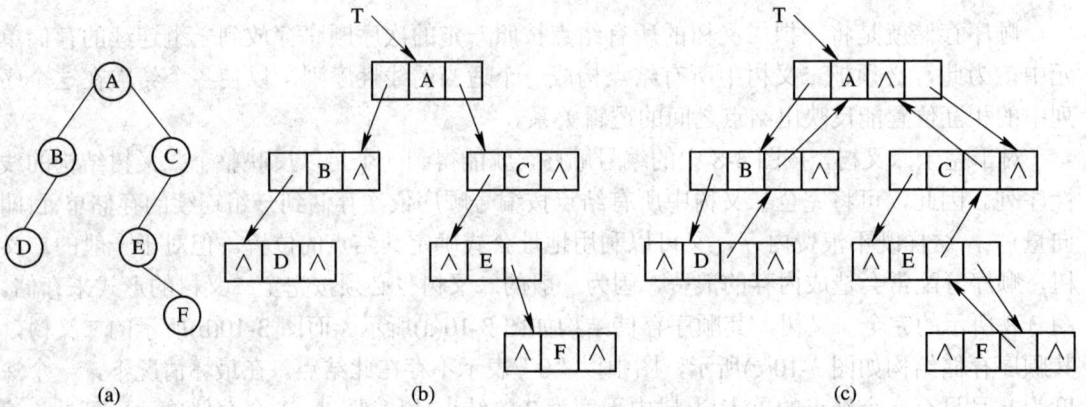

图 3-11　二叉树及其链表存储结构

(a) 二叉树；(b) 二叉链表存储结构；(c) 三叉链表存储结构

注意，在二叉链表中，有 n 个结点，则有 2n 个指针，其中只有 n–1 个指针用来指示其左、右孩子，另外 n+1 个指针均为空链域。在有关参考书中读者会看到如何将这些空链域利用起来，得到线索树。

3.3　二叉树的遍历

遍历二叉树就是按一定的次序，系统地访问树中的所有结点，使每个结点恰好被访问一次。所谓访问结点，其含义是很广的，可以理解为对结点的增、删、修改等各种运算的抽象。在本节讨论中，假定访问结点即为输出结点数据域值。二叉树的遍历是最重要和最基本的运算，二叉树的许多操作都是以遍历为基础的。

遍历二叉树的过程实际上就是按某种规律把二叉树的结点排成一个线性序列。由于二叉树是非线性结构，它的每个结点都可能有两个分支，也就是说一个结点可能有两个后继，所以，二叉树的遍历比较复杂，按照不同规则遍历得到的结果也就不同。令 L、D、R 分别表示遍历左子树、访问根结点和遍历右子树，则对二叉树的遍历有六种规律：DLR、LDR、LRD、DRL、RDL、RLD。若规定先左后右，则只有三种方案：DLR、LDR 和 LRD，按照访问根的先后，分别称之为二叉树的先序(根)遍历，中序(根)遍历和后序(根)遍历。

基于二叉树的递归定义，可得下述遍历二叉树的递归算法定义。

二叉树的三种遍历方式：

(1) 先序遍历：

若二叉树为空，则空操作；否则

① 访问根结点；

② 先序遍历左子树；

③ 先序遍历右子树。

(2) 中序遍历：

若二叉树为空，则空操作；否则

① 中序遍历左子树；

② 访问根结点；

③ 中序遍历右子树。

(3) 后序遍历：

若二叉树为空，则空操作；否则

① 后序遍历左子树；

② 后序遍历右子树。

③ 访问根结点；

二叉链表的 C 语言描述如下：

```
struct tnode {
    int data;
    struct tnode *lchild, *rchild;
    }
typedef struct tnode TNODE;
```

根据先序遍历的定义，先序遍历二叉树的递归算法如下：

算法 3-1　先序遍历根结点指针为 bt 的二叉树。

```
void preorder(TNODE *bt)
    {
    if (bt != NULL)
        {
        printf("%d \n", bt->data);
        preorder(bt->lchild);
        preorder(bt->rchild);
        }
    }
```

根据中序遍历的定义，中序遍历二叉树的递归算法如下：

算法 3-2　中序遍历根结点指针为 bt 的二叉树。

```
void inorder(TNODE *bt)
    {
    if (bt != NULL)
        {
        inorder(bt->lchild);
        printf("%d \n", bt->data);
        inorder(bt->rchild);
        }
    }
```

根据后序遍历的定义，后序遍历二叉树的递归算法如下：

算法 3-3　后序遍历根结点指针为 bt 的二叉树。

```
void postorder(TNODE *bt)
    {
    if (bt != NULL)
        {
        postorder(bt->lchild);
        postorder(bt->rchild);
        printf("%d \n", bt->data);
        }
    }
```

下面重点以中序遍历为例，讨论二叉树的非递归遍历算法。利用一个辅助堆栈 S，可以写出中序遍历二叉树的非递归算法。

算法 3-4　中序遍历 bt 所指二叉树，s 为存储二叉树结点指针的工作栈。

Step1. [初始化]　置堆栈 s 为空，设置临时指针变量 p(bt $\Rightarrow$ p)；

Step2. [判定 p==NULL]　若 p==NULL，则执行 Step4；

Step3. [P 进栈]　将 p 指针入栈，然后置 p = p->lchild，返回 Step2；

Step4. [取栈顶元素，并退栈]　若栈 s 为空，则算法结束，否则，将栈顶元素置指针变量 P；

Step5. [访问结点 p]　访问结点 P，然后置 p = p->rchild，并返回 Step2。

如果设定栈 s 采用顺序存储结构，则可给出 C 语言描述如下。

```
#define    N    m                    /* m 为二叉树的结点个数*/
void inorderf(TNODE *pt)
    {
    TNODE   *p;
    TNODE *s[N];
    int top=-1;
    p = bt;
    while ((p!=NULL)||(top!= -1))
        {
```

```
            while (p!=NULL)
                {
                top++;
                s[top]=p;
                p=p->lchild;
                }
            if (top!= −1)
                {
                p=s[top];
                top−−;
                printf("%d\n", p->data);
                p=p->rchild;
                }
            }
        }
```

　　分析此算法的运算量，假定二叉树 T 有 n 个结点，每个结点都要入栈和出栈一次。因此，入栈和出栈都要执行 n 次，对结点的访问当然也需执行 n 次。这样，中序遍历二叉树算法的时间复杂度为 O(n)。

　　同理，只要改变对结点的访问位置，就可以容易地写出先序遍历二叉树的非递归算法。二叉树后序遍历的非递归算法要复杂一些，每个结点都要经过进栈—出栈—进栈—出栈这样两个重复过程。第一次出栈是为了能访问右子树，第二次出栈才是访问结点本身。有兴趣的读者可以参阅有关书籍。

　　例 3-4　如图 3-12 所示的二叉树表示下述表达式：

$$a+b*c-e/f$$

试写出它的三种遍历序列。

　　解：先序遍历二叉树，按访问结点的先后次序将结点排列起来，可得先序遍历序列为：

$$-+a*bc/ef$$

中序遍历序列为：

$$a+b*c-e/f$$

后序遍历序列为：

$$abc*+ef/-$$

从表达式来看，以上三个序列恰好为表达式的前缀表示(波兰式)、中缀表示和后缀表示(逆波兰式)。

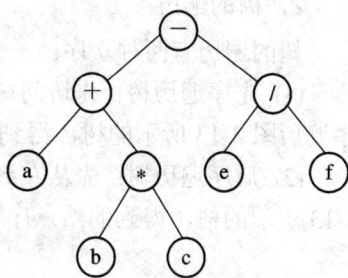

图 3-12　二叉树

3.4　树的存储结构和遍历

　　树在计算机内存储，可以用顺序存储方式、也可以用链式存储方式，这主要取决于要对树结构进行什么运算。这里主要介绍链式分配的存储结构。

　　树的链式分配也有几种不同的方式。从结点指针域的个数是否固定来区分，可分为定长结点和不定长结点两种；从一个结点的各指针域存放的指针值的性质来区分，可以分为指向其所有孩子的多重链表和指向长子(最左边的孩子)及次弟(右邻的兄弟)的二叉链表，下面只介绍二叉链表。

1. 二叉链表表示法

　　二叉链表表示法又称二叉树表示法，或孩子兄弟表示法。即以二叉链表作为树的存储结构。链表中结点的两个指针域分别指向该结点的第一个孩子和下一个兄弟结点。

　　图 3-13 是一棵树，该树的二叉链表如图 3-14 所示。利用这种存储结构便于实现各种树的操作，首先易于实现找结点孩子等的操作，如果再为每个结点增设一个 PARENT 域，则同样能方便地实现求某结点双亲的操作。

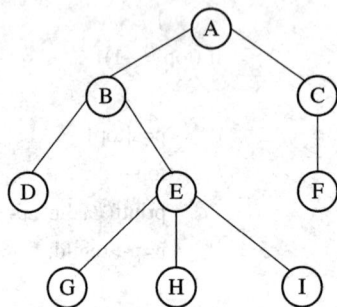

图 3-13　树

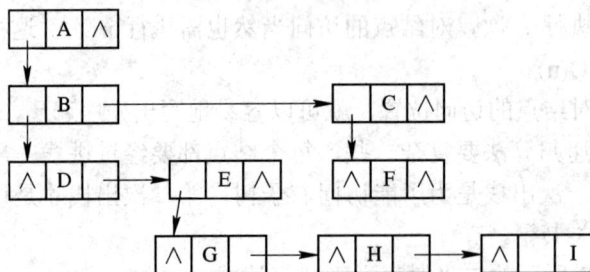

图 3-14　图 3-13 中树的二叉链表

2. 树的遍历

　　树的遍历有两种次序：一种是先序遍历树；另一种是后序遍历树。

　　(1) 先序遍历树：先访问树的根结点，然后从左到右依次先序遍历根的每棵子树。如先序遍历图 3-13 所示的树，得到的结点序列为：A B D E G H I C F。

　　(2) 后序遍历树：先从左到右依次后根遍历每棵子树，然后访问根结点。如后序遍历图 3-13 所示的树，得到的结点序列为：D G H I E B F C A。

3.5　树、森林与二叉树的转换

　　由于二叉树和树都可用二叉链表作为存储结构，则以二叉链表作为媒介可导出树与二叉树之间的一个对应关系。也就是说，给定一棵树，可以找到惟一的一棵二叉树与之对应，从物理结构来看，它们的二叉链表是相同的，只是解释不同而已。图 3-15 给出了树与二叉树之间的对应关系。

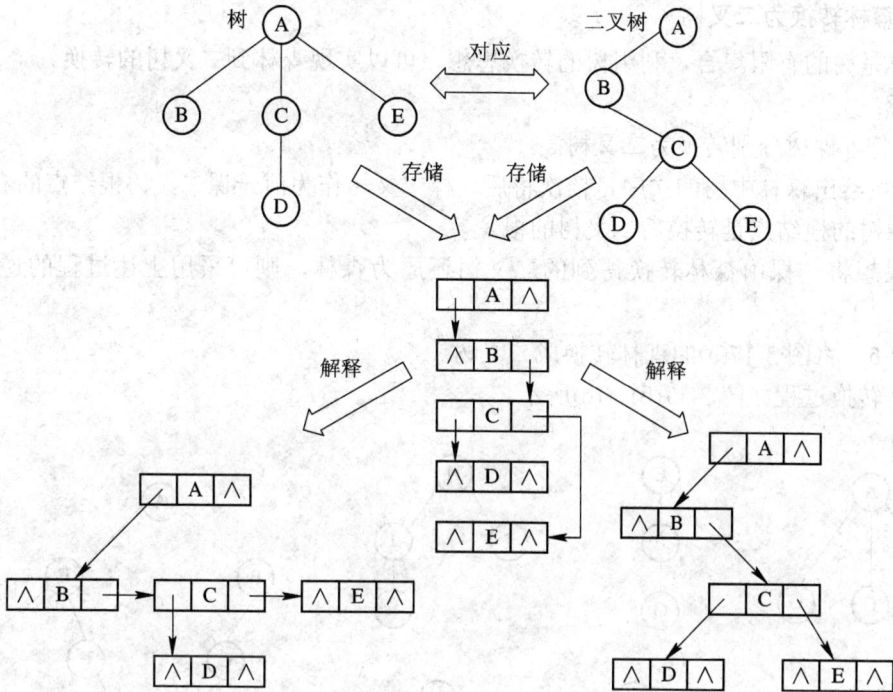

图 3-15　树与二叉树的对应关系

下面给出树与二叉树之间的转换规则。

1. 一般树转换为二叉树

步骤:

(1) 加线: 亲兄弟之间加一虚连线。

(2) 抹线: 抹掉(除最左一个孩子外)该结点到其余孩子之间的连线。

(3) 旋转: 新加上去的虚线改实线且均向右斜(rchild), 原有的连线均向左斜(lchild)。

例 3-5　将图 3-16(a)所示的一般树转换为二叉树。

解: 转换过程如图 3-16(a)、(b)、(c)、(d)所示。

将一棵由一般树转换来的二叉树还原为一般树的过程是上述过程的逆过程。

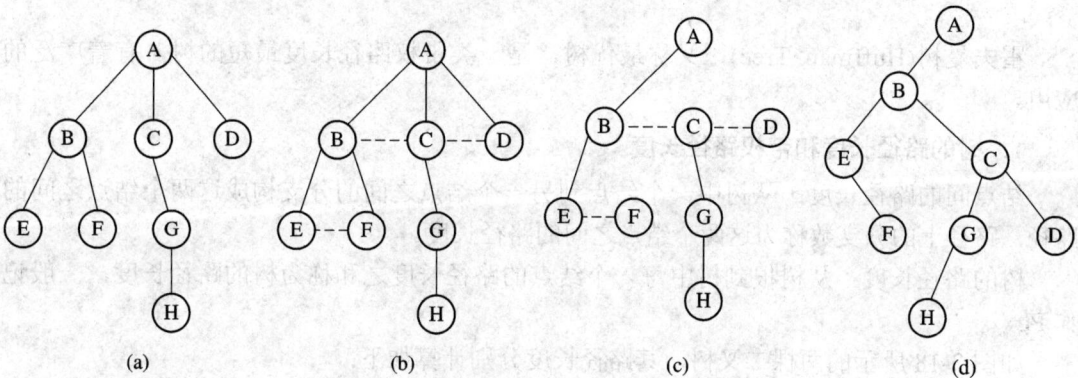

图 3-16　一般树转换为二叉树的操作过程

(a) 一般树; (b) 加线后; (c) 抹线后; (d) 旋转后

2. 森林转换为二叉树

森林是树的有限集合，利用树的转换思想，可以实现森林到二叉树的转换。

步骤：

(1) 将各棵树分别转换为二叉树。

(2) 按给出森林中树的次序，依次将后一棵二叉树作为前一棵二叉树根结点的右子树，则第一棵树的根结点是转换后二叉树的根。

如果想将一棵由森林转换得到的二叉树还原为森林，则可采用上述过程的逆过程来实现。

例 3-6 将图 3-17(a)的森林转换成二叉树。

解： 转换过程如图 3-17(b)、(c)所示。

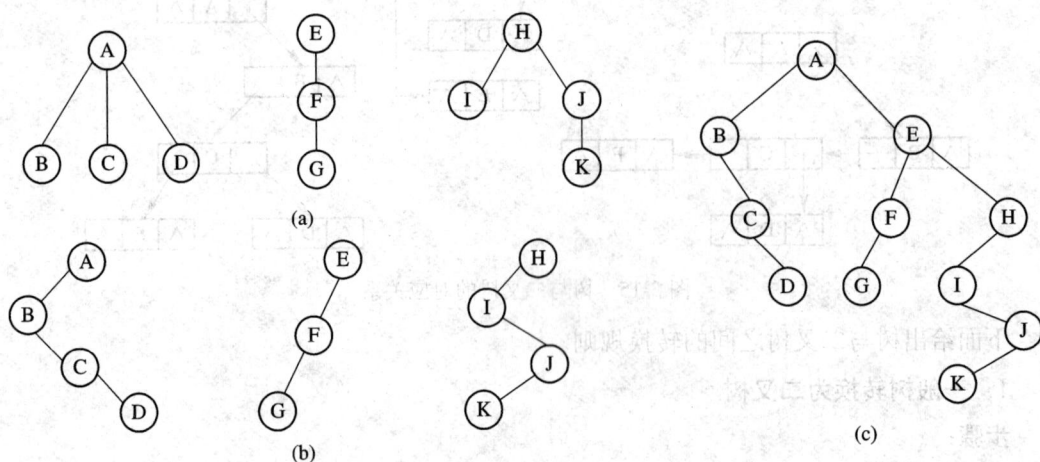

图 3-17 森林转换成对应的二叉树的过程

(a) 森林；(b) 各棵树对应的二叉树；(c) 转换成的二叉树

3.6 霍夫曼树及其应用

霍夫曼树(Huffman Tree)，又称最优树，是一类带权路径长度最短的树，有着广泛的应用。

1. 树的路径长度和带权路径长度

结点间的路径长度：从树中一个结点到另一个结点之间的分支构成这两个结点之间的路径，路径上的分支数称为这两个结点之间的路径长度。

树的路径长度：从树根到树中每一个结点的路径长度之和称为树的路径长度，一般记作 PL。

如图 3-18 所示的两棵二叉树，其路径长度分别计算如下：

(a) PL=0+1+1+2+2+2+2+3=13

(b) PL=0+1+1+2+2+2+3=11

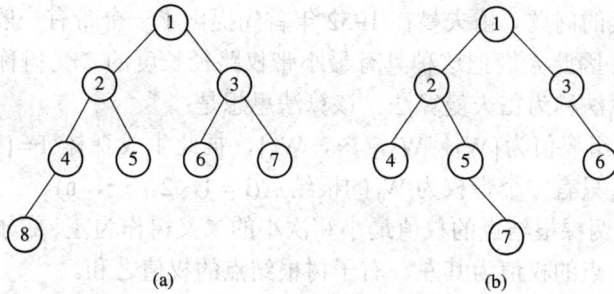

图 3-18　二叉树的路径长度计算

(a) PL=13；(b) PL=11

容易知道，对于有 n 个结点的所有二叉树而言，满二叉树或者完全二叉树具有最小的路径长度。

我们把路径长度的概念推广到带权的路径长度(Weighted Path Length)。所谓带权是给树的每个终端结点赋以权值，则树的带权路径长度为

$$WPL = \sum_{i=1}^{n} W_i L_i$$

其中，n 为树的终端结点个数；W_i 为第 i 个终端结点的权值；L_i 为从根结点到第 i 个终端结点的路径长度。

在图 3-19 中的三棵二叉树，都有四个终端结点，其权值分别为 8、6、4、2，则它们的带权路径长度分别为

(a) WPL = 2*2 + 4*2 + 6*2 + 8*2 = 40

(b) WPL = 4*2 + 6*3 + 8*3 + 2*1 = 52

(c) WPL = 8*1 + 6*2 + 4*3 + 2*3 = 38

由此可见，带权路径长度最小的二叉树不一定是完全二叉树。通常，在带权路径长度最小的二叉树中，权值越大的终端结点离二叉树的根越近。

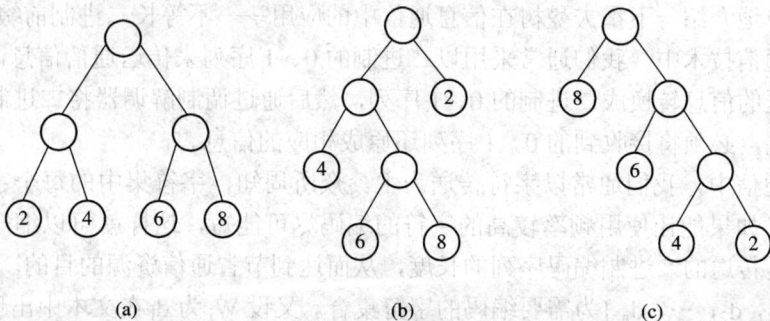

图 3-19　具有不同带权路径长度的二叉树

2. 霍夫曼树和霍夫曼编码

一般地，假设有一组权值{W_1, W_2, …, W_n}，如何构造有 n 个叶子结点的二叉树，使各个叶子结点的权值分别为 W_i(i = 1, 2, 3, …, n)，且其带权路径长度 WPL 为最小，这

是一个很有实际意义的问题。霍夫曼在 1952 年首先提出了一个带有一般规律的算法，很好地解决了这个问题，因此人们把这种具有最小带权路径长度的二叉树称为霍夫曼树或者最优二叉树，相应的算法称为霍夫曼算法。该算法思想是：

(1) 设给定的一组权值为{W_1，W_2，…，W_n}，据此生成森林 F={T_1，T_2，…，T_n}，F 中的每棵二叉树 T_i 只有一个带权为 W_i 的根结点(i = 1，2，…，n)。

(2) 在 F 中选取两棵根结点的权值最小和次小的二叉树作为左、右子树构造一棵新的二叉树，新二叉树根结点的权值为其左、右子树根结点的权值之和。

(3) 在 F 中删除这两棵权值最小和次小的二叉树，同时将新生成的二叉树并入森林 F 中。

(4) 重复(2)和(3)，直到 F 中只有一棵二叉树为止。

例如，给定一组权值{2，7，4，8}，图 3-20 给出了构造相应霍夫曼树的过程。

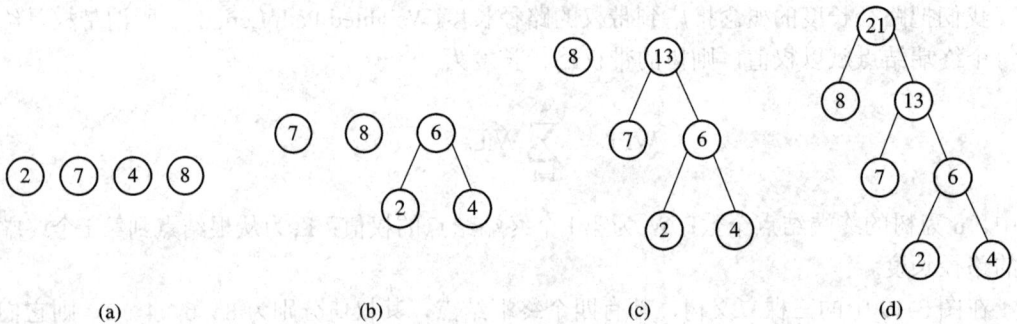

图 3-20　霍夫曼树的构造过程

霍夫曼树的应用很广，在不同的应用中叶子结点的权值可以有不同的解释。霍夫曼树应用到信息编码中，权值可看成是某个符号出现的频率；应用到判定过程中，权值可看成是某类数据出现的频率；应用到排序过程中，权值可看成是已排好次序而待合并的序列的长度等。

下面简单地介绍一下霍夫曼树在信息通信中的应用——不等长二进制前缀编码。

在信息通信技术中，我们通常采用以二进制的 0、1 序列来传送通信信息。在发送端，必须将需传送的信息转换成二进制的 0、1 序列，然后通过调制解调器将二进制序列发送出去；在接收端，必须将接收到的 0、1 序列还原成相应的信息。

在信息通信中，我们通常以字符传送为主。众所周知，字符集中的每个字符使用的频率是不等的。如果能让使用频率较高的字符的编码尽可能短，这样就可以缩短整个信息通信过程中所需传送的二进制编码序列的长度，从而达到节省通信资源的目的。

设 D={d_1，d_2，…，d_n }为需要编码的字符集合。又设 W_i 为 d_i 在文本中出现的次数，现要求对 D 进行二进制编码。解决此问题的方法就是以 W_i 为权值构造霍夫曼树。在生成的霍夫曼树中，令所有的左分支取编码为 0，令所有的右分支取编码为 1，将从根结点出发到叶子结点的路径上各左、右分支的编码顺序排列就得到了该叶子结点所对应的字符的二进制前缀编码，该编码也称为霍夫曼编码。

例如，给出下面一个文本：

CAST CATS SAT AT A TASA

则有 D={C，A，S，T}、W={2，7，4，5}，构成的霍夫曼
树如图 3-21 所示。由此得到 D 中每个字符的二进制前缀编
码为

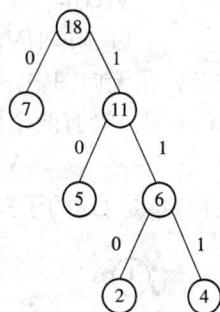

图 3-21　霍夫曼树应用于编码

　　　C：110　　　　S：111
　　　A：0　　　　T：10

可以看出，出现次数最多的字符，其编码位数最少。相应
文本的编码为

　　110011110　　　110010111　　　111010
　　010　　　　　　0　　　　　　　1001110

　　这种编码的优点是：(1) 对于给出的文本，其编码长度是最短的；(2) 任一字符的编码
均不可能是另一字符编码的开始部分(前缀)。这样，两个字符之间就不需要分隔符，但是，
两个词之间仍需要留空格，以起到分隔作用。

　　这种编码的缺点是：每个字符的编码长度不相等，译码时较困难。

　　关于信息的编码还应考虑其它一些因素，如检测和纠错的能力等。总之，编码理论在
它自己的领域里还有许多问题。这里仅是对霍夫曼树的应用举了一个简单的例子。

3.7　图及其基本概念

　　图是一种重要的，比树更复杂的非线性数据结构。在树中，每个结点只与上层的父结
点有联系，并可以与其下层的多个子结点有联系。但在图中，结点之间的联系是任意的，
每个结点都可以与其它的结点相联系。

　　图的应用极为广泛，特别是近年来发展迅速，已渗入到诸如语言学、逻辑学、物理、
化学、电信工程、计算机、数学及其它分支中。

　　下面介绍图的一些常用的基本术语。

　　(1) 图。图 G 由两个集合 V(G)和 E(G)所组成，记作 G=(V, E)。
其中，V(G)是图中顶点的非空有限集合，E(G)是图中边的有限
集合。

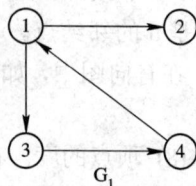

图 3-22　有向图示例

　　(2) 有向图。如果图中每条边都是顶点的有序对，即每条边
都用箭头表明了方向，则此图为有向图。有向图中的边也称为弧，
用尖括号括起一对顶点表示。

　　如图 3-22 所示 G_1 为有向图，它由 V(G_1)和 E(G_1)组成。

　　　V(G_1)= {V_1，V_2，V_3，V_4}

　　　E(G_1)= {< V_1，V_2>，< V_1，V_3>，< V_3, V_4>，< V_4, V_1>}

　　如其中弧< V_1，V_2>，称 V_1 为初始点或弧之尾，V_2 为终端点
或弧之头。

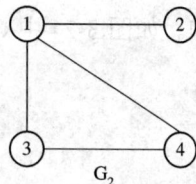

图 3-23　无向图示例

　　(3) 无向图。如果图中每条边都是顶点的无序对，则称此图
为无向图。无向边用圆括号括起的两个相关顶点来表示。如图 3-23 所示的 G_2 为无向图。

$$V(G_2)= \{ V_1,\ V_2,\ V_3,\ V_4\}$$
$$E(G_2)= \{(V_1, V_2),\ (V_1, V_3),\ (V_3, V_4),\ (V_4, V_1)\}$$

注意，在无向图中，(V_1, V_2)与(V_2, V_1)表示同一条边。

(4) 子图。设有两个图 G_A 和 G_B，且满足

$$V(G_B) \subseteq V(G_A) \qquad E(G_B) \subseteq E(G_A)$$

则称 G_B 是 G_A 的子图。如图 3-24 所示。

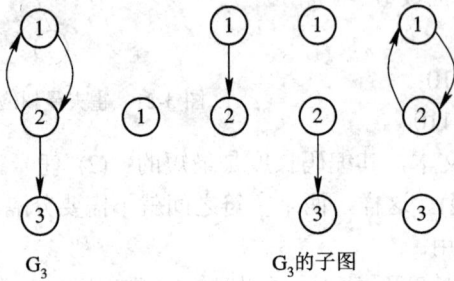

图 3-24　图与子图　　　　　　　　图 3-25　网(带权图)

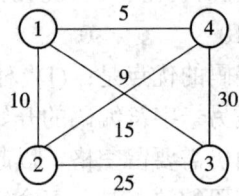

(5) 带权图。在图的边或弧上加上一个相关联的数(权)，称为带权图或网。如图 3-25 所示。

(6) 路径。图中一个顶点的序列称路径。如 v 到 v'的路径为$(V = V_{i0},\ V_{i1},\ V_{i2}, \cdots,\ V_{in} = V')$，并且$<V_{i0},V_{i1}><V_{i1},V_{i2}>\cdots<V_{in-1},V_{in}>$都属于集合 E。路径上弧的数目称为该路径的长度。

在无向图中，若每一对顶点之间都有路径，则称此图为连通图。

在有向图中，若每一对顶点 u 和 v 之间都存在 v 到 u 及 u 到 v 的路径，则称此图为强连通图。

(7) 邻接点。在无向图中，如果边 $(u,v) \in E$，则 u 和 v 互为邻结点，即 u 是 v 的邻结点，v 也是 u 的邻结点。

在有向图中，如果弧$<u,v> \in E$，则 v 是 u 的邻结点。称 u 邻接到 v，或顶点 v 邻接自顶点 u。

(8) 顶点的度。在无向图中，顶点的度就是和该顶点相关联的边的数目，记为 TD(V)。如图 3-23 中，$TD(V_3)=2$。

在有向图中，以某顶点为弧头的弧的数目，称为此顶点的入度，记作 ID(V)；以某顶点为弧尾的弧的数目称为此顶点的出度，记作 OD(V)。该顶点的度则是此顶点的入度与出度之和。如图 3-24 中 G_3，$ID(V_2)=1$，$OD(V_2)=2$，$TD(V_2)=ID(V_2)+OD(V_2)=3$。

3.8　图的存储结构

图的结构比较复杂，存储的方法也很多，需要根据具体的图形和将来所要做的运算选取适当的存储结构。这里只讨论两种最常用的表示方法：邻接矩阵表示法和邻接表表示法。

3.8.1　邻接矩阵

根据图的定义可知，一个图的逻辑结构分两部分，一部分是组成图的顶点的集合；另一部分是顶点之间的联系，即边或弧的集合。因此，在计算机中存储图只要解决对这两部分的存储表示即可。

可用一个一维数组存放图中所有顶点的信息；用一个二维数组来存放数据元素之间的关系的信息(即边或弧的集合 E)。这个二维数组称之为邻接矩阵。

邻接矩阵是表示顶点之间的邻接关系的矩阵。设 G =(V，E)是有 n(n≥1)个顶点的图，则 G 的邻接矩阵 A 是一个具有下列性质的 n×n 阶矩阵

$$A[i, j] = \begin{cases} 1 & \text{若}(V_i, V_j)\text{ 或}< V_i, V_j >\in E(G) \\ 0 & \text{反之} \end{cases}$$

在一般情况下，我们不关心图中顶点的情况，若将顶点编号为 1～Vtxnum，设弧上或边上无权值，则图的存储结构可以简化为用一个二维数组表示：

　　　　int　adjmatrix[vtxnum][vtxnum];

如图 3-23 中的 G_2 和图 3-24 中的 G_3，其邻接矩阵分别如图 3-26 中 A_2、A_3 所示。

$$A_2 = \begin{bmatrix} 0 & 1 & 1 & 1 \\ 1 & 0 & 0 & 0 \\ 1 & 0 & 0 & 1 \\ 1 & 0 & 1 & 0 \end{bmatrix} \qquad A_3 = \begin{bmatrix} 0 & 1 & 0 \\ 1 & 0 & 1 \\ 0 & 0 & 0 \end{bmatrix}$$

图 3-26　图 G_2 和 G_3 的邻接矩阵

借助于邻接矩阵，可以很容易地求出图中顶点的度。

从上例可以很容易看出，邻接矩阵有如下结论：

(1) 无向图的邻接矩阵是对称的，而有向图的邻接矩阵不一定对称。对无向图可考虑只存下三角(或上三角)元素。

(2) 对于无向图，邻接矩阵第 i 行(或第 i 列)的元素之和是顶点 V_i 的度。

(3) 对于有向图，邻接矩阵第 i 行元素之和为顶点 V_i 的出度；第 i 列的元素之和为顶点 V_i 的入度。

网的邻接矩阵可定义为

$$A[i, j] = \begin{cases} W_{ij} & \text{若}(V_i, V_j)\text{ 或}< V_i, V_j >\in E(G) \\ \infty & \text{反之} \end{cases}$$

其中 W_{ij} 是边(V_i, V_j)或弧$< V_i, V_j >$上的权值。

3.8.2　邻接表

邻接表是一种顺序分配和链式分配相结合的存储结构。它包括两个部分：一部分是链表；另一部分是向量。

在邻接表中，对图中每个顶点建立一个单链表，第 i 个单链表中的结点包含了顶点 V_i

的所有邻接顶点。每个结点由三个域组成：adjvex、data 和 nextarc，如图 3-27 所示。

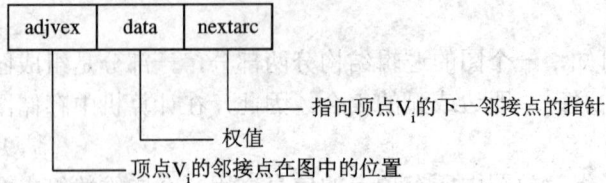

adjvex	data	nextarc

指向顶点V_i的下一邻接点的指针
权值
顶点V_i的邻接点在图中的位置

图 3-27　邻接表中表结点的结点结构

为便于邻接表操作，在每个单链表上附设一个头结点，在头结点中有两个域：vexdata 和 firstarc。如图 3-28 所示。

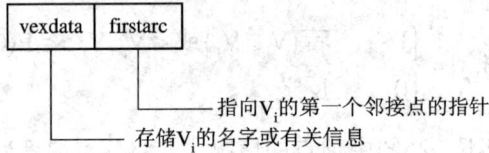

vexdata	firstarc

指向V_i的第一个邻接点的指针
存储V_i的名字或有关信息

图 3-28　邻接表中头结点的结点结构

为了利用顺序存储结构的随机访问特性，邻接表中将每个单链表的头结点以顺序结构的形式存储，以便能随机访问任一顶点的单链表。

邻接表的存储结构可以用 C 语言描述如下：

```
#define   VTXUNM   n            /*n 为图中顶点个数的最大可能值*/
struct arcnode {
        int adjvex;
        float data;
        struct arcnode *nextarc;
        };
typedef struct arcnode ARCNODE;
struct headnode {
        int vexdata;
        ARCNODE *firstarc;
        }adjlist[VTXUNM];
```

对于图 3-29 中的图 G_4 和图 3-30 中的图 G_5，其邻接表存储结构如图 3-29(b)和图 3-30(b)所示。

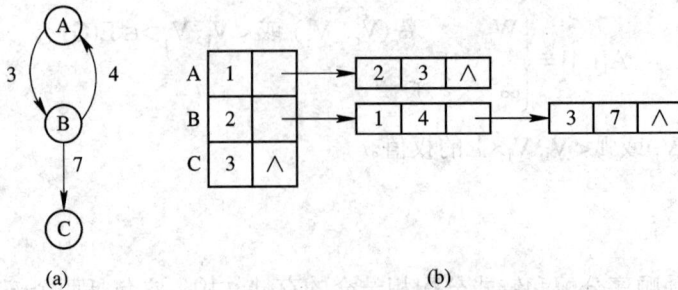

图 3-29　有向带权图及其邻接表
(a) G_4；(b) G_4 的邻接表

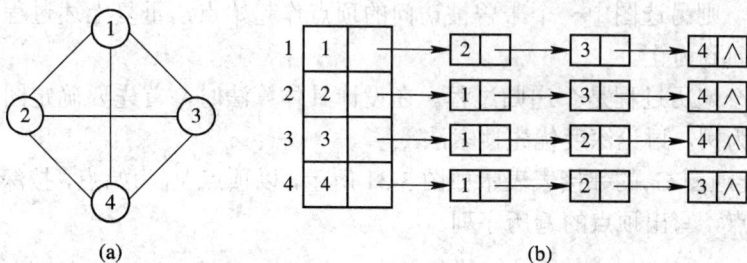

(a)　　　　　　　　　　　　　　　　　　　(b)

图 3-30　无向图及其邻接表

(a) G_5；(b) G_5 的邻接表

在邻接表上容易找到任一顶点的第一个邻接点和下一个邻接点，但要判定任意两个顶点(V_i 和 V_j)之间是否有边或弧相连，则需搜索第 i 个或第 j 个链表，因此不及邻接矩阵方便。

对一个图来说，邻接表不是惟一的，它取决于建立邻接表时，结点在每个单链表中的插入策略。另外，对于有向图，其邻接表中第 i 个单链表的结点个数就是此结点的出度；对于无向图，其邻接表中第 i 个单链表的结点个数就是此结点的度。

3.9　图 的 遍 历

和树的遍历类似，从图中某一顶点出发访问图中其余的顶点，使每个顶点都被访问且仅被访问一次，这个过程就叫做图的遍历(traversing graph)。图的遍历算法是求解图的连通性问题、拓扑排序和求关键路径等算法的基础。

然而，图的遍历要比树的遍历复杂得多，因为图中任一顶点都可能和其余的顶点相邻接，所以在访问了某个顶点之后，可能沿着某条路径搜索之后，又回到该顶点上。为避免同一顶点被访问多次，在遍历图的过程中，必须记下每个已访问过的顶点。为此，设一个辅助数组 visited[n]，它的初值为"假"或者零，一旦访问了顶点 V_i，便置 visited[i] 为"真"或者为被访问时的次序号。

通常有两种遍历图的方法，深度优先搜索和广度优先搜索。

1．深度优先搜索

图的深度优先搜索遍历(depth-first search)类似于树的先序遍历，是树的先序遍历的推广。

深度优先搜索的基本思想是：

(1) 首先访问图 G 的指定起始点 V_0；

(2) 从 V_0 出发，访问一个与 V_0 邻接的顶点 W_1 后，再从 W_1 出发，访问与 W_1 邻接且未被访问过的顶点 W_2。从 W_2 出发，重复上述过程，直到遇到一个所有与之邻接的顶点均被访问过的顶点为止；

(3) 沿着刚才访问的次序，反向回退到尚有未被访问过的邻接点的顶点，从该顶点出发，重复步骤(2)、(3)，直到所有被访问过的顶点的邻接点都已被访问过为止；若此时图中尚有顶点未被访问，则另选图中一个未曾被访问的顶点作起始点，重复上述过程，直至图中所有顶点都被访问到为止。

显然，这个遍历过程是个递归过程。在设计具体算法时，首先要确定图的存储结构，下面以邻接表为例，讨论深度优先搜索法。

例 3-7 连通图 G_6 的邻接表表示如图 3-31 所示，以顶点 V_1 为始点，按深度优先搜索遍历图中所有顶点，写出顶点的遍历序列。

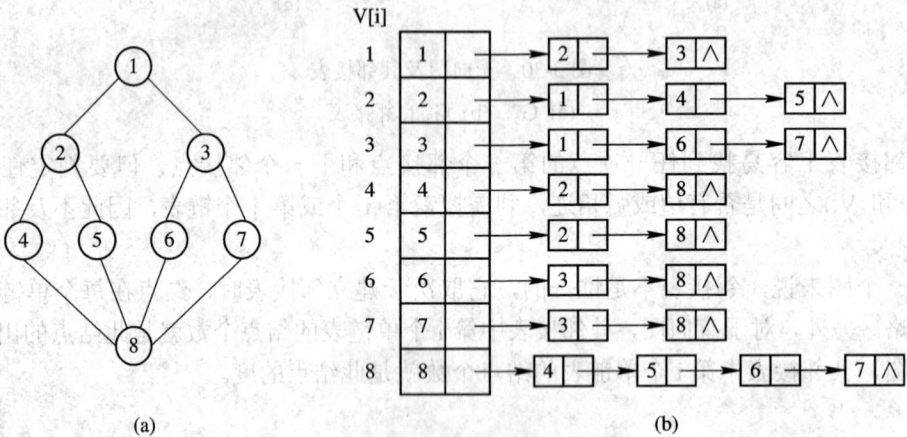

图 3-31 G_6 及其邻接表

(a) G_6；(b) G_6 的邻接表

解： 先访问 V_1，再访问与 V_1 邻接的 V_2，再访问 V_2 的第一个邻接点，因 V_1 已被访问过，则访问 V_2 的下一个邻接点 V_4，然后依次访问 V_8，V_5。这时，与 V_5 相邻接的顶点均已被访问，于是反向回到 V_8 去访问与 V_8 相邻接且尚未被访问的 V_6，接着访问 V_3，V_7，至此，全部顶点均被访问。相应的访问序列为：$V_1 \rightarrow V_2 \rightarrow V_4 \rightarrow V_8 \rightarrow V_5 \rightarrow V_6 \rightarrow V_3 \rightarrow V_7$。

下面给出 dfs 的算法。

算法 3-5 深度优先搜索的递归算法。

```
#define    VTXUNM    n              /*n 为图中顶点个数的最大可能值*/
struct arcnode {
            int adjvex;
            float data;
            struct arcnode *nextarc;
            };
typedef struct arcnode ARCNODE;
struct headnode {
            int vexdata;
            ARCNODE *firstarc;
            };
struct headnode G[VTXUNM+1];
int visited[VTXUNM+1];
    :
```

```
void dfs(struct headnode G[],int v)
    {
    ARCNODE *p;
    printf("%d->", G[v].vexdata);
    visited[v]=1;
    p=G[v].firstarc;
    while (p!=NULL)                         /* 当邻接点存在时*/
        {
        if (visited[p->adjvex]==0)
            dfs(G,p->adjvex);
        p=p->nextarc;                       /* 找下一邻接点*/
        }
    };
void traver(struct headnode G[])
    {
    int v;
    for(v=1;v<= VTXUNM;v++)
        visited[v]=0;
    for(v=1; v<= VTXUNM;v++)
        if visited[v]==0 dfs(G,v);
    };
```

算法 3-6　深度优先搜索的非递归算法。

```
#define   VTXUNM   n
⋮
void traver_dfs(struct headnode G[],int v)
    {
    int stack[VTXUNM];
    int top=−1;
    int i;
    ARCNODE *p;
    printf("%d->", G[v].vexdata);
    visited[v]=1;
    top++;
    stack[top]=v;                           /*访问过的顶点进栈*/
    p=G[v].firstarc;
    while ((top!= −1)||(p!=NULL))
        {
        while(p!=NULL)
            {
            if (visited[p->adjvex]==1)
```

```
                                     p=p->nextarc;
              else

                                     {
                                     printf("%d->", G[p->adjvex].vexdata);
                                     visited[p->adjvex]=1;
                                     top++;
                                     stack[top]=p->adjvex;
                                     p=G[p->adjvex].firstarc;
                                     }
                          }
              if(top!= −1)
                          {
                          v=stack[top];
                          top−−;
                          p=G[v].firstarc;
                          p=p->nextarc;
                          }
              }
        };
```

2. 广度优先搜索

广度优先搜索(breadth-first search)类似于树的按层次遍历的过程。

假设从图中某顶点 V_0 出发，在访问了 V_0 之后依次访问 V_0 的各个未曾被访问过的邻接点，然后分别从这些邻接点出发广度优先搜索遍历图，直至图中所有已被访问的顶点的邻接点都被访问到。若此时图中尚有顶点未被访问，则另选图中一个未曾被访问的顶点作起始点，重复上述过程，直至图中所有顶点都被访问到为止。

具体遍历步骤如下：

(1) 访问 V_0。

(2) 从 V_0 出发，依次访问 V_0 的未被访问过的邻接点 W_1，W_2，…，W_t。然后依次从 W_1，W_2，…，W_t 出发，访问各自未被访问过的邻接点。

(3)重复步骤(2)，直到所有顶点的邻接点均被访问过为止。

例 3-8　对连通图 G_6，从顶点 V_1 出发，写出顶点的广度优先遍历序列。

解： 按广度优先搜索法从 V_1 开始遍历，访问 V_1，然后访问 V_1 的邻接点 V_2，V_3，再依次访问 V_2 和 V_3 的未曾被访问的邻接点 V_4，V_5 及 V_6，V_7，最后访问 V_4 的邻接点 V_8。遍历序列如下：

$$V_1 \to V_2 \to V_3 \to V_4 \to V_5 \to V_6 \to V_7 \to V_8$$

注意，在 bfs 算法中，若 W_1 在 W_2 之前访问，则 W_1 的邻接点也将在 W_2 的邻接点之前访问，这里蕴涵了一个排队关系。在实现算法时，需设一个队列，每访问一个顶点后将其入队，然后将队头顶点出列，去访问与它邻接的所有顶点，重复上述过程，直至队空为止。下面给出 bfs 的相应算法。

算法 3-7 广度优先遍历算法。

```
#define   VTXUNM   n
  ⋮
void bfs(struct headnode G[], int v)
    {
    int queue[VTXUNM];
    int rear=VTXUNM−1; front=VTXUNM−1;
    int i;
    ARCNODE *p;
    printf("%d->", G[v].vexdata);
    visited[v]=1;
    rear=(rear+1)% VTXUNM;
    queue[rear]=v;                          /*访问过的顶点进队列*/
    while (rear!=front)
        {
        front=(front+1)% VTXUNM;
        v=queue[front];
        p=G[v].firstarc;
        while(p!=NULL)
            {
            if (visited[p->adjvex]==0)
                {
                printf("%d->", G[p->adjvex].vexdata);
                visited[p->adjvex]=1;
                rear=(rear+1)% VTXUNM;
                queue[rear]=p->adjvex;
                }
            p=p->nextarc;
            }
        }
    };
```

若图 G 为非连通图，只需在算法 3-5 中的 traver 过程中调用 bfs 过程即可。

3.10 图的连通性及最小生成树

本节将利用遍历图的算法求解图的连通性问题，并介绍最小生成树的概念。

对于无向图进行遍历时，

(1) 若图 G 为连通图，仅需调用一次 dfs 或 bfs，即从图中任一顶点出发，便可访遍图中所有的顶点；

(2) 若图 G 为非连通图，则需多次调用 dfs 或 bfs。每调用一次 dfs 或 bfs 得到的顶点集合恰为图中一个连通分量的顶点集合，这些顶点集合中的顶点加上所有依附于这些顶点的边，便构成了非连通图的一个连通分量。

例如图 3-32 中图 G_7 是个非连通图，若对它进行深度优先搜索遍历，需三次调用 dfs 过程(分别从顶点 A、D 和 G 出发)得到的访问序列为

        ALMBFC；

        DE；

        GIKH。

这三个顶点集分别加上所有依附于这些顶点的边，便构成了非连通图的三个连通分量。

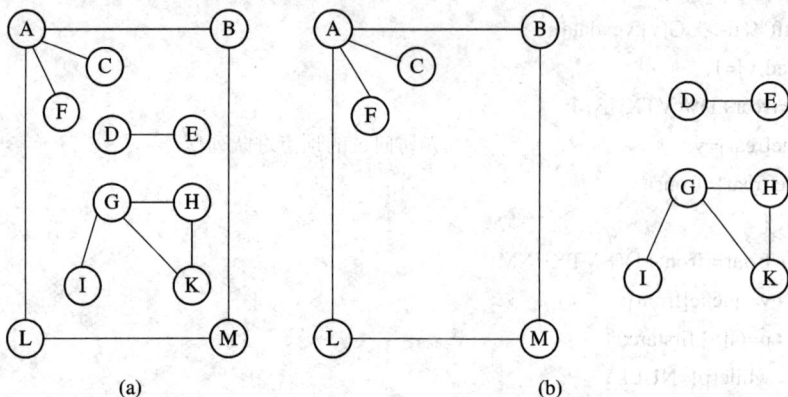

图 3-32 无向图及其连通分量

(a) 无向图 G_7；(b) G_7 的三个连通分量

下面介绍生成树的概念。

生成树：若图是连通图，从图中的某一个顶点出发进行遍历时，可以系统地访问图中所有顶点，此时图中所有的顶点加上遍历时经过的边所构成的子图，称为连通图的生成树。并且称由深度优先搜索得到的生成树为深度优先生成树；由广度优先搜索得到的生成树为广度优先生成树。

例如，图 3-33(a)、(b)所示分别为连通图 G_6(图 3-31)的深度优先生成树和广度优先生成树。

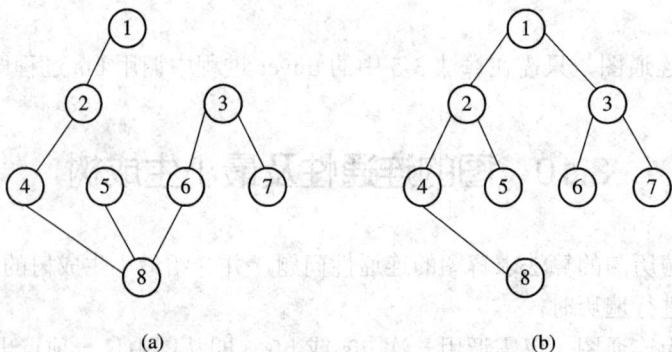

图 3-33 G_6 从 V_1 出发的两种生成树

(a) 深度优先生成树；(b) 广度优先生成树

将图 3-32 中(a)、(b)也可画为树的形式。

对于非连通图，每个连通分量中的顶点集和遍历时走过的边一起构成若干棵生成树，这些连通分量的生成树组成非连通图的生成森林。例如，图 3-34 所示为 G_7(图 3-32(a))的深度优先生成森林，它由三棵深度优先生成树组成。

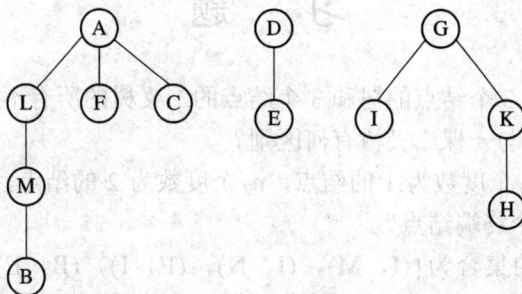

图 3-34 G_7 的深度优先生成森林

有 n 个顶点的连通图，其生成树有 n-1 条边；生成树中不含回路；生成树不是惟一的，因为起点不同，访问的路径也不同。

生成树可以解决一些实际问题。如要建 n 个城市之间的通信联络网，则连通 n 个城市只需 n-1 条线路。若以 n 个城市做图的顶点，n-1 条线路做图的边，则该图的生成树就是可行的建造方案。每条线路建造需付出一定代价(相当于边上的权)，那么对 n 个顶点的连通网可以建立许多不同的生成树，每棵生成树都可以是一个通信网，我们当然希望选择一个总耗费最小的生成树，即最小代价生成树。

最小生成树：生成树各边上的代价之和，称为生成树的代价，使代价最小的生成树，称为最小代价生成树，简称最小生成树。

那么上述通信网的问题就转化为求最小生成树的问题。

例如，图 3-35(a)是个连通网，它的最小生成树如(b)图所示。

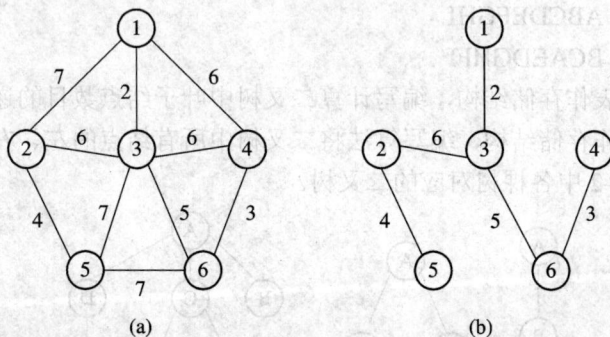

图 3-35 连通网及其最小生成树

(a) 无向连通网 G_8；(b) G_8 的最小生成树

构造最小生成树的原则：

(1) 尽可能选权值小的边，但不构成回路。

(2) 在网中选 n−1 条边以连接网中的 n 个顶点。

通常求最小生成树的算法有两种：prim 算法和 kruskal 算法，这里不再介绍，有兴趣的读者可参阅相关参考书。

习　题

1．试分别画出具有 3 个结点的树和 3 个结点的二叉树的所有不同形态。

2．一棵度为 2 的树与一棵二叉树有何区别？

3．如果一棵树有 n_1 个度数为 1 的结点，n_2 个度数为 2 的结点，…，n_m 个度数为 m 的结点，则该树共有多少个终端结点？

4．已知一棵树边的集合为{(I，M)，(I，N)，(E，I)，(B，E)，(B，D)，(A，B)，(G，J)，(G，K)，(C，G)，(C，F)，(H，L)，(C，H)，(A，C)}，画出这棵树，并回答下列问题：

(1) 哪个是根结点？哪些是叶子结点？

(2) 哪些是结点 G 的双亲？哪些是结点 G 的孩子？

(3) 哪些是结点 E 的兄弟？哪些是结点 F 的兄弟？

(4) 结点 B 和 N 的层次号分别是什么？

(5) 树的深度是多少？以结点 C 为根的子树的深度是多少？

5．已知一二叉树如题图 3-1 所示，试用数组和二叉链表两种方式画出此二叉树的存储结构。

6．试写出对题图 3-1 所示的二叉树分别按前序、中序和后序遍历时得到的结点序列。

7．现有以下按前序和中序遍历二叉树的结果，问这样能否惟一地确定这棵二叉树的形状？为什么？

前序：ABCDEFGHI

中序：BCAEDGHFI

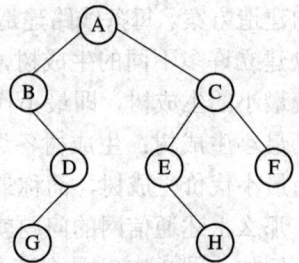

题图 3-1

8．试以二叉链表作存储结构，编写计算二叉树中叶子结点数目的递归算法。

9．以二叉链表作存储结构，编写算法将二叉树中所有结点的左、右子树相互交换。

10．画出题图 3-2 中各棵树对应的二叉树。

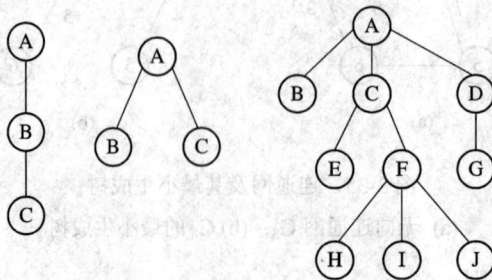

题图 3-2

11. 将题图 3-3 中的森林转化为相应的二叉树，并将得到的二叉树分别按先序、中序、后序序列进行遍历，写出遍历的结点序列。

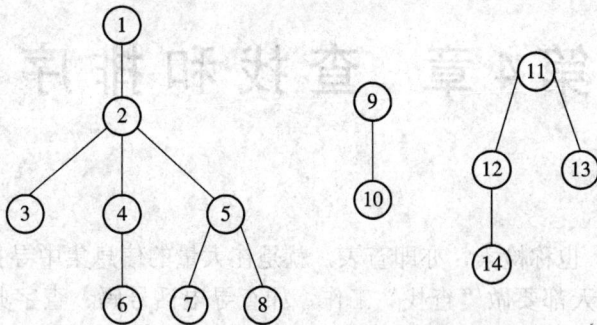

题图 3-3 森林

12. 什么叫霍夫曼树？按给出的一组权值{4，2，3，5，7，8}，建立一棵霍夫曼树。

13. 对题图 3-4 中的有向图，求出：

(1) 每个顶点的入/出度；

(2) 邻接矩阵；

(3) 邻接表。

14. 对题图 3-5，分别写出按深度优先搜索法和广度优先搜索法，从 V_1 出发遍历图的结点序列。

15. 画出对题图 3-5 的深度优先生成树和广度优先生成树。

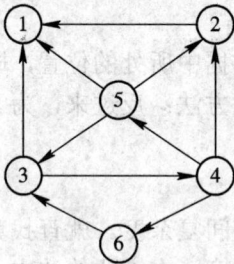

题图 3-4

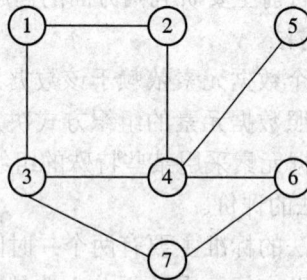

题图 3-5

第 4 章　查 找 和 排 序

查找(Searching)，也称检索，亦即查表，就是在大量的信息集中寻找一个"特定的"信息元素。人们几乎每天都要做"查找"工作，如查寻电话号码、查字典、查图书目录卡片等。为确切定义查找，先引入几个概念。

查找表：由同一类型的数据元素(或记录)构成的集合。

关键字(key)：数据元素中可以惟一标识一个数据元素的数据项。如学生的学号，居民身份证号等。

查找就是根据给定的关键字值，在查找表中确定一个关键字等于给定值的记录或数据元素。若存在这样的数据元素，则称查找是成功的，否则称查找不成功。

决定查找操作的是关键字，因此这里讨论时，只关注记录中的关键字域，而一概忽略记录中其它诸域的信息。

查找是许多重要的计算机程序中最耗费时间的部分，查找算法的优劣密切关系着查找操作的速度，因此对查找算法应认真研究。

关于查找，目前主要研究两方面的问题：

(1) 查找的方法。

因为查找某个数据元素依赖于该数据元素在一组数据中所处的位置，即该组数据的组织方式，故应按照数据元素的组织方式决定采用的查找方法；反过来，为了提高查找方法的效率，要求数据元素采用某些特殊的组织方式。

(2) 查找算法的评价。

衡量一个算法的标准主要有两个：时间复杂度和空间复杂度。就查找算法而言，通常只需要很少的辅助空间，因此更关心的是它的时间复杂度。在查找算法中，基本运算是给定值与关键字的比较，所以算法的主要时间是花费在"比较"上。下面给出一个称为平均查找长度的概念，作为评价查找算法好坏的依据。

对于含有 n 个数据元素的查找表，查找成功时的平均查找长度为

$$ASL = \sum_{i=1}^{n} P_i C_i$$

其中，P_i 为查找第 i 个数据元素的概率；C_i 为查到第 i 个数据元素时，需与关键字进行比较的次数。

4.1 线性表查找

4.1.1 顺序查找

顺序查找是最简单、常用的查找技术。其基本思想是：从表的一端开始，依次将每个元素的关键字同给定值 K 进行比较，若某个元素的关键字等于给定值 K，则表明查找成功，返回该元素的下标；反之，若直到所有元素都比较完毕，仍找不到关键字为 K 的元素，则表明查找失败，返回特定的值(常用–1 表示)。

顺序查找方法既适用于以顺序存储结构组织的查找表的查找，也适用于以链式存储结构组织的查找表的查找。在本章的有关查找和排序算法中，假设线性表均采用顺序存储结构，其类型说明为：

```
#define MAXLEN   n              /* n 为查找表中元素个数的最大可能值*/
struct element{
        int key;               /*设关键字的类型为整型*/
        int otherterm;         /*为说明起见，除关键字外只有一个整型数据项*/
        };
typedef struct element   DATATYPE;
DATATYPE   table[MAXLEN];
```

算法 4-1 顺序查找算法。

```
int seqsearch1(DATATYPE A[], int k)
    {
    int i;
    i=0;
    while((A[i].key!=k)&&(i<MAXLEN))
        i++;
    if(A[i].key==k)
        return i;          /*查找成功，返回被查元素在表中的相对位置*/
    else
        return –1;         /*查找失败，返回–1*/
    }
```

若对此算法进行一些改进，在表尾增加一个关键字为指定值 K 的记录，可避免每"比较"一次，就要判别查找是否结束。当 n 很大时，大约可节省一半的时间。

算法 4-2 改进的顺序查找算法。

```
#define MAXLEN   n+1
        ⋮
int seqsearch2(DATATYPE A[],int k)
    {
    int i;
    i=0;
```

```
        A[MAXLEN−1].key=k;
        while (A[i].key!=k)
            i++;
        if(i<MAXLEN−1)
            return i;            /*查找成功，返回被查元素在表中的相对位置*/
        else
            return −1;           /*查找失败，返回−1*/
        }
```

将 A[MAXLEN−1]称作监视哨，这个增加的记录起到了边界标识的作用。

下面对改进后的算法进行一下性能分析，计算它的平均查找长度。

对含有 n 个记录的表，查找成功时的平均查找长度为

$$ASL = \sum_{i=1}^{n} P_i C_i$$

从顺序查找的过程看，C_i 取决于所查元素在表中的位置，对于第一个记录只要比较一次，对第 n 个记录，需要比较 n 次，查找记录 A[i]时，比较 i 次。设每个记录的查找概率相等，则 $P_i=1/n$ 。故此算法在等概率情况下查找成功的平均查找长度为

$$ASL = \sum_{i=1}^{n} \frac{1}{n} i = \frac{n+1}{2}$$

查找不成功的比较次数为 n+1。顺序查找算法的时间复杂度 $T(n)=O(n)$。

4.1.2　折半查找

如果查找表中的记录按关键字有序，则可以采用一种高效率的查找方法——折半查找，也称二分查找。

折半查找的基本思想是：对于有序表，查找时先取表中间位置的记录关键字和所给关键字进行比较，若相等，则查找成功；如果给定值比该记录关键字大，则在后半部分继续进行折半查找；否则在前半部分进行折半查找，直到找到或者查找范围为空而查不到为止。

折半查找的过程实际上是先确定待查元素所在的区域，然后逐步缩小区域，直到查找成功或失败为止。

算法中需要用到三个变量, low 表示区域下界, high 表示上界, 中间位置 mid=(low+high)DIV 2。

由于折半查找要求数据元素的组织方式应具有随机存取的特性，所以它只适用于以顺序存储结构组织的有序表。

算法 4-3　折半查找算法。

```
#define MAXLEN    n
        ⋮
int binsearch(DATATYPE A[], int k)
        {
        int low,mid,high;
```

```
low=0;
high=MAXLEN-1;
while (low<=high)
    {
    mid=(low+high)/2;
    if (k==A[mid].key)
        return mid;                 /*查找成功，返回被查元素在表中的相对位置*/
    else if(k>A[mid].key)
        low=mid+1;
    else
        high=mid-1;
    }
return -1;                          /*查找失败，返回-1*/
}
```

折半查找成功的平均查找长度为

$$ASL_{bs} \approx lb\,(n+1) - 1 \qquad (求解过程从略)$$

折半查找的优点是比较次数少，查找速度快，但只能对有序表进行查找。它适用于一经建立就很少变动而又经常需进行查找的有序表。

例 4-1 一有序表的关键字序列为(5，12，18，20，35，50，64，72，80，88，95)，表长为 11，采用折半查找求其在等概率情况下查找成功时的平均查找长度。

解： 按照折半查找算法，对序列中 11 个元素的查找过程如下：

(1) mid =(1+11)DIV 2　　　　　　查到第 6 个元素 50，比较 1 次；

(2) mid =(1+5)DIV 2　　　　　　　查到第 3 个元素 18，比较 2 次；

　　或 mid =(7+11)DIV 2　　　　　查到第 9 个元素 80，比较 2 次；

(3) 依次类推，查到第 1、4、7 和第 10 个元素需比较 3 次；查到第 2、5、8 和第 11 个元素需比较 4 次。

这个查找过程可用图 4-1(a)的二叉树表示。若树中每个结点表示一个记录，结点中的值为该记录在表中的位置，通常这个描述查找过程的二叉树为判定树，如图 4-1(b)所示。从判定树上看，查找 20 的过程恰好是走了一条从根到结点 4 的路径，比较次数为该路径上的结点数，或结点 4 在判定树上的层次数。因此，折半查找在查找成功时进行比较的次数最多不超过树的深度。

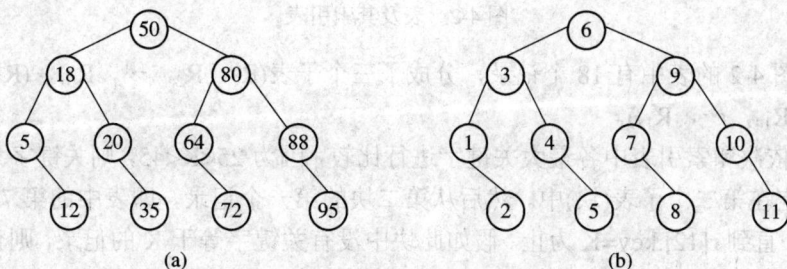

图 4-1　描述折半查找过程的二叉树及判定树

(a) 描述折半查找的二叉树；(b) 描述折半查找的判定树

从判定树上可知

$$ASL_{succ}= \frac{1}{11} (1+2+2+3+3+3+3+4+4+4+4) = 3$$

从该例可看出，折半查找成功的平均查找长度与序列中的具体元素无关，只取决于序列中元素的数目。

4.1.3 分块查找

分块查找又称索引顺序查找，这是顺序查找的另一种改进方法。

前面介绍的顺序查找速度慢；而折半查找虽速度快，但为换取快速查找所付出的代价是要将线性表按关键字排序，而且表必须采取顺序存储。在顺序结构里执行插入、删除操作都很困难。

如果要处理的线性表既希望较快的检索又需要存储结构灵活，可以采用分块查找。分块查找是顺序查找和折半查找的折衷方案，特别适用于索引存储结构。

分块查找的特点是按照表内记录的某种属性把表分成 n(n>1)个块(子表)，每一块中记录的存放是任意的，但是块与块之间是有序的，即所谓"分块有序"。假如按关键字递增顺序进行分块排列，就是指第 j 块的所有记录的关键字均大于第 j−1 块的所有记录的关键字(j=2,3,…,n)，并建立一个索引表。把每块中的最大关键字值及每块的第一个记录在表中的位置存放在索引项中。

整个查找过程分两步进行：

(1) 确定待查记录所在的块。

(2) 在块内查找。

例 4-2 设给定值 K=32，在图 4-2 所示的索引顺序表中查找关键字等于 K 的记录。

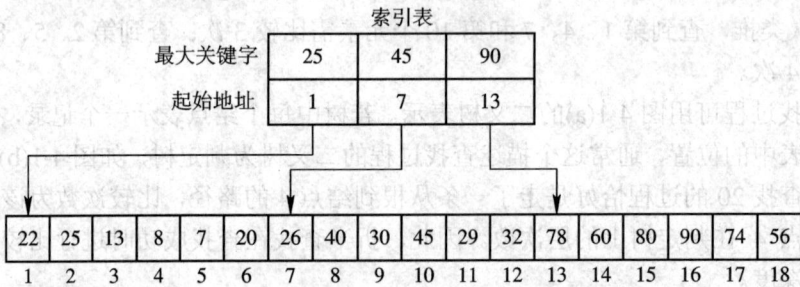

图 4-2 表及其索引表

解：在图 4-2 的表中有 18 个记录，分成了三个子表(R_1, R_2, …, R_6), (R_7, R_8, …, R_{12}), (R_{13}, R_{14}, …, R_{18})。

先将 K 依次和索引表中各最大关键字进行比较，因为 25<K<45，则关键字为 32 的记录若存在，必定在第二个子表(块)中。然后从第二块的第一个记录，即表中的第 7 个记录起进行顺序查找，直到 r[12].key=K 为止。假如此块中没有关键字等于 K 的记录，则查找不成功。

由于索引项的组成按关键字有序，则确定块的查找可以用顺序查找，亦可以用折半查找。而块中记录是任意排列的，则在块中只能是顺序查找。

分块查找的优点是在表中插入或删除一个元素时，只要找到该元素所属的块，然后在块内进行插入和删除。因为块内元素的存放是任意的，所以插入和删除时不需移动大量元素。所付出的代价是增加了存放索引表的辅助空间。分块查找也是常用的一种查找方法。

4.2 二叉排序树的查找

前一节我们介绍了三种基本的查找方法：顺序查找、折半查找和分块查找。其中折半查找的效率最高，但折半查找要求查找表中的数据元素按关键字有序，且不能用链表作存储结构。当对查找表中的数据元素进行插入和删除操作时，为了保持查找表的有序性，势必要移动很多记录，造成新的时间开销。当插入和删除频繁进行时，这种额外开销就会抵消折半查找的优点。

若我们对查找表只作查找运算，则称该表为静态查找表。若对查找表既允许进行查找运算，又允许进行插入和删除运算，则称该表为动态查找表。前一节介绍的查找方法主要适用于静态查找表的查找，所以可称其为静态查找算法。对于动态查找表，为了能在其上方便地进行插入和删除操作，应寻求相应的动态查找算法。动态查找算法又常称为符号表算法，因为编译程序、汇编程序和其它系统子程序都广泛使用这种算法去监视和记录用户所定义的符号。为满足这种要求，需采用树表，包括二叉排序树、二叉平衡树、B_树、B$^+$_树、键树，这里我们只介绍二叉排序树的查找。

1. 二叉排序树的查找

二叉排序树(binary sort tree)或者是一棵空树；或者是具有下列性质的二叉树。

(1) 若它的左子树不空，则左子树上所有结点的值均小于它的根结点的值；

(2) 若它的右子树不空，则右子树上所有结点的值均大于或等于它的根结点的值；

(3) 它的左、右子树也分别为二叉排序树。

图 4-3 所示为两棵二叉排序树。

对二叉排序树进行中序遍历，可得到一个有序序列。故用这种方式存储表，可以把顺序表中折半查找速度快的优点与链式结构中插入、删除方便的优点结合起来，使查找表既具有顺序表那样高的检索效率，又具有链表那样插入、删除运算的灵活性。

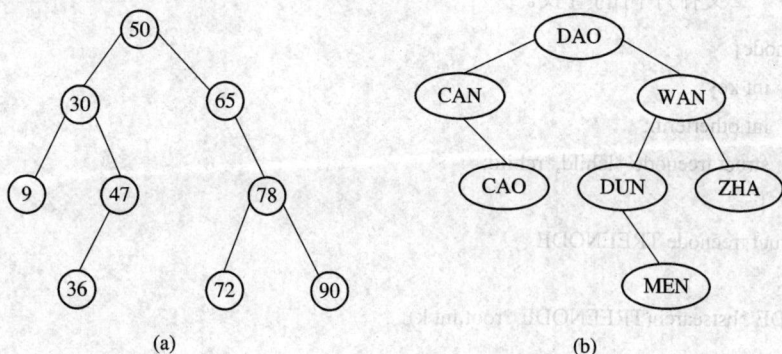

(a)

(b)

图 4-3 二叉排序树示例

二叉排序树查找的思想是：

(1) 当二叉排序树不空时，首先将给定值 K 与根结点的关键字进行比较，若相等则查找成功；

(2) 若给定值 K 小于根结点的值，则继续在根的左子树中查找；若给定值 K 大于根结点的值，则继续在根的右子树中查找。

显然这是一个递归查找过程。其查找算法见算法 4-4。

算法 4-4 二叉排序树的查找。

```
struct treenode{
        int key;
        int otherterm;
        struct treenode *lchild,*rchild;
        };
typedef struct treenode TREENODE;
        ⋮
TREENODE *bstsearch(TREENODE *root,int k)
    {
    if(root==NULL)
        return NULL;
    else if(root->key==k)
        return root;                        /*查找成功*/
    else if(root->key>k)
        return bstsearch(root->lchild,k);   /*查找左子树*/
    else
        return bstsearch(root->rchild,k);   /*查找右子树*/
    }
```

由于此递归算法的递归调用属于末尾递归(即递归调用语句是函数中最后一条可执行语句)的调用，每次递归调用后返回给函数的各值也是重复的，同时每次递归调用后返回的退栈信息也是没有用的，所以为了减少花费在进出栈上无效的时间和空间，可编写出相应的非递归算法，见算法 4-5。

算法 4-5 二叉排序树的查找。

```
struct treenode{
        int key;
        int otherterm;
        struct treenode *lchild,*rchild;
        };
typedef struct treenode TREENODE;
        ⋮
TREENODE *bstsearch(TREENODE *root,int k)
    {
    TREENODE *p;
```

```
p=root;
while(p!=NULL)
    if(p->key==k)
        return p;                    /*查找成功，返回非空指针*/
    else if(p->key>k)
        p=p->lchild;
    else
        p=p->rchild;
return p;                            /*查找失败，返回空指针*/
}
```

2．二叉排序树的生成

对一组数据序列{K_1，K_2，…，K_n}，先设一棵空二叉树，然后依次将序列中的元素生成结点后逐个插入到已生成的二叉排序树中。步骤如下：

(1) K_1是二叉排序树的根；

(2) 若 $K_2 < K_1$，则 K_2 所在的结点应插入到 K_1 的左子树上；否则插入到 K_1 的右子树上；

(3) 读 K_i，若 $K_i < K_1$(根)，则插入到根的左子树上，否则 K_i 插入到根的右子树上；

(4) 若 i≤n，则继续执行步骤(3)，否则结束。

设有一组关键字序列为(48，24，53，20，35，90)，这一组数据按二叉排序树组织时，其二叉排序树的构造过程如图 4-4 所示。

从图 4-4 中可看出，二叉排序树的生成过程就是在二叉排序树上插入结点的过程。

设有 n 个数据元素序列存放在一维数组 A[n]中，二叉排序树采用二叉链表存储结构，根结点指针为 bst，生成二叉排序树的算法如算法 4-6 所示。

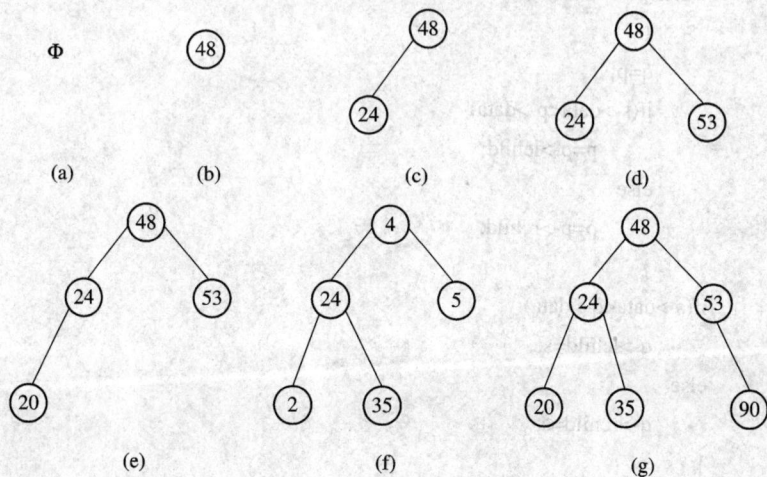

图 4-4　二叉排序树的构造过程

(a) 空树；(b) 插入 48；(c) 插入 24；(d) 插入 53；

(e) 插入 20；(f) 插入 35；(g) 插入 90

算法 4-6　二叉排序树的生成算法。

```
#define N   n                          /*n 为二叉排序树中结点个数的最大可能值*/
struct tnode {
        int data;

        struct tnode *lchild, *rchild;

        };
typedef struct tnode TNODE;
int A[n];
TNODE *create_binary_sort_tree( )
    {
    int i;
    TNODE *head,*s,*p,*q;
    head=NULL;
    for(i=0;i<N;i++)
        {
        s=(TNODE *)malloc(sizeof(TNODE));
        s->data=A[i];
        s->lchild=NULL;
        s->rchild=NULL;
        if(head==NULL)
              head=s;
        else
              {
              p=head;
              while(p!=NULL)
                  {
                  q=p;
                  if(s->data<p->data)
                       p=p->lchild;
                  else
                       p=p->rchild;
                  }
              if(s->data<q->data)
                   q->lchild=s;
              else
                   q->rchild=s;
              }
        }
    return head;
    }
```

从二叉排序树的建立过程可以看出，一个无序序列通过构造一棵二叉排序树而变成一个有序序列(中序遍历二叉排序树可得一个关键字的有序序列),构造二叉树的过程即为对无序序列进行排序的过程。而且从插入过程还可以看到,每次插入的新结点都是二叉排序树上新的叶子结点,则在进行插入操作时,不必移动其它结点,仅需改动指针。

3. 二叉排序树的查找分析

例 4-3 对图 4-4(g)所示的二叉排序树进行查找,如要查找的关键字 K=35,则 K 先与根结点比较,因 35＜48,查找左子树;因 35＞24,故在根的左子树的右子树上查找;因以结点 24 为根的右子树的根正好为 35,故查找成功。

由上例可以看出,在二叉排序树中查找成功时走了一条从根结点到所查结点的路径。因此二叉排序树的平均查找长度取决于二叉排序树的深度。这与折半查找类似,与给定值比较的关键字个数不超过树的深度。然而,折半查找长度为 n 的表的判定树是惟一的,而含有 n 个结点的二叉排序树却不惟一。所以,二叉排序树查找成功的平均查找长度取决于二叉排序树的形状,而二叉排序树的形状既与结点数目有关,更取决于建立二叉排序树时结点的插入顺序。

例 4-4 已知长度为 6 的线性表是(45, 24, 53, 13, 30, 85),若按表中元素的顺序依次插入,得到二叉排序树如图 4-5(a)所示;若依次序 13, 24, 30, 45, 53, 85 插入,得到二叉排序树为图 4-5(b)所示,试分别求出在等概率情况下二叉排序树查找成功的平均查找长度。

解: 因是 6 个记录等概率查找,所以 $P_i = \dfrac{1}{6}$。

则(a)树的平均查找长度为

$$ASL_{(a)} = \frac{1}{6}[1+2+2+3+3+3] = \frac{14}{6}$$

则(b)树的平均查找长度为

$$ASL_{(b)} = \frac{1}{6}[1+2+3+4+5+6] = \frac{21}{6}$$

二叉排序树查找的平均比较次数取决于二叉树的深度。在最好情况下,所生成的二叉排序树中,任一结点的左、右子树的深度相差都不超过 1,即二叉排序树是一棵平衡二叉树时,二叉排序树查找的平均比较次数与折半查找相同,其查找效率最高。而在最坏情况下,即当二叉排序树蜕化为单支树时,其平均比较次数就和顺序查找相同了。

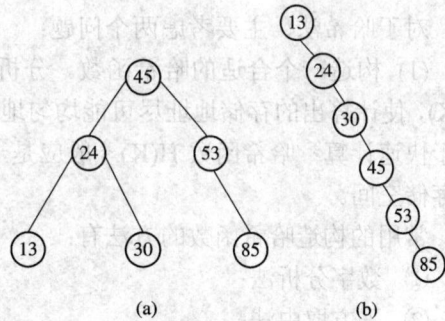

图 4-5 例 4-4 构造的二叉排序树
(a) 二叉排序树;(b)单支树

有关二叉树的平衡方法,有兴趣的读者可参阅有关书籍。

4.3 哈希查找

无论是顺序查找、折半查找、分块查找,还是二叉排序树查找,都需进行一系列和关键字的比较才能确定被查元素在查找表中的位置,查找的效率依赖于查找过程中所进行的比较次数。而哈希查找的思想与前面四种方法完全不同，哈希查找方法是利用关键字进行某种运算后直接确定元素的存储位置，所以哈希查找方法是用关键字进行计算元素存储位置的查找方法。

在讨论哈希查找之前，先讨论适用于哈希查找的查找表的组织方式——哈希表。

在一块连续的内存空间采用哈希法建立起来的符号表就称为哈希表。

4.3.1　哈希表的建立

哈希表的建立：以线性表中的每个元素的关键字 K 为自变量，通过一种函数 H(K)计算出函数值，然后将该元素存入 H(K)所指定的相应的存储单元。

查找时，只要根据要查的关键字用同样的函数计算出地址 H(K)，然后直接到相应的单元中去取所要找的元素。称函数 H(K)为哈希(Hash)函数，按这个思想建立的表为哈希表。

细心的读者可能会发现这样一个问题：对于某个哈希函数 H(K)和两个关键字 K_1 和 K_2，如果 $K_1 \neq K_2$，而 $H(K_1)=H(K_2)$，这种现象称为冲突。在构造哈希函数时应避免冲突。但没有冲突的函数是很不好找的，因为通常哈希函数是一个压缩映象，即关键字集合大，地址集合小。一般只能尽可能地避免冲突的发生。

例如，一个符号表其标识符至多由 5 个英文字母组成，则不同的标识符可能有

$$26^5+26^4+26^3+26^2+26=12\ 356\ 630\ (个)$$

如果一个标识符对应一个存储地址，就不会发生冲突了，但这是不可能也没有必要的。因为存储空间难以满足，而且任何一个源程序也不会有这么多的标识符。

由于哈希法用哈希函数转换记录关键字得到存储地址，把各记录散列到相应的存储单元里去，所以也称之为散列地址法或关键字转换法。

对于哈希法，主要考虑两个问题：

(1) 构造一个合适的哈希函数。分析数据元素的关键字集合之特点，找出适当的函数 H(K)，使计算出的存储地址尽可能均匀地分布在哈希表中；同时也希望函数 H(K)尽量简单，便于快速计算；哈希函数 H(K)一般应是一个压缩映象函数，它应具有较大的压缩性，以节省存储空间。

常用的构造哈希函数的方法有：

① 数字分析法；

② 平方取中法；

③ 折叠法；

④ 除留余数法；

⑤ 直接定址法；

⑥ 随机数法。

(2) 如何解决冲突。哈希函数应具有较好的散列性，冲突是不可避免的，但应尽量减少。

若已知哈希函数及冲突处理方法，哈希表的建立步骤如下：

Step1：取出一个数据元素的关键字 Key，计算其在哈希表中的存储地址 D=H(Key)。若存储地址为 D 的存储空间还没有被占用，则将该数据元素存入；否则发生冲突，执行 Step2。

Step2：根据规定的冲突处理方法，计算关键字为 Key 的数据元素的下一个存储地址。

若该存储地址的存储空间没有被占用，则存入；否则继续执行 Step2，直到找出一个存储空间没有被占用的存储地址为止。

　　Step3：重复 Step1 和 Step2，直到所有的数据元素都被存储为止。

4.3.2　处理冲突的方法

　　哈希法中不可避免地会出现冲突现象，所以关键的问题是如何解决冲突。处理冲突的方法多种多样，常用的方法有：开放定址法、链地址法、再哈希法和公共溢出区法。这里只介绍前两种方法。

　　假设哈希表的地址集为 0～n-1，冲突是指 H(K)的位置上已存有记录，则"处理冲突"就是为该关键字的记录找到另一个"空"的哈希地址。在处理冲突的过程中可能得到一个地址序列 H_i(i=1, 2, …, k)，$H_i \in [0, n-1]$。即在处理冲突时，若得到的另一个哈希地址 H_1 仍然发生冲突，则再求下一个地址 H_2，若 H_2 仍冲突，再求 H_3，依次类推，直至 H_k 不发生冲突为止，则 H_k 为记录在表中的地址。

1．开放定址法

$$H_i =(H(key) + d_i)MOD\ m \qquad i=1, 2, …, k\ (k \leqslant m-1)$$

这里，m 为哈希表表长；d_i 为增量序列。

　　按照增量序列的不同取法，开放定址法又分为线性探测再散列和二次探测再散列。

　　(1) 线性探测再散列

$$d_i=1, 2, 3, …, m-1$$

　　(2) 二次探测再散列

$$d_i=1^2, -1^2, 2^2, -2^2, 3^2, …, K^2, -K^2 \qquad (K \leqslant m/2)$$

　　例如，在长度为 10 的哈希表中已填有关键字 21, 52, 73 的记录，哈希函数为 H(key)=key MOD 10，现有第四个记录，其关键字为 82，由哈希函数得到的哈希地址为 2，产生冲突。若用线性探测再散列处理冲突，得到的下一个地址为 3，仍冲突；再求下一个地址为 4，此地址为空，将 82 存入。

　　处理冲突过程结束，如图 4-6(b)所示。若用二次探测再散列，则应该填入序号为 6 的位置。如图 4-6(c)所示。

0	1	2	3	4	5	6	7	8	9
	21	52	73						

(a)

	21	52	73	82					

(b)

	21	52	73			82			

(c)

图 4-6　用开放定址法处理冲突时，关键字 82 插入前后的哈希表

(a) 插入前；(b) 线性探测再散列；(c) 二次探测再散列

2．链地址法

将所有具有相同哈希地址的记录存储在同一个单链表中。即 $H(K_1)=H(K_2)=H(K_3)$，称 K_1、K_2 和 K_3 为同义词，链地址法就是将所有关键字为同义词的记录链在一起。这一点与邻接表的思想非常类似。

例如将上例中处理冲突的方法改为链地址法，插入 82 和 72 后的情况如图 4-7 所示。

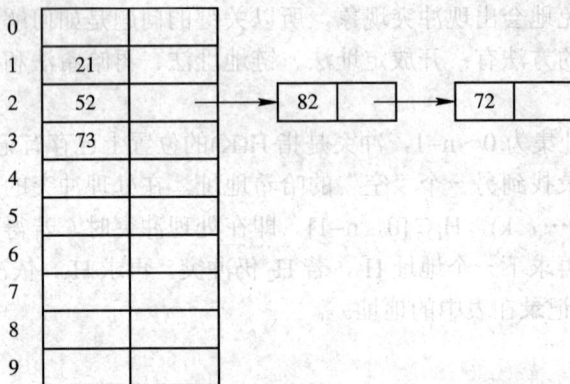

图 4-7　用链地址法处理冲突产生的哈希表

4.3.3　哈希查找

在哈希表上查找的过程和构造哈希表的过程基本一致。

给定 K 值，根据造表时设定的哈希函数求得哈希地址，若表中此位置上没有记录，则查找不成功；否则比较关键字。若和给定值相等，则查找成功；否则根据造表时设定的处理冲突的方法找"下一地址"，直至哈希表中某个位置为"空"或者表中所填记录的关键字等于给定值时为止。

从哈希表的查找过程可知，尽管可直接由关键字 K 计算出存储地址 H(K)，但由于"冲突"的产生，使得在哈希表的查找过程中仍然需要用给定值 K 与元素的关键字进行比较，所以平均查找长度仍然可以作为评价哈希查找效率的标准。

值得注意的是，在采用开放定址法解决冲突所产生的哈希表中，若要删除表中的一个记录，不能简单地直接删除，因为这样将截断其它具有相同哈希地址的元素的查找地址，所以应设定一个特殊的标志以表明该元素已被删除。

例 4-5　设哈希函数 $H(K)= k \bmod 7$，哈希表的地址空间为 0～6，对关键字序列 (19，14，23，2，68，16，4)，按下述几种解决冲突的方法分别构造哈希表，

① 线性探测再散列；② 二次探测再散列；③ 链地址法；

并分别计算哈希查找成功时在等概率情况下的平均查找长度。

解： (1) 按照线性探测再散列法处理冲突构造哈希表。

19 MOD 7 = 5　存入地址空间 5

14 MOD 7 = 0　存入地址空间 0

23 MOD 7 = 2　存入地址空间 2

2 MOD 7 = 2　发生冲突

下一个存储地址是(2+1)MOD 7 = 3　存入地址空间 3

68 MOD 7 = 5　发生冲突

下一个存储地址是(5+1)MOD 7 = 6　存入地址空间 6

16 MOD 7 = 2　发生冲突

下一个存储地址是(2+1)MOD 7 = 3　发生冲突

下一个存储地址是(2+2)MOD 7 = 4　存入地址空间 4

4 MOD 7 = 4　发生冲突

下一个存储地址是(4+1)MOD 7 = 5　发生冲突

下一个存储地址是(4+2)MOD 7 = 6　发生冲突

下一个存储地址是(4+3)MOD 7 = 0　发生冲突

下一个存储地址是(4+4)MOD 7 = 1　存入地址空间 1

所得哈希表如图 4-8 所示。

根据哈希表的构造过程可知：

查找 19、14、23 仅需比较 1 次；

查找 2、68 因有一次冲突，需比较 2 次；

查找 16 因有两次冲突，需比较 3 次；

查找 4 因有四次冲突，需比较 5 次。

故

0	1	2	3	4	5	6
14	4	23	2	16	19	68

比较次数

1	5	1	2	3	1	2

图 4-8　用线性探测再散列法处理
冲突产生的哈希表

$$ASL_{成功} = \frac{1+1+1+2+2+3+5}{7} = \frac{15}{7}$$

(2) 按照二次探测再散列法处理冲突产生的哈希表如图 4-9 所示。

0	1	2	3	4	5	6
14	16	23	2	4	19	68

图 4-9　用二次探测再散列法处理
冲突产生的哈希表

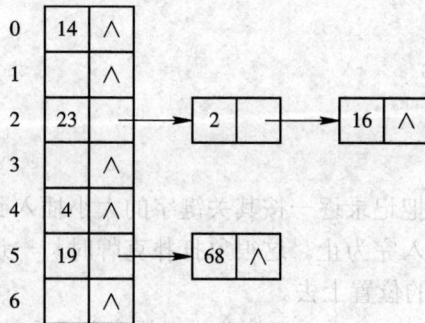

$$ASL_{成功} = \frac{1+1+1+2+2+3+1}{7} = \frac{11}{7}$$

(3) 按照链地址法处理冲突产生的哈希表如图 4-10 所示。

$$ASL_{成功} = \frac{1+1+1+2+2+3+1}{7} = \frac{11}{7}$$

图 4-10　用链地址法处理冲突产生的哈希表

4.4 排　序

排序是计算机程序设计中的一种重要运算，它的功能是将一个数据元素的无序序列调整为一个有序序列。经排序的数据若按由大到小的顺序排列，称为下降序；反之，若按由小到大的顺序排列，称为上升序。

对数据进行查找或其它操作时，有序数据和无序数据的执行速度差别很大。如对有序表可采用折半查找等，而对无序表只能用顺序查找。

排序在实际中应用很广，据统计，计算机处理的 25% 的机时是用于排序的。因此，研究高效率的排序方法是数据结构的一个重要内容。然而，目的不是参与具体的排序工作，而是研究分析排序算法中所运用的大量基本的和重要的排序技术。

排序的分类：根据排序中所涉及的存储器，可将排序分为内部排序和外部排序两大类。排序过程中，所有记录都放在内存中处理的称为内部排序；当待排序的记录很多，排序时不仅要使用内存，而且还要使用外部存储器的排序方法称为外部排序。本节只讨论内部排序。

如果待排序的记录中，存在多个关键字相同的记录，经排序后这些记录的相对次序仍然保持不变，则称相应的排序方法是稳定的，否则称为不稳定的。

不同的排序方法有其不同的特点，排序方法的选择只有根据所排序记录的特点，才能找出合适的排序方法。评价排序算法优劣的标准主要是时间复杂度，对内部排序而言，时间的主要开销花在记录的比较和移动上，所以时间复杂度主要通过记录的比较次数和移动次数来反映。

为简单起见，采用顺序存储结构存放所排序的记录序列。其 C 语言描述如下：

```
#define   N   n
struct record {
            int key;
            int otheritem;
            };
typedef struct record RECORD;
RECORD file[N+1];
```

其中 n 为待排序的记录数目。

4.4.1　直接插入排序

插入排序的基本思想是把记录逐一按其关键字的大小插入到已经排好次序的记录序列中的适当位置，直到全部插入完为止。这很象打扑克牌时，一边抓牌，一边理牌的过程，每抓一张牌就把它插到适当的位置上去。

设有 n 个记录$(R_1, R_2, \cdots, R_n)$，已划分为已排序部分和未排序部分，即插入 R_i 时，$(R_1, R_2, \cdots, R_{i-1})$是已排好序的部分，$(R_i, R_{i+1}, \cdots, R_n)$属于未排序部分。用 R_i 依次与

R_{i-1}，R_{i-2}，…，R_1 进行比较，找出 R_i 在有序子文件中的插入位置，将 R_i 插入，原位置上的记录至 R_{i-1} 均顺序后移一位。

例 4-6 设待排序记录的关键字序列为(20，15，8，23，55，25)，写出直接插入排序每一趟执行后的序列状态。

解：直接插入排序过程如图 4-11 所示。

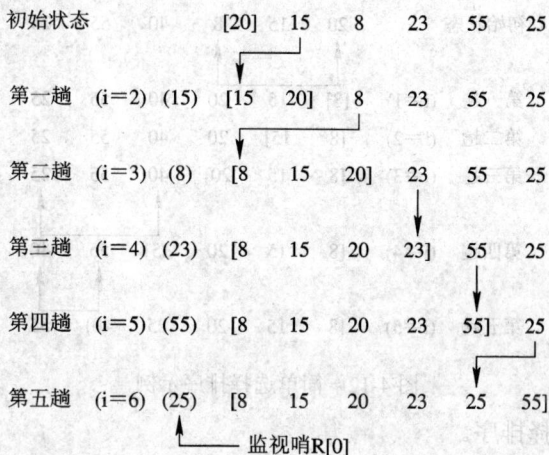

```
初始状态              [20]  15    8    23   55   25

第一趟  (i＝2) (15)   [15   20]   8    23   55   25

第二趟  (i＝3) (8)    [8    15   20]   23   55   25

第三趟  (i＝4) (23)   [8    15   20   23]  55   25

第四趟  (i＝5) (55)   [8    15   20   23   55]  25

第五趟  (i＝6) (25)   [8    15   20   23   25   55]

                └── 监视哨R[0]
```

图 4-11 直接插入排序示例

算法 4-7 直接插入排序算法。

```
void insertsort(RECORD R[],int n)        /*注意设待排记录放在 R[1]到 R[n]中*/
    {
    int i,j;
    for(i=2;i<=n;i++)
        {
        R[0]=R[i];
        j=i-1;                           /*j 总是指向有序序列的最后一个记录*/
        while(R[0].key<R[j].key)
            {
            R[j+1]=R[j];                 /*后移一位，设结构体变量可以整体赋值*/
            j--;
            }
        R[j+1]=R[0];                     /*插入 R[0]元素到有序序列中*/
        }
    }
```

直接插入排序是稳定的，其时间复杂度为 $O(n^2)$。

4.4.2 简单选择排序

简单选择排序的方法是在所有的记录中选出关键字最小的记录，把它与第一个记录交换存储位置，然后再在余下的记录中选出次小的关键字对应的记录，把它与第二个记录交换，依此类推，直至排序完成。

例 4-7 待排序的记录关键字序列为(20，15，8，40，55，25)，写出简单选择排序每一趟执行后的序列状态。

解：简单选择排序过程如图 4-12 所示。

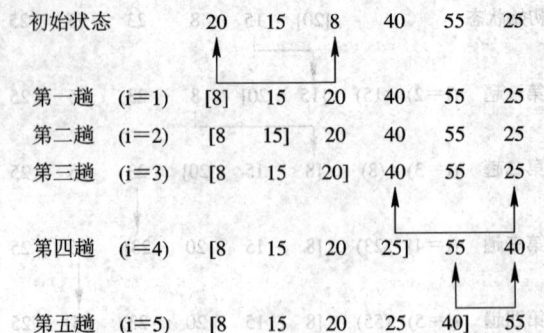

初始状态		20	15	8	40	55	25
第一趟	(i=1)	[8]	15	20	40	55	25
第二趟	(i=2)	[8	15]	20	40	55	25
第三趟	(i=3)	[8	15	20]	40	55	25
第四趟	(i=4)	[8	15	20	25]	55	40
第五趟	(i=5)	[8	15	20	25	40]	55

图 4-12　简单选择排序示例

算法 4-8 简单选择排序。

```
void selectsort(RECORD R[],int n)        /*注意待排记录放在 R[1]到 R[n]中*/
    {
    int i,j,k;
    RECORD temp;
    for(i=1;i<n;i++)
        {
        k=i;
        for(j=i+1;j<=n;j++)
            if(R[j].key<R[k].key)
                k=j;
        if(i!=k)
            {
            temp=R[k];             /*交换元素，设结构体变量可以整体赋值*/
            R[k]=R[i];
            R[i]=temp;
            }
        }
    }
```

简单选择排序是不稳定的，其时间复杂度是 $O(n^2)$。

4.4.3　冒泡排序

冒泡排序的基本思想为：从 R_1 开始，两两比较相邻记录的关键字，即比较 R_i 和 R_{i+1}(i=1，

2，…，n−1)的关键字大小，若逆序(如 $K_i > K_{i+1}$)，则交换 R_i 和 R_{i+1} 的位置，如此经过一趟排序，关键字最大的记录被安置在最后一个位置(R_n)上。然后再对前 n−1 个记录进行同样的操作，则具有次大关键字的记录被安置在第 n−1 个位置(R_{n-1})上。如此反复，进行 n−1 趟冒泡排序后所有待排序的 n 个记录已经按关键字由小到大有序。

若把各记录看作按纵向排列，那么在这个排序过程中，关键字小的好比水中的气泡往上漂浮(冒)，关键字大的好比水中的石块沉入水底，故形象地取名为冒泡排序。

例 4-8 待排序的记录关键字序列为(20，15，8，40，55，25)，写出冒泡排序每一趟执行后的序列状态。

解： 冒泡排序过程如图 4-13 所示，其中，横线以下为已排好序的记录。

20	15	8	8	8	8
15	8	15	15	15	15
8	20	20	20	20	20
40	40	25	25	25	25
55	25	40	40	40	40
25	55	55	55	55	55

初始状态　第一趟后　第二趟后　第三趟后　第四趟后　第五趟后

图 4-13　冒泡排序示例

算法 4-9 冒泡排序算法。

```
void bubblesort(RECORD R[],int n)          /*注意待排记录放在 R[1]到 R[n]中*/
    {
    int i,j;
    RECORD temp;
    for(i=1;i<n;i++)
        for(j=1;j<=n−i;j++)
            if(R[j].key>R[j+1].key)
            {
            temp=R[j];                      /*交换元素，设结构体变量可以整体赋值*/
            R[j]=R[j+1];
            R[j+1]=temp;
            }
    }
```

按照算法 4-9 给出的冒泡排序算法,对具有 n 个记录的待排序序列要执行 n−1 趟冒泡排序。但从例 4-8 中我们可以发现，在进行第三趟冒泡排序过程时，已没有记录进行过交换，表明此时记录序列已经"正序"(有序)，后面的 3 趟冒泡"空跑"——没有发生交换。因此应该对算法 4-9 加以改进：使之能"记住"每趟冒泡排序过程中是否发生了"交换"，若某一趟冒泡未发生"交换"，表示此时记录序列已经有序，应结束排序过程。

算法 4-10　改进后的冒泡排序算法。

```
void bubblesort_m(RECORD R[],int n)
{
    int i,j,flag;
    RECORD temp;
    i=1;
    do{
        flag=0;                         /*在进行每一趟冒泡之前置 flag 为 0，表示无交换*/
        for(j=1;j<=n−i;j++)
            if(R[j].key>R[j+1].key)
                {
                temp=R[j];
                R[j]=R[j+1];
                R[j+1]=temp;
                flag=1;
                }
        i++;
    }while((i<n)&&flag);
}
```

分析冒泡排序的效率，很容易看出，若初始序列为"正序"，则只需一趟排序。反之，若初始序列为"逆序"，则需要进行 n−1 趟排序。

冒泡排序方法是稳定的，其在最坏情况下的时间复杂度为 $O(n^2)$。但由于冒泡排序能"判别"记录的状态，所以当待排序序列是基本有序的序列时，采用冒泡排序方法的效率是很高的。

4.4.4　快速排序

快速排序也称作划分交换排序，和冒泡排序同属于交换排序类型。它是目前内部排序中速度最快的排序方法，故称为快速排序，其平均时间复杂度为 O(nlogn)，它偏爱无次序的记录序列。它的基本思想是：在待排序的 n 个记录中任取一个记录 R(通常为第一个)，以该记录的关键字 K 为准，将所有剩下的 n−1 个记录划分为两个子序列，第一个子序列中所有记录的关键字均小于或等于 K；第二个子序列中所有记录的关键字均大于 K。然后将 K 所对应的记录 R 放在第一个子序列之后及第二个子序列之前，使得待排序记录序列成为<子序列 1>R<子序列 2>，完成快速排序的第一趟排序。然后分别对子序列 1 和子序列 2 重复上述划分，直到每个子序列中只有一个记录时为止。

那么如何实现这个划分呢？需设两个指针 i、j，初始时分别指向第一个和最后一个记录，即令 i=1，j=n，并将第一个记录的关键字暂存于 k(先用第一个记录的关键字 k 进行划分，称这个记录为控制记录或支点)。

当 i<j 时，重复以下操作：

(1) 若 k≤R[j].key，则 j=j−1，即再比较 j 的前一个记录关键字；否则 R[j] 与 R[i] 交换。

(2) 比较 k 与 i 指向的记录的关键字，若 k≥R[i].key，则与 i 的后一个记录关键字比较 (i=i+1)；否则将 R[i] 与 R[j] 交换。

(3) 重复上述过程，直至 i=j 时，划分结束，i 所指示的位置就是控制记录应有的位置。下面看一个快速排序的例子。

例 4-9 一组待排序的记录关键字序列为(46，55，13，42，94，05，17，70)，试给出第一趟快速排序过程中记录的交换示意图。

解： 一趟快速排序过程如图 4-14 所示。

上例给出了一趟快速排序的过程，整个快速排序的过程可递归进行。若待排序列中只有一个记录，显然已有序，否则进行一趟快速排序后再分别对分割所得的两个子序列进行快速排序。结合上述例题，给出快速排序的全过程，如图 4-15 所示。

	关键字	说明
(1)	46 55 13 42 94 05 17 70	46送k，70>46，修改j。
	i↑ j↑ ↑	
(2)	[ ] 55 13 42 94 05 17 [70]	17<46，移动17，修改i。
	i↑ ↑ j↑	
(3)	[17] 55 13 42 94 05 [ ] [70]	55>46，移动55，修改j。
	i↑ ↑ j↑	
(4)	[17] [ ] 13 42 94 05 [55] 70	05<46，移动05，修改i。
	↑ ↑ i j↑	
(5)	[17] 05 13 42 94 [ ] [55] 70	13<46，修改i。
	i↑ ↑ ↑ j	
(6)	[17] 05 13 42 94 [ ] [55] 70	42<46，修改i。
	i↑ ↑ ↑ j	
(7)	[17] 05 13 42 94 [ ] [55] 70	94>46，移动94，修改j。
	i↑ ↑ ↑ j	
(8)	[17] 05 13 42 [ ] [94 55 70]	i=j，k送i位置
	i↑ ↑ j	
(9)	[17] 05 13 42 46 [94 55 70]	确定46的位置

图 4-14 一趟快速排序示例

初始序列	46 55 13 42 94 05 17 70	
第一趟	{17 05 13 42} 46 {94 55 70}	
	i↑ ↑ j	
第二趟	{13 05} 17 {42} 46 {94 55 70}	
	i↑ ↑ j	
第三趟	05 13 17 42 46 {94 55 70}	
		i↑ ↑ j
第四趟	05 13 17 42 46 {70 55} 94	
		i↑ ↑ j
第五趟	05 13 17 42 46 55 70 94	

图 4-15 快速排序的全过程

下面给出快速排序的划分算法及快速排序的完整算法。

算法 4-11 快速排序中序列的划分算法。

```
int qpass(RECORD R[],int low,int high)          /*待排记录放在 R[low]到 R[high]中*/
    {
    int i,j,k;
    RECORD x;
    i=low;
    j=high;
    x=R[low];
    k=R[low].key;
    while(i<j)
        {
        while((i<j)&&(R[j].key>=k))
            j--;
        R[i]=R[j];
        While((i<j)&&(R[i].key<=k))
            i++;
        R[j]=R[i];
        }
    R[i]=x;
    return i;
    }
```

根据快速排序方法的基本思想，快速排序算法可写成如下递归过程。

算法 4-12　快速排序的递归算法。

```
void quicksort(RECORD R[],int low,int high)          /*待排记录放在 R[low]到 R[high]中*/
    {
    int i;
    if(low<high)

        {
        i=qpass(R,low,high);
        quicksort(R,low,i-1);
        quicksort(R, i+1, high);
        }

    }
```

快速排序的运算时间，在待排序记录已经有序的情况下为最长，其平均比较次数为 $n(n-1)/2$，记为 $O(n^2)$；如果选择的划分点元素恰好是序列的中央，则所划分的前后两个子序列元素数目近乎相等，这时排序速度最快。快速排序的平均比较次数是 $O(nlbn)$。

4.4.5　归并排序

归并(merging)就是将两个(或两个以上)的有序表合并成一个新的有序表的操作。若是对2个有序表进行的归并则称为 2－路归并。

对于一个无序表来说，归并排序把它看成是由 n 个只包含一个记录的有序表组成的表，然后进行两两归并，最后形成包含 n 个记录的有序文件。

2 - 路归并排序的思想：设初始文件含有 n 个记录，则可看成 n 个有序的子文件，每个子文件长度为 1，然后两两归并，得到[n/2]个长度为 2 或 1 的子文件，再两两归并，……，如此重复，直到得到一个长度为 n 的有序子文件为止。

例如：关键字序列为(49，38，65，97，76，13，27)。归并排序时，先将这 7 个记录看成长度为 1 的 7 个有序子序列，然后逐步两两归并，排序过程如图 4-16 所示。

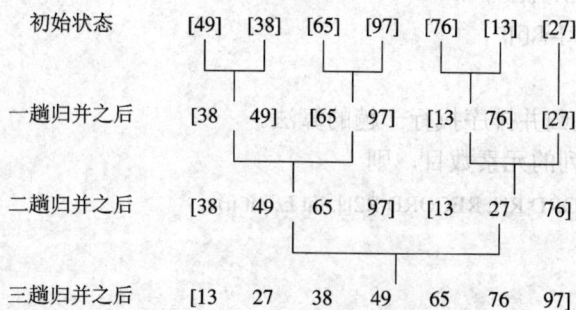

图 4-16　2 - 路归并排序示例

从上例可看出，2 - 路归并排序算法中需先解决两个问题：

(1) 两个有序子序列的归并问题；

(2) 2 - 路归并排序进行一趟的算法。

算法 4-13　归并两个有序序列的算法。

设两个有序序列存储在一维数组 R 中，有序子序列 1 为(R[l]，R[l+1]，…，R[m])，有序子序列 2 为(R[m+1]，R[m+2]，…，R[n])，本算法将它们归并为一个有序序列并存放在附加的一维数组 R2 中，该有序序列为(R2[l]，R2[l+1]，…，R2[n])。

```
void merge(RECORD R[],RECORD R2[], int l,int m,int n)
    {
    int i,j,k;
    i=l;
    j=m+1;
    k=l;
    while((i<=m)&&(j<=n))
        {
        if(R[i].key<=R[j].key)
            {
            R2[k]=R[i];
            i++;
            }
        else
            {
            R2[k]=R[j];
            j++;
            }
```

```
            k++;
            }
    if(i>m)
            for(;j<=n;j++,k++)
                    R2[k]=R[j];
    else
            for(;i<=m;i++,k++)
                    R2[k]=R[i];
    }
```

算法 4-14　2 – 路归并排序执行一趟的算法。

设 L 是归并子序列的元素数目，则

```
void mergepass(RECORD R[], RECORD R2[], int L, int n)
    {
    int i,j;
    i=1;
    while(i+2*L-1<=n)
        {
        merge(R,R2,i,i+L-1,i+2*L-1);
        i=i+2*L;
        }
    if(i+L-1<n)
        merge(R, R2, i, i+L-1, n);
    else
        for(j=i;j<=n;j++)
                R2[j]=R[j];
    }
```

2 – 路归并排序的核心思想就是对序列 R 中的 n 个元素从长度为 1 的子序列开始两两合并，然后再对所产生的子序列(长度为 2)两两合并，……，直到合并为一个序列为止。2 – 路归并排序的算法如下。

算法 4-15　2-路归并排序算法。

```
void mergesort(RECORD R[], RECORD R2[], int n)
    {
    int L,i;
    L=1;
    while(L<n)
        {
        mergepass(R, R2, L, n);
        L=2*L;
        if(L<n)
            {
```

```
            mergepass(R2, R, L, n);
            L=2*L;
            }
        else
            for(i=1; j<=n; i++)
                R[i]=R2[i];
        }
    }
```

2 - 路归并排序的最大特点是它是一种稳定的排序方法，其时间复杂度为 O(nlbn)。但在一般情况下，很少利用归并排序法进行内部排序。由于进行 2 - 路归并排序需要与所排序序列相同大小的附加空间，故其空间复杂度为 O(n)。

习　题

1．试分别画出在线性表(a，b，c，d，e，f，g)中进行折半查找，查找关键字 e 和 g 的过程。

2．画出对长度为 12 的有序表进行折半查找的判定树，并求其在等概率时查找成功的平均查找长度。

3．已知长度为 12 的表(Jan，Feb，Mar，Apr，May，June，July，Aug，Sep，Oct，Nov，Dec)。

(1) 试按表中元素的顺序依次插入一棵初始为空的二叉排序树，请画出插入完成之后的二叉排序树，并求其在等概率情况下查找成功的平均查找长度。

(2) 若对表中元素先进行排序构成有序表，求在等概率情况下对此有序表进行折半查找时查找成功的平均查找长度，并画出相应的判定树。

4．什么叫哈希法？哈希法中为什么会出现冲突？

5．用以下关键字序列构造两个哈希表(每个哈希表的地址空间为 0~16)：(Jan，Feb，Mar，Apr，May，June，July，Aug，Sep，Oct，Nov，Dec)。H(x) = i DIV 2，其中 i 为关键字 x 中第一个字母在字母表中的序号。

(1) 用线性探测再散列法处理冲突；

(2) 用链地址法处理冲突。

并分别求这两个哈希表在等概率情况下查找成功的平均查找长度。

6．本章介绍的各种排序方法中，哪几种是稳定的，哪几种是不稳定的？

7．有一组待排序的记录，其关键字为 18，5，20，30，9，27，6，14，45，22。写出用下列方法进行排序时，每一趟排序后的结果及关键字比较次数。

(1) 直接插入排序；

(2) 简单选择排序；

(3) 冒泡排序；

(4) 快速排序；

(5) 归并排序。

第5章 操 作 系 统

5.1 概 述

5.1.1 操作系统的作用与地位

众所周知，计算机系统由硬件和软件组成。在众多的计算机软件中，操作系统占有特殊重要的地位。图 5-1 简明地显示了计算机系统的基本构成。这一简图表明：

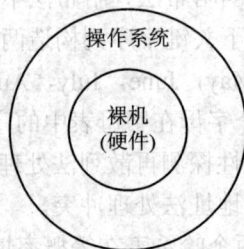

(1) 操作系统是最基本的系统软件，因为所有其它的系统软件(例如编译程序、数据库管理系统等语言处理器)和软件开发工具都是建立在操作系统的基础之上，它们的运行全都需要操作系统的支持。在计算机启动后，通常先把操作系统装入内存，然后才启动其它的程序。

(2) 操作系统是用户与计算机硬件之间的接口。用户及其应用程序是通过操作系统与计算机的硬件相联系的。如果没有操作系统作为中介，用户对计算机的操作和使用将变得非常低效和困难。

(3) 按照虚拟机(Virtual machine)的观点，操作系统+裸机=虚拟计算机，如图 5-2 所示。换句话说，一台纯粹由硬件组成的裸机在配置操作系统后，将变成一台与原机器大相径庭的"虚拟"的计算机，无论在机器的功能或操作方面都将面目一新。

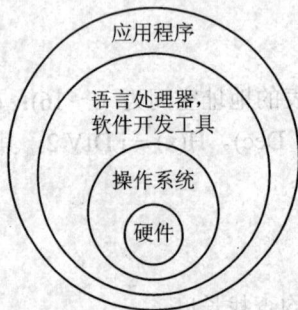

图 5-1　计算机系统的基本构成　　　　图 5-2　裸机+操作系统=虚拟计算机

由此可见，硬件仅为人们提供了"原始的处理能力"。有了操作系统，才能使这一能力更有效、更方便地为人们使用。鉴于操作系统在计算机系统及软件开发环境中所处的重要地位，任何用户——从系统程序员到一般的最终用户(end user)——都需要不同程度地了解它。

所谓操作系统(OS，Operating System)，它是由一些程序模块组成，用来控制和管理计算机系统内的所有资源，并且合理地组织计算机的工作流程，以便有效地利用这些资源，并为用户提供一个功能强、使用方便的工作环境。

操作系统有两个重要的作用：

(1) 管理计算机系统中的各种资源。

我们知道，任何一个计算机系统，不论是大型机、小型机，还是微机，都具有两种资源：硬件资源和软件资源。硬件资源是指计算机系统的物理设备，包括中央处理机、存储器和 I/O 设备；软件资源是指由计算机硬件执行的、用以完成一定任务的所有程序及数据的集合，它包括系统软件和应用软件。操作系统就是最基本的系统软件，它既是计算机系统的一部分，又反过来组织和管理整个计算机系统，充分利用这些软、硬件资源，使计算机协调一致并高效地完成各种复杂的任务。

(2) 为用户提供良好的界面。

从用户的角度看，操作系统不仅要对系统资源进行合理的管理，还应为用户提供良好的操作界面，便于用户简便、高效地使用系统资源。这里的用户包括计算机系统管理员、应用软件的设计人员等。

"管家婆"兼"服务员"，就是操作系统所扮演的一身二任的角色。

5.1.2　操作系统的功能

操作系统的基本功能就是合理地、高效地管理计算机系统的各种软硬件资源。在单用户系统中，资源管理相对简单一些，而在多用户共用的系统中，资源管理的任务就比较复杂。由于多用户要共享系统资源，就带来了一些新的问题。如多个用户如何抢占 CPU 时间，有限的存储空间特别是宝贵的内存空间如何分配，如何竞争输入输出设备及软件资源等。这就要求操作系统必须有相应的功能，来决定资源共享的策略和有效地解决问题的方法，最大限度地发挥计算机的效率，提高计算机在单位时间内处理工作的能力(称为"吞吐量"，through out)。因此，操作系统应具有的基本功能有：中央处理器管理、存储管理、设备管理、文件管理及作业管理。

1. 中央处理器管理

中央处理器即 CPU，是计算机系统中最宝贵的硬件资源。CPU 管理指操作系统根据一定的调度算法对处理器进行分配，并对其运行进行有效的控制和管理。为了提高 CPU 的利用率，采用了多道程序技术。如果一个程序因等待某一条件而不能继续运行时，就把处理器占用权转交给另一个可运行程序；或者，当出现了一个比当前运行的程序更重要的可运行的程序时，后者应能抢占 CPU。为了描述多道程序的并发执行，就要引入进程的概念，通过进程管理协调多道程序之间的关系，解决对处理器分配调度策略、分配实施和回收等问题，以使 CPU 资源得到最充分的利用。

正是由于操作系统对处理器管理策略的不同，其提供的作业处理方式也就不同。例如批处理方式、分时处理方式和实时处理方式，从而呈现在用户面前的就是具有不同性质的操作系统。

2. 存储管理

存储管理指分配、回收与保护存储单元。其目的是为多个程序的运行提供良好的环境，方便用户使用存储器，提高存储器的利用率，以及能从逻辑上来扩充内存。

存储管理主要是指内存管理，虽然 RAM 芯片的集成度不断地提高，但受 CPU 寻址能力的限制，内存的容量仍有限。因此，当多个程序共享有限的内存资源时，要解决的问题是如何为它们分配内存空间，同时，既使用户存放在内存中的程序和数据彼此隔离、互不侵扰，又能保证在一定条件下共享，尤其是当内存不够用时，解决内存扩充问题(即将内存和外存结合起来管理)，为用户提供一个容量比实际内存大得多的虚拟存储器。操作系统的这一部分功能与硬件存储器的组织结构密切相关。

3. 设备管理

设备管理主要是对设备进行分配、回收与控制。这里所说的设备是指计算机系统中除了 CPU 和内存以外的所有输入、输出设备，除了完成实际 I/O 操作的设备外，还包括诸如控制器、通道等支持设备。外部设备的种类繁多、功能差异很大。设备管理负责外部设备的分配、启动和故障处理，用户不必详细了解设备及接口的技术细节，就可以方便地对设备进行操作。为了提高设备的利用效率和整个系统的运行速度，可采用中断技术、通道技术、虚拟设备技术和缓冲技术，尽可能发挥设备和主机的并行工作能力。此外，设备管理应为用户提供一个良好的界面，使用户不必涉及具体设备的物理特性即可方便灵活地使用这些设备。

4. 文件管理

计算机系统中的软件资源(如程序和数据)是以文件的形式存放在外存储器(如磁盘、磁带)上的，需要时再把它们装入内存。文件管理的任务是有效地支持文件的存储、检索和修改等操作，解决文件的共享、保密和保护问题，以使用户方便、安全地访问文件。操作系统一般都提供功能很强的文件系统。

5. 作业管理

除了上述 4 项功能之外，操作系统还应该向用户提供使用它自己的手段，这就是操作系统的作业管理功能，作业管理是操作系统提供给用户的最直接的服务。按照用户观点，操作系统是用户与计算机系统之间的接口，因此，作业管理的任务是为用户提供一个使用系统的良好环境，使用户能有效的组织自己的工作流程，并使整个系统能高效地运行。

操作系统的各功能之间并非是完全独立的，它们之间存在着相互依赖的关系。

5.1.3　操作系统的类型

操作系统有多种。翻开操作系统的发展史，操作系统经历了手工操作阶段、单道(程序)批处理阶段、多道(程序)批处理阶段、分时系统、实时系统。随着硬件技术的飞速发展，微处理机的出现和发展，操作系统又向个人计算机、计算机网络、分布式处理和智能化方向发展，随着计算机技术和软件技术的发展，目前已经形成了各种类型的操作系统，以满足不同的应用要求。

在以下的描述中用到作业的概念，所谓作业就是用户要求计算机处理的一项工作，是用户程序及所需数据和命令的集合。

1. 批处理操作系统

所谓批处理操作系统，就是用户将要机器做的工作有序地排在一起，成批地交给计算机系统，计算机系统就能自动地、顺序地完成这些作业，用户与作业之间没有交互作用，不能直接控制作业的运行。有时也称批处理为"脱机操作"。

在批处理系统中，用户一般不直接操纵计算机，而是将作业提交给系统操作员。操作人员将作业成批地装入计算机，由操作系统将作业按规定的格式组织好存入磁盘的某个区域，然后按照某种调度策略依次将作业调入内存加以处理，处理的步骤事先由用户设定，输出的作业处理结果通常也由操作系统组织存入磁盘某个区域，然后统一加以输出，最后，由操作员将作业运行结果交给用户。

在批处理系统中，又有单道批处理和多道批处理两种。在单道批处理的情况下，一次只调一个作业进入内存，CPU 只为一道作业服务。但是在这个作业运行期间，输入和输出操作是难免的，而实际中 I/O 的速度要比 CPU 慢得多，这样就造成了 CPU 大部分时间在空闲等待。为了解决这一问题，又产生了多道批处理系统。它一次将几个作业放入内存，宏观上看，同时有多个作业在系统中运行，而实际上这些作业是分时串行地在一台计算机上运行。也就是说，CPU 先处理第一个作业，如果这个作业由于 I/O 或其它原因而不能继续进行，就从可运行的作业中挑选另一个作业去运行，从表面上看，好象两个作业同时运行。这样做，显然提高了 CPU 的利用率，改善了主机和 I/O 设备的使用情况。

多道批处理系统追求的目标是提高系统资源的利用率和大的作业吞吐量以及作业流程的自动化。这类操作系统一般用于计算中心等较大的计算机系统中，要求系统对资源的分配及作业的调度策略有精心的设计，管理功能要求既全又强。

2. 分时操作系统

多道批处理系统虽然能提高机器的资源利用率，但却存在一个重要的缺点。由于一次要处理一批作业，在作业的处理过程中，任何用户都不能和计算机进行交互。即使发现了某个作业有程序错误，也要等一批作业全部结束后脱机进行纠错。这对于软件开发人员来说，是严重的缺陷。正是这一矛盾，导致了分时操作系统应运而生。

分时操作系统允许多个用户同时联机与系统进行交互通信，一台分时计算机系统连有若干台终端，多个用户可以在各自的终端上向系统发出服务请求，等待计算机的处理结果并决定下一步的处理。操作系统接收每个用户的命令，采用时间片轮转的方式处理用户的服务请求，即按照某个轮转次序给每个用户分配一段 CPU 时间，进行各自的处理。这样，对每个用户而言，都仿佛"独占"了整个计算机系统。具有这种特点的计算机系统称为分时系统。

例如一个带 20 个终端的分时系统，若每个用户分配一个 50 ms 的时间片，每隔 1 s（＝50 ms×20)即可为所有用户服务一遍。如此周而复始，循环不已。因此，尽管各个终端上的作业是断续地运行，但由于操作系统每次都能对用户程序作出及时的响应(例如上述的1 s)，在用户的感觉上，似乎整个系统归他一人占有。分时系统的这一特性称为"独占性"。

由上所述，分时操作系统具有以下几个方面的特点。

(1) 多路性。允许在一台主机上同时联接多台联机终端，系统按分时原则为每个用户服务。在微观上，是每个用户作业轮流运行一个时间片；而在宏观上，则是多个用户同时工作，共享系统资源。多路性亦称同时性，它提高了资源利用率。

(2) 独立性。又称独占性。每个用户各占一个终端，彼此独立操作，互不干扰。因此，用户会感觉到就像他一人独占主机。

(3) 及时性。系统对用户的输入能及时地做出响应，此时间间隔是以人们所能接受的等待时间来确定的，通常为 1～2 s。分时操作系统性能的主要指标之一是响应时间，即从终端发出命令到系统予以应答所需的时间。

(4) 交互性。用户可通过终端与系统进行广泛的人机对话。

分时系统的主要目标是对用户响应的及时性，即不使用户等待每一条命令的处理时间过长。通常的计算机系统中往往同时采用批处理方式来为用户服务，即时间要求不强的作业放入"后台"(批处理)处理，需频繁交互的作业在"前台"(分时)处理。

多用户多任务的操作系统 UNIX 是当今著名的分时操作系统。

3．实时操作系统

实时操作系统是随着计算机应用领域的日益广泛而出现的，具体含义是指系统能够及时响应随机发生的外部事件，并在严格的时间范围内完成对该事件的处理。

实时系统可分为两类：

(1) 实时控制系统。实时控制系统实质上是过程控制系统，通过模–数转换装置，将描述物理设备状态的某些物理量转换成数字信号传送给计算机，计算机分析接收来的数据、记录结果，并通过数-模转换装置向物理设备发送控制信号，来调整物理设备的状态。例如把计算机用于飞机飞行、导弹发射等自动控制时，要求计算机能尽快处理测量系统测得的数据，及时地对飞机或导弹进行控制，或将有关信息通过显示终端提供给决策人员。同样，把计算机用于轧钢、石化、机械加工等工业生产过程控制时，也要求计算机能及时处理由各类传感器送来的数据，然后控制相应的执行机构。

(2) 实时信息处理系统。实时信息处理系统主要是指对信息进行及时地处理。例如利用计算机预订飞机票、火车票或轮船票，查询有关航班、票价等事宜时，或把计算机用于银行系统、情报检索系统时，都要求计算机能对终端设备发来的服务请求及时予以正确的回答。这个过程中，实时的重要性在于防止数据的丢失。

实时操作系统的一个主要特点是及时响应，即每一个信息接收、分析处理和发送的过程必须在严格的时间限制内完成；其另一个主要特点是要有高可靠性，因为实时系统控制、处理的对象往往是重要的军事、经济目标，任何故障都会导致巨大的损失，所以重要的实时系统往往采用双机系统以保证绝对可靠。

实时操作系统有别于批处理系统，因为它认为保证可靠操作远比让所有资源经常处于"忙碌"状态更重要；它也不同于分时操作系统，因为它要求的实时响应时间随系统而变化，例如定票和检索系统一般要求在数秒内响应，而导弹系统的响应时间可能短达微秒量级，不像分时操作系统的响应时间总是保持在一定的范围内(例如 1～2 s)。正是由于这些特点，许多实时操作系统都属于专用操作系统，以便按照实际的需要来设计。

4．个人计算机操作系统

个人计算机上的操作系统是一种联机交互的单用户操作系统，它提供的联机交互功能与通用分时系统所提供的功能很相似。由于是个人专用，因此一些功能将会简单的多。然而，由于个人计算机的应用普及，要求个人计算机操作系统提供更方便友好的用户接口和功能丰富的文件系统。

单用户单任务的操作系统 MS-DOS 和单用户多任务的操作系统 OS/2 及 Windows 等都

是个人计算机上的操作系统。

5. 网络操作系统

网络操作系统是为计算机网络而配置的。计算机网络是把不同地点上分布的计算机通过通信机构连接起来，实现资源共享。网络操作系统就是网络用户与计算机网络之间的接口，它除了具有通常操作系统的各种功能外，还应具有网络管理的功能，例如，网络通信、网络服务等。

6. 分布式操作系统

分布式操作系统是为分布式计算机系统配置的，它将物理上分布的具有自治功能的数据处理系统或计算机系统互连起来，实现信息交换和资源共享，协作完成任务。分布式操作系统管理分布式系统中的所有资源，它负责全系统的资源分配和调度、任务划分、信息传输控制协调工作，并为用户提供一个统一的界面，用户通过这一界面实现所需要的操作并使用系统资源，至于操作定在哪一台计算机上执行或使用哪台计算机的资源则是操作系统完成的，用户不必知道。此外，由于分布式系统更强调分布式计算和处理，因此对于多机合作和系统重构、健壮性和容错能力有更高的要求。

5.1.4 操作系统的基本特征

操作系统是一个十分复杂的系统软件，考察操作系统的基本特征，能帮助人们从更深的层次上认识操作系统。前面介绍的各种类型的操作系统，虽然它们各有自己的特征，但它们都具有以下四个基本特征。

1. 并发(Concurrence)

并发性是指在计算机系统中同时存在着若干个正在运行的程序，这些程序同时或交替地运行。从宏观上看，这些程序是同时向前推进的，但在单处理机的环境下，每一时刻仅能执行一道程序，故在微观上，这些并发执行的程序是交替地在 CPU 上运行。程序的并发性具体体现在如下两个方面：用户程序与用户程序之间并发执行；用户程序与操作系统程序之间并发执行。

2. 共享(Sharing)

并发性必然要求系统资源共享。所谓共享是指系统中的资源可供内存中多个并发执行的进程共同使用，即操作系统程序与多个用户程序共享系统中的各种软、硬件资源。例如，多道程序共占内存，若干个任务分享 CPU，多个用户共享一个程序副本，共享同一数据库等，都是共享的表现。共享的好处是可以减少资源浪费，避免软件的重复开发，但随之而来的问题有：① 如何处理资源竞争问题，进行合理的资源分配；② 当程序同时执行，数据共同存取时，如何保护它们不因受到破坏而引起混乱。

3. 虚拟(Virtual)

在操作系统中的所谓"虚拟"，是指通过某种技术把一个物理实体变成逻辑上的多个。物理实体(前者)是实的，即实际存在的，而后者是虚的，是用户感觉上的东西。例如，在多道分时系统中，虽然只有一个 CPU，但每个终端用户却都认为是有一个 CPU 在专门为他服务，亦即，利用多道程序技术可以把一台物理上的 CPU 虚拟为多台逻辑上的 CPU，也称为虚处理机。类似地，也可以把一台物理 I/O 设备虚拟为多台逻辑上的 I/O 设备。此外，也可以把一条物理信道虚拟为多条逻辑信道(虚信道)。在操作系统中虚拟的实现，主要是通过分时使用的方法。显然，如果 n 是某一物理设备所对应的虚拟的逻辑设备数，则虚拟设备的速度必然是物理设备速度的 1/n。

4．异步性(Asynchronism)

也称为不确定性。不是说操作系统本身的功能不确定，也不是说在操作系统控制下运行的用户程序的结果不确定(即同一程序对相同的输入数据在两次或两次以上运行中有不同的结果)，而是说在操作系统控制下的多个作业的运行顺序和每个作业的运行时间是不确定的。在多道程序环境下，允许多个程序同时执行，但由于资源等因素的限制，通常程序的执行并非"一气呵成"，而是以"走走停停"的方式运行。内存中的每个进程在何时执行，何时暂停，以怎样的速度向前推进，每道程序总共需多少时间才能完成，都是不可预知的。很可能是先进入内存的作业后完成，而后进入内存的作业先完成。或者说，进程是以异步的方式运行。例如，有三个作业 J1、J2、J3，两次或多次运行的顺序可能是不相同的，而且同一个作业(如 J1)这次运行需要 1 s，下次运行却需要 4 s 等。尽管如此，但只要运行环境相同，作业经多次运行，都会获得完全相同的结果，因此，异步运行方式是允许的。

5.2　进 程 管 理

CPU 是计算机系统中的核心硬件资源，充分发挥 CPU 的功能，提高其利用率是处理机管理的主要任务。在多道程序设计技术出现后，处理机管理的实质是进程管理。因此，有时也把进程管理称为处理机管理。

5.2.1　多道程序设计

1．程序的顺序执行

自从计算机问世以来，人们广泛地使用"程序"这一概念。程序是一个在时间上按严格次序前后相继执行的操作序列。在多道程序设计出现以前，程序的最大特征是"顺序性"，即顺序执行。下面用一个简单的例子来说明程序顺序执行的特点。

假设有 n 个作业，而每个作业 Ji 由三个程序段 Ii，Ci，Pi 组成。其中，Ii 表示从输入机上读入第 i 个作业的信息；Ci 表示执行第 i 个作业的计算；Pi 表示在打印机上打印出第 i 个作业的计算结果。在早期的计算机中，每一作业的这三个程序只能是一个接一个地顺序执行。也就是输入，计算和打印三者串行工作，并且前一个作业结束后，才能执行下一个作业，如图 5-3 所示。

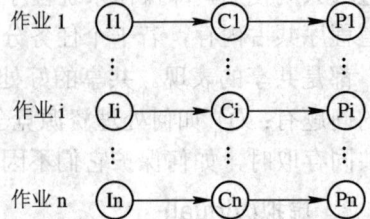

图 5-3　程序的顺序执行

显然，程序的顺序执行具有如下特点。

(1) 顺序性。程序所规定的动作在机器上严格地按顺序执行，每个动作的执行都以前一个动作的结束为前提条件，即程序和机器执行它的活动严格一一对应。

(2) 封闭性。程序一旦开始运行，其计算结果只取决于程序本身，不受外界因素的影响，即只有程序本身的动作才能改变程序的运行环境。

(3) 可再现性。程序的执行结果与其执行速度无关。只要输入的初始条件相同，则无论何时重复执行该程序都会得到相同的结果，且处理机在执行程序的两个动作之间如有停顿也不会影响程序的执行结果。

2. 程序的并发执行

为增强计算机系统的处理能力和提高各种资源的利用率，往往要求计算机系统能够同时处理多个具有独立功能的程序。通常采用并行操作技术，使系统中的各种硬件资源尽量做到并行工作。

所谓程序的并发执行是指两个或两个以上的程序在执行时间上是重叠的。系统中各个部分不再以单纯的串行方式工作。换句话说，在任一时刻，系统中不再只有一个活动，而存在着许多并行的活动。从硬件方面看，处理机，各种外设，存储部件常常并行地工作着；从程序活动方面看，则可能有若干程序同时或者相互穿插地在系统中被执行。程序的并发执行已成为现代操作系统的一个基本特征。

程序的并发执行虽然卓有成效地增加了系统的处理能力和提高了系统资源的利用率，但它带来了一些新的问题，也就是产生了与顺序程序不同的新特性，这些新特性是：

(1) 失去了程序的封闭性。如前所述，程序的顺序执行具有程序的封闭性和由之而来的可再现性，而并发执行是否还保持这种封闭性呢？先来看一个例子。

设有观察者和报告者并行工作。在一条单向行驶的公路上经常有卡车通过。观察者不断对通过的卡车计数。报告者定时地将观察者的计数值打印出来，然后将计数器重新清"0"。此时可以写出如下程序，其中 Cobegin 和 Coend 表示它们之间的程序可以并发执行。

```
Begin
Count:integer;
Count:=0
Cobegin
        Observer
            Begin
            L1: …
                Observe next car;
                Count:=Count +1;
                Goto L1
            End;
        Reporter
            Begin
            L2: …
                Print Count;
                Count:=0;
                Goto L2
            End
```

```
        Coend
End
```

由于观察者和报告者各自独立地并行工作，其中，Count:=Count+1 的操作，既可以在报告者的 Print Count 和 Count:=0 操作之前，也可以在其后，还可以在 Print Count 和 Count:=0 之间。既可能出现以下三种执行序列：

① Count:=Count+1; Print Count; Count:=0;

② Print Count; Count:=0; Count:=Count+1;

③ Print Count; Count:=Count+1; Count:=0。

假设在开始某个循环之前，Count 的值为 n，则在完成一个循环后，对上述三个执行序列打印机打印的 Count 值和执行后的 Count 值如下表所示：

执行序列	①	②	③
打印的值	n+1	n	n
执行后的值	0	1	0

由上表可见，由于观察者和报告者的程序执行速度不同，导致了计算结果的不同。这就是说，程序并发执行已丧失了顺序执行所保持的封闭性和可再现性。

(2) 程序与计算不再一一对应。程序和机器执行程序的活动是两个概念。程序是指令的有序集合，是静态的概念；而机器执行程序的活动是指处理机按照程序执行指令序列的过程。通常把机器执行程序的活动，称为"计算"。显然，"计算"是一个动态的概念。

在并发执行中，允许多个用户作业调用一个共享程序段，从而形成了多个"计算"。例如，在分时系统中，一个编译程序往往同时为几个用户服务，该编译程序便对应了几个"计算"。

(3) 间断性。即并发程序在执行期间具有相互制约关系。程序在并发执行时，总是伴随着资源的共享和竞争，从而制约了各个程序的执行速度，使本来并无逻辑关系的程序之间产生了相互制约的关系，各个程序活动的工作状态与它所处的环境有密切关系。它随着外界变化而不停地变化，并且它不像单道程序系统中顺序执行那样，而是走走停停，具有执行——暂停——执行的活动规律。

3．多道程序设计

所谓多道程序设计，就是允许多个程序同时进入内存并运行。多道程序设计是操作系统所采用的最基本、最重要的技术，其根本目的是提高整个系统的效率。

衡量系统效率的尺度是系统吞吐量。所谓吞吐量是指单位时间内系统所处理作业(程序)的道数(数量)。如果系统的资源利用率高，则单位时间内所完成的有效工作多，吞吐量大。引入多道程序设计后，提高了设备资源利用率，使系统中各种设备经常处于忙碌状态，最终提高系统吞吐量。

多道程序设计改善了各种资源的使用情况，从而增加了吞吐量，提高了系统效率，但也带来了资源竞争。因此，在实现多道程序设计时，必须协调好资源使用者与被使用资源之间的关系，即对处理机资源加以管理，以实现处理机在各个可运行程序之间的分配与调度；对内存资源加以管理，将内存分配给各个运行程序，还要解决程序在内存中的定位问题，并防止内存中各个程序之间互相干扰或对操作系统的干扰；对设备资源进行管理，使各个程序在使用设备时不发生冲突。

5.2.2 进程

1. 进程的概念

在多道程序的环境下，程序的并发执行代替了程序的顺序执行。程序活动不再处于一个封闭系统中，而出现了许多新的特征，即独立性，并发性，动态性以及它们之间的相互制约性。在这种情况下，程序这个静态概念已经不能如实地反映程序活动的这些特征。为了能更好地描述程序的并发执行，引入"进程"的概念来描述系统和用户的程序活动。

进程是具有一定独立功能的程序关于某个数据集合上的一次运行活动，进程是系统进行资源分配和调度的一个独立单位。

从操作系统角度来看，可将进程分为系统进程和用户进程两类。系统进程执行操作系统程序，完成操作系统的某些功能。用户进程运行用户程序，直接为用户服务。系统进程的优先级通常高于一般用户进程的优先级。

2. 进程的特性

(1) 进程与程序的联系和区别。

进程与程序既有联系又有区别。

① 联系：程序是构成进程的组成部分之一，一个进程的运行目标是执行它所对应的程序，如果没有程序，进程就失去了其存在的意义。从静态的角度看，进程是由程序、数据和进程控制块(PCB)三部分组成的。

② 区别：程序是静态的，而进程是动态的。

进程是程序的执行过程，因而进程是有生命周期的，有诞生，也有消亡。因此，程序的存在是永久的，而进程的存在是暂时的，它动态地产生和消亡。一个进程可以执行一个或几个程序，一个程序亦可以构成多个进程。例如，一个编译进程在运行时，要执行词法分析、语法分析、代码生成和优化等几个程序，或者一个编译程序可以同时生成几个编译进程，为几个用户服务。进程具有创建其它进程的功能，被创建的进程称为子进程，创建者称为父进程，从而构成进程家族。

(2) 进程的特性。

进程的概念能很好地描述程序的并发执行，并且能够揭示操作系统的内部特性。事实上，操作系统的并发性和共享性正是通过进程的活动体现出来的。

进程具有以下特性：

① 动态性。进程是程序的执行过程，"执行"本身就是动态的。因此进程由"创建"而产生，由"撤消"而消亡，因拥有处理机而得到运行。

② 并发性。进程是为了实现系统内并发执行而引入的概念，所以并发性是进程与生俱来的特性。

③ 独立性。一个进程是一个相对完整的调度单位，它可以获得处理机并参与并发执行。

④ 异步性。每个进程按照各自独立的、不可预知的速度向前推进。

3. 进程的状态及其状态转换

根据进程在执行过程中的不同情况，通常可以将进程分成三种不同的状态。

(1) 运行状态。是指进程已获得 CPU，并且在 CPU 上执行的状态。显然，这种状态的进程数目不能大于 CPU 的数目，在单 CPU 情况下，处于运行状态的进程只能有一个。

(2) 就绪状态。这种状态是指进程原则上是可以运行的，只是因为缺少 CPU 而不能运行，一旦把 CPU 分配给它，它就可以立即投入运行。处于就绪状态的进程可以有多个。

(3) 等待状态。也称阻塞状态或睡眠状态。进程在前进的过程中，由于等待某种条件(例如当前外设资源不够，等待其它进程来的信息等)而不能运行时所处的状态。在这种情况下，既使 CPU 空闲，这种进程也不能占据 CPU 而运行。引起等待的原因一旦消失，进程便转为就绪状态，以便在适当的时候投入运行。处于等待状态的进程可以有多个。

在任何时刻，任何进程都处于且仅处于以上 3 种状态之一。进程在运行过程中，由于它自身的进展情况和外界环境条件的变化，3 种基本状态可以互相转换。这种转换由操作系统完成，对用户是透明的，它也体现了进程的动态性。图 5-4 表示了 3 种基本状态之间的转换及其典型的转换原因。

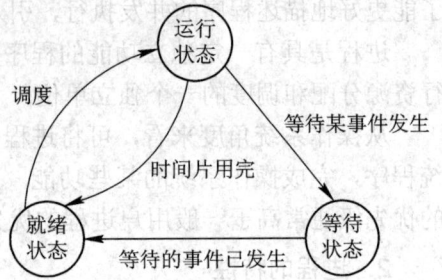

图 5-4　进程状态转换图

4．进程控制块

为了便于系统控制和描述进程的基本情况以及进程的活动过程，在操作系统中为进程定义了一个专门的数据结构，称为进程控制块(PCB，Process Control Block)。系统为每一个进程设置一个 PCB，PCB 是进程存在与否的惟一标志。当系统创建一个进程时，系统为其建立一个 PCB；然后利用 PCB 对进程进行控制和管理；当进程被撤消时，系统收回它的 PCB，随之该进程也就消亡了。

进程由程序、数据和进程控制块三部分组成。PCB 是进程的"灵魂"，程序和数据是进程的"躯体"，由于现代操作系统提供程序共享的功能，这就要求程序是可再入程序，且与数据分离。所谓可再入程序是指"纯"代码的程序，即在运行过程中不修改自身。

在通常的操作系统中，PCB 应包含如下一些信息：

(1) 进程标识名或标识数。为了标识系统中的各个进程，每个进程必须有一个而且是惟一的标识名或标识数。进程标识名通常用字母或数字组成的串表示，进程标识数则是在一定数值范围内的进程编号。有的系统用进程标识名作为进程的外部标识，它通常由创建者给出；用进程标识数作为进程的内部标识，通常由系统给出。

(2) 位置信息。它指出进程的程序和数据在内存或外存中的物理位置。

(3) 状态信息。它指出进程当前所处的状态，作为进程调度，分配处理机的依据。

(4) 进程的优先级。一般根据进程的轻重缓急程度为进程指定一个优先级，优先级用优先数表示。进程调度程序根据优先数的大小，确定优先级的高低，并把 CPU 控制交给优先级最高的进程。

(5) 进程现场保护区。当进程状态变化时，例如一个进程放弃使用处理机，它需要将当时的 CPU 现场保护到内存中，以便再次占用处理机时恢复正常运行，有的系统把要保护的 CPU 现场放在进程的工作区中，而 PCB 中仅给出 CPU 现场保护区起始地位。

(6) 资源清单。每个进程在运行时，除了需要内存外，还需要其它资源，如 I/O 设备、外存、数据区等。这一部分指出资源需求、分配和控制信息。

(7) 队列指针或链接字。它用于将处于同一状态的进程链接成一个队列，在该单元中存放下一进程 PCB 首址。

(8) 其它。

由于在内存中同时存在多个进程，为了实现对进程的管理，系统将所有进程的 PCB 排成若干个队列。通常，系统中进程队列分成如下 3 类：

(1) 就绪队列。整个系统一个，所有处于就绪状态的进程的 PCB 都按照某种原则排在该队列中。进程入队和出队的次序与处理机调度算法有关。在有些系统中，就绪队列可能有多个。

(2) 等待队列。每一个等待事件一个队列，当进程等待某一事件时，其 PCB 就进入与该事件相应的等待队列。当某事件发生时，与该事件相关的一个或多个进程的 PCB 离开相应的等待队列，进入就绪队列。

(3) 运行队列。在单机系统中整个系统一个队列。实际上，一个运行队列中只有一个进程，可用一个指针指向该进程的 PCB。

三种不同进程队列的 PCB 链接方式如图 5-5 所示。

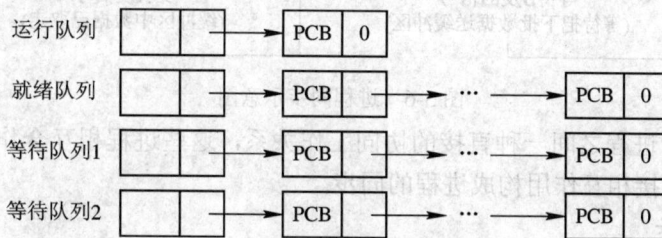

图 5-5　三种不同进程队列的 PCB 链接方式

5. 进程间的相互作用

(1) 相关进程和无关进程。

多道程序系统中同时运行的并发进程通常有多个。在逻辑上具有某种联系的进程称为相关进程，在逻辑上没有任何联系的进程称为无关进程。

(2) 进程间的相互作用。

多道程序系统中并发运行的进程之间存在着相互制约关系，这种相互制约的关系称做进程间的相互作用。进程之间相互作用有两种方式：直接相互作用和间接相互作用。直接相互作用只发生在相关进程之间；间接相互作用可发生在相关进程之间，也可发生在无关进程之间。

5.2.3　进程间的通信

进程是操作系统中可以独立运行的单位，但是由于处于同一个系统之中，进程之间不可避免地会产生某种联系，例如，竞争使用共享资源，而且有些进程本来就是为了完成同一个作业而运行的。因此，进程之间必须互相协调，彼此之间交换信息，这就是进程之间的通信。

1. 进程的同步与互斥

1) 进程的同步

系统中的各进程可以并发共享资源，从而使系统资源得到充分利用，但是共享资源往往使并发进程产生某种与时间有关的错误，或者说与速度有关的错误。例如，有 A、B 两个进程，A 进程负责从键盘读数据到缓冲区，B 进程负责从缓冲区读数据进行计算。要完成取数据并计算的工作，A 进程和 B 进程要协同工作，即 B 进程只有等待 A 进程把数据送到缓冲区后才能进行计算，A 进程只有等待 B 进程发出已把缓冲区数据取走的信号之后才能从键盘向缓冲区中送数据，否则就会出现错误。这是一个进程同步的问题，如图 5-6 所示。

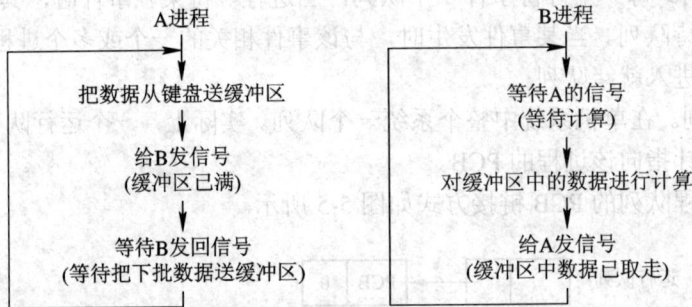

图 5-6　进程同步示意图

进程同步是指进程之间一种直接的协同工作关系，这些进程相互合作，共同完成一项任务。进程间的直接相互作用构成进程的同步。

2) 进程的互斥

① 进程互斥。在系统中，许多进程常常需要共享资源，而这些资源往往要求排它地使用，即一次只能为一个进程服务。因此，各进程间互斥使用这些资源，进程间的这种关系是进程的互斥。进程间的间接相互作用构成进程互斥，例如，多个进程在竞争使用打印机、一些变量、表格等资源时，表现为互斥关系。

② 临界区。系统中一些资源一次只允许一个进程使用，这类资源称为临界资源。而在进程中访问临界资源的那一段程序称为临界区，要求进入临界区的进程之间就构成了互斥关系。为了保证系统中各并发进程顺利运行，对两个以上欲进入临界区的进程，必须实行互斥，为此，系统采取了一些调度协调措施。

系统对临界区的调度原则归纳为当没有进程在临界区时，允许一进程立即进入临界区；若有一个进程已在临界区时，其它要求进入临界区的进程必须等待；进程进入临界区的要求必须在有限的时间内得到满足。

3) 信号量和 P、V 操作

用常规的程序来实现进程之间同步、互斥关系需要复杂的算法，而且会造成"忙等待"，浪费 CPU 资源，为此引入信号量的概念。信号量是一种特殊的变量，它的表面形式是一个整型变量附加一个队列，而且，它只能被特殊的操作(即 P 操作和 V 操作)使用。

P 操作和 V 操作都是原语。所谓原语是由若干条机器指令构成的一段程序，用以完成特定功能。原语在执行期间是不可分割的，即原语一旦开始执行，直到执行完毕之前，不允许中断。

设信号量为 S，S 可以取不同的整数值，可以利用信号量 S 的取值表示共享资源的使用情况，或用它来指示协作进程之间交换的信息。在具体使用时，把信号量 S 放在进程运行的环境中，赋予其不同的初值，并在其上实施 P 操作和 V 操作，以实现进程间的同步与互斥。

P 操作和 V 操作定义如下：

P(S)：

(1) S := S − 1；

(2) 若 S<0，则该进程进入 S 信号量的队列等待。

V(S)：

(1) S := S + 1；

(2) 若 S≤0，则释放 S 信号量队列上的一个等待进程，使之进入就绪队列。

通常，信号量的取值可以解释为 S 值的大小表示某类资源的数量。当 S>0 时，表示还有资源可以分配；当 S<0 时，其绝对值表示 S 信号量等待队列中进程的数目。每执行一次 P 操作，意味着要求分配一个资源；每执行一次 V 操作，意味着释放一个资源。

4) 用 P、V 操作实现进程间的互斥

令 S 初值为 1，进程 A、B 竞争进入临界区的程序可以写成：

进程 A	进程 B
P(S)；	P(S)；
临界区	临界区
V(S)；	V(S)；

5) 用 P、V 操作实现进程间的同步

如图 5-6 所示同步关系，设两个信号量 S1 和 S2，且赋予它们的初值 S1 为 1，S2 为 0，S1 表示缓冲区中是否装满信息，S2 表示缓冲区中的信息是否取走，程序可写成：

进程 A	进程 B
P(S2)；	P(S1)；
把信息送入缓冲区；	把信息从缓冲区取走；
V(S1)；	V(S2)；

2. 进程的通信

并发进程在运行过程中，需要进行信息交换。交换的信息量可多可少，少的只是交换一些已定义的状态值或数值，例如利用信号量和 P、V 操作；多的则可交换大量信息，而 P、V 操作只是低级通信原语，因此要引入高级通信原语，解决大量信息交换问题。

高级通信原语不仅保证相互制约的进程之间的正确关系，还同时实现了进程之间的信息交换。目前常用的高级通信机制有消息缓冲通信、管道通信和信箱通信。

1) 消息缓冲通信

基本思想是系统管理若干消息缓冲区，用以存放消息。每当一个进程(发送进程)向另一个进程(接收进程)发送消息时，便申请一个消息缓冲区，并把已准备好的消息送到缓冲区，然后把该消息缓冲区插入到接收进程的消息队列中，最后通知接收进程。接收进程收到发送进程发来的通知后，从本进程消息队列中的一个消息缓冲区，取出所需的信息，然后把消息缓冲区还给系统。

2) 管道通信

管道通信是由 UNIX 首创，已成为一种重要的通信方式。管道通信以文件系统为基础。所谓管道，就是连接两个进程之间的一个打开的共享文件，专用于进程之间进行数据通信。发送进程可以源源不断地从管道一端写入数据流，接收进程在需要时可以从管道的另一端读出数据。

在对管道文件进行读写操作过程中，发送进程和接收进程要实施正确的同步和互斥。以确保通信的正确性。管道通信的实质是利用外存来进行数据通信，故具有传送数据量大的优点，但通信速度较慢。

3) 信箱通信

为了实现进程间的通信，需设立一个通信机制——信箱，以传送、接收信件。当一个进程希望与另一进程通信时，就创建一个链接两个进程的信箱，通信时发送进程只要把信件投入信箱，而接收进程可以在任何时刻取走信件。

5.2.4 进程控制

进程有一个从创建到消亡的生命周期，进程控制的作用就是对进程在整个生命周期中各种状态之间的转换进行有效的控制。进程控制是通过原语来实现的，用于进程控制的原语一般有创建原语、撤消原语、挂起原语、激活原语、阻塞原语以及唤醒原语等。

1. 创建原语

一个进程可以使用创建原语创建一个新的进程，前者称为父进程，后者称为子进程，子进程又可以创建新的子进程，从而使整个系统形成一个树型结构的进程家族。

创建一个进程的主要任务是建立进程控制块 PCB。具体操作过程是：先申请一空闲 PCB 区域，将有关信息填入 PCB，置该进程为就绪状态，最后把它插入就绪队列中。

2. 撤消原语

当一个进程完成任务后，应当撤消它，以便及时释放它所占用的资源。撤消进程的实质是撤消 PCB，一旦 PCB 撤消，进程就消亡了。

具体操作过程是：找到要被撤消进程的 PCB，将它从所在队列中销去，撤消属于该进程的一切"子孙进程"，释放被撤消进程所占用的全部资源，并销去被撤消进程的 PCB。

3. 阻塞原语

某进程执行过程中，需要执行 I/O 操作，则由该进程调用阻塞原语把进程从运行状态转换为阻塞状态。

具体操作过程是：由于进程正处于运行状态，因此首先应中断 CPU 执行，把 CPU 的当前状态保存在 PCB 的现场信息中，把进程的当前状态置为等待状态，并把它插入到该事件的等待队列中去。

4. 唤醒原语

一个进程因为等待事件的发生而处于等待状态，当等待事件完成后，就用唤醒原语将其转换为就绪状态。

具体操作过程是：在等待队列中找到该进程，置进程的当前状态为就绪状态，然后将它从等待队列中撤出并插入到就绪队列中排队，等待调度执行。

5.2.5　进程调度

进程调度即处理机调度。在多道程序设计环境中，进程数往往多于处理机数，这将导致多个进程互相争夺处理机。进程调度的任务是控制、协调进程对 CPU 的竞争，按照一定的调度算法，使某一就绪进程获得 CPU 的控制权，转换成运行状态。实际上，进程调度完成把一台物理的 CPU 转变为多台虚拟的(或逻辑的)CPU 的工作。

1．进程调度的时机

引起进程调度的原因与操作系统的类型有关，大体可归结为以下几种：

(1) 正在执行的进程运行完毕；

(2) 正在执行的进程提出 I/O 请求；

(3) 正在执行的进程执行某种原语操作(如 P 操作)导致进程阻塞；

(4) 在分时系统中时间片用完；

以上都是在 CPU 为不可剥夺方式下引起进程调度的原因。在 CPU 是可剥夺方式时，还有下面的原因：

(5) 就绪队列中的某个进程的优先级变得高于当前运行进程的优先级时。

所谓可剥夺方式，即指就绪队列中一旦有优先级高于当前运行进程的优先级的进程出现时，便立即进行进程调度，把 CPU 分配给高优先级的进程。所谓不可剥夺方式，即一旦把 CPU 分配给一个进程，它就一直占用 CPU，直到该进程自己因调用原语操作或等待 I/O 而进入阻塞状态，或时间片用完时才让出 CPU，引起进程调度程序的执行。

2．进程调度算法

进程调度程序的一项重要工作是根据一定的调度算法从就绪队列中选出一个进程，把 CPU 分配给它。因此，调度算法的好坏直接影响到系统的设计目标和工作效率。通常，考虑调度算法的因素主要是有利于充分利用系统的资源，发挥最大的处理能力；有利于公平地响应每个用户的服务请求；有利于操作系统的工作效率。下面介绍几种常用的调度算法。

1) 先来先服务

如果早就绪的进程排在就绪队列的前面，迟就绪的进程排在就绪队列的后面，那么先来先服务(FCFS，First Come First Service)总是把当前处于就绪队列之首的那个进程调度到运行状态。也就是说，它只考虑进程进入就绪队列的先后，而不考虑其它因素。FCFS 算法简单易行，但性能却不太好。

2) 最短进程优先

最短进程优先(SPF，Shortest Process First)的基本思想是：进程调度程序总是调度当前就绪队列中的下一个要求 CPU 时间最短的那个进程运行。和先来先服务算法相比，SPF 调度算法能有效地降低平均等待时间和提高系统的吞吐量。

3) 时间片轮转法

这种算法常用于分时系统中，将 CPU 的处理时间划分成一个个时间片，轮流地调度就绪队列中的诸进程运行一个时间片。当时间片结束时，就强迫运行进程让出 CPU，该进程进入就绪队列，等待下一次调度。同时，进程调度程序又去选择就绪队列中的一个进程，分配给它一个时间片，以投入运行。

在这个算法中，时间片长度的选择是一个重要问题，它将直接影响系统开销和响应时间。如果时间片长度很小，则调度程序剥夺处理机的次数频繁，加重系统开销；反之，如果时间片长度选择过长，用户进程将不能及时得到响应，比方说一个时间片就能保证就绪队列中所有进程都执行完毕，轮转法就退化成先来先服务算法。设置时间片大小通常要考虑到系统的响应时间，用户的数目以及 CPU 的运算速度等因素。

4) 优先级法

进程调度程序总是调度当前处于就绪队列中优先级最高的进程，使其投入运行。进程的优先级通常由进程优先数(整数)表示，数大优先级高还是数小优先级高取决于规定。例如 UNIX 系统规定优先数越大优先级越低，优先数越小优先级越高。

进程优先数的设置可以是静态的，也可以是动态的。静态优先数是在进程创建时根据进程初始特性或用户要求而确定的，而且该优先数在进程的整个生命周期内一直不变。动态优先数则是指在进程创建时先确定一个初始优先数，以后在进程运行中随着进程特性的改变，不断修改优先数。

静态优先数方法虽然简单，但有可能导致某些低优先级的进程无限期地等待，尤其在高优先级的进程不断进入就绪队列的情况下，使等待 CPU 的低优先级进程更多，等待时间更长。动态优先数方法是按照某种原则使各进程的优先级随着时间而改变，例如随等待时间增长优先级也跟着提高、随着使用 CPU 时间的增长优先级跟着下降，就是一种较好的策略，等待了较长时间的进程，总会因其优先级不断地提高而被调度运行。

优先级算法又可与不同的 CPU 方式结合起来，形成可剥夺式优先级算法和不可剥夺式优先级算法。

5.2.6　进程死锁

1. 死锁概念

在多道程序系统中，虽可通过多个进程的并发执行来改善系统的资源利用率和提高系统的处理能力，但可能发生一种危险——死锁。所谓死锁(Deadlock)，是指多个进程因竞争资源而形成的一种僵持局面，若无外力作用，这些进程都将永远不能再向前推进。例如，设有 1 台打印机和 1 台磁带机，有两个进程 P1 和 P2，它们分别占用打印机和磁带机，当 P1 申请已被 P2 占用的磁带机，而 P2 申请已被 P1 占用的打印机这种情况出现时，P1 和 P2 僵持不下，称为进程死锁。此时操作系统中虽然有死锁进程出现，但系统中其它进程仍然正常工作。如果系统中所有进程都进入死锁，即没有一个进程能前进的话，称为系统死锁，这种情况是很少见的。人们平常说的"死锁"，一般指进程死锁，它至少涉及两个进程。

产生死锁的根本原因有两个。原因之一是系统内的资源数量不足。因为倘若资源数量无限的话，进程之间就不会发生资源竞争，当然不会形成互不相让的僵持局面。原因之二是进程推进的顺序不当。假如上述进程 P2 在 P1 已释放了打印机后才开始运行的话，则不会有竞争出现，P2 便能安全地运行完毕。

显然，任何一个计算机系统的资源都是有限的，资源竞争是不可避免的，换句话说，死锁的根本原因之一是固有的。进程的特性之一就是异步性，因此无法预知各进程的推进速度，也就无法控制进程之间的推进顺序，所以，死锁的根本原因之二也是固有的。

进程的死锁问题可以用有向图更加准确而形象地描述，这种有向图称为资源分配图。有向图中，用圆圈表示进程，用方框表示每类资源，方框中的圆点表示该类资源的数量。申请边为从进程到资源的有向边，表示进程申请一个资源单位；分配边为从资源到进程的有向边，表示有一个资源单位分配给进程。申请边仅能指向方框，表示申请时不具体指定该类资源的哪一个，而分配边必须由方框中的圆点引出，表明哪一个资源已被占用。

例如，对于 P={P1,P2,P3}，R={R1,R2,R3,R4}，E={<P1,R1>，<P2,R3>，<R1,P2>，<R2,P2>，<R3,P3>，<P3,R2>，<R2,P1>}，它的资源分配图如图 5-7 所示。

可以证明，如果资源分配图中没有环路，则系统中没有死锁；如果图中存在环路，则系统中可能存在死锁。如果每个资源类中均只包含一个资源，则环路的存在即意味着死锁的存在，此时，环路是死锁的充分必要条件。在图 5-7 中，有两个环：

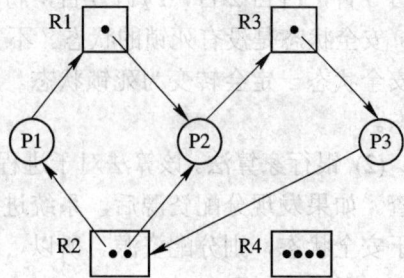

图 5-7　资源分配图(含环路)

$$P1 \rightarrow R1 \rightarrow P2 \rightarrow R3 \rightarrow P3 \rightarrow R2 \rightarrow P1$$

$$P2 \rightarrow R3 \rightarrow P3 \rightarrow R2 \rightarrow P2$$

环中资源类不全为 1(R2 有 2 个)，P1、P2、P3 均处于死锁状态。如果删除边<R2,P1>，就不会发生死锁。

进一步研究表明，在一个计算机系统中，死锁的产生有如下 4 个必要条件：

(1) 互斥使用。在一段时间内，1 个资源只能由 1 个进程独占使用，若别的进程也要求使用该资源，则必须等待直至其占用者释放。

(2) 不剥夺性(不可抢占)。进程所占用的资源在未使用完之前，不能被其它进程强行剥夺，而只能由占用进程自身释放。

(3) 保持和请求。允许进程在不释放其已占用资源的情况下继续请求并等待分配新的资源。

(4) 循环等待。在进程资源图中存在环路，环路中的进程形成等待链。当且仅当每类资源只有 1 个时，环路才是进程死锁的充分必要条件。

2．死锁排除

1) 死锁预防

死锁预防是通过破坏 4 个必要条件中的 1 个或多个以确保系统不会发生死锁。为此，可以采取下列 3 种预防措施：采用资源的静态预分配策略，破坏"保持和请求"条件；允许进程剥夺使用其它进程占有的资源，从而破坏"不剥夺性"条件；采用资源有序分配法，破坏"环路"条件。

2) 死锁避免

死锁预防是设法至少破坏产生死锁的必要条件之一，严格地防止死锁的出现。而死锁的避免则不那么严格地限制产生死锁必要条件的存在(因为即使死锁必要条件成立，也未必一定会发生死锁)，只是在系统运行过程中小心地避免死锁的最终发生。最著名的死锁避免算法是 Dijkstra 提出的银行家算法。

(1) 安全状态。在 T_0 时刻系统是安全的或系统处于安全状态，仅当存在一个由系统中所有进程构成的进程序列 $<P_1, P_2, \cdots, P_n>$，对于每一个进程 $P_i(i=1,2,\cdots,n)$ 满足：它以后尚需要的资源数量不超过系统中当前剩余资源与所有进程 $P_j(j<i)$ 当前占有资源数量之和。如果不存在这样的序列，则说系统处于一种不安全状态。

例如，考虑一个系统，它有 1 类设备 12 台磁带机和 3 个进程 P_0，P_1，P_2。进程 P_0 需 10 台磁带机，P_1 需 4 台而 P_2 需 9 台。在 T_0 时刻，P_0 已占用 5 台，P_1 占 2 台，P_2 占 2 台，有 3 台闲置。可以找到安全序列 $<P_1, P_0, P_2>$，因此 T_0 时刻系统是安全的。假如在 T_0 时刻 P_0 占 5 台，P_1 占 2 台，P_2 占 3 台，将不存在任何安全序列，系统处于不安全状态。

安全状态是没有死锁的状态。不安全状态不一定是死锁状态，但是，随着系统的推进，不安全状态一定会转变为死锁状态。因此死锁避免的实质在于：如何使系统不进入不安全状态。

(2) 银行家算法。该算法对于进程发出的每一个系统能够满足的资源申请命令加以动态检查。如果发现分配资源后，系统进入不安全状态，则不予分配；若分配资源后，系统仍处于安全状态，则分配资源。所以，死锁避免策略主要是根据系统是否处于安全状态，来决定分配资源与否。

与死锁预防策略相比，死锁避免策略提高了资源利用率，但增加了系统开销。

3) 死锁检测

死锁检测方法是对资源的分配不加限制，即允许死锁发生。但系统定时地运行一个"死锁检测"程序，判断系统是否已发生死锁，若检测到死锁发生，则设法加以解除。

何时进行死锁检测主要取决于死锁发生的频率和死锁所涉及的进程个数。如果死锁发生的频率高，则死锁检测的频率也应很高，否则影响系统资源的利用率，也可能使更多的进程陷入死锁。当然，死锁检测会增加系统开销。

通常，可在如下时刻进行死锁检测：进程等待时检测，定时检测或系统利用率降低时检测。

4) 死锁解除

死锁解除与死锁检测配套使用，通常有以下做法：

(1) 撤消处于死锁状态的进程并收回它们的资源。具体地说，选择占用资源多的进程作为撤消对象或者选择撤消代价最小的那个进程。如果撤消一个进程不足以解除死锁，则继续再选另一个撤消对象，直到解除死锁。

(2) 资源剥夺方法。即从死锁进程中选一个进程，剥夺它的资源(一个或多个资源)但不撤消它，把这些资源分配给别的死锁进程，反复做这一工作直到死锁解除。由于进程未被撤消，解除死锁的代价比较小。

(3) 进程回退。即让一个或多个进程回退到足以解除死锁的地步。它比资源剥夺法温和，因为进程回退时是自愿释放资源而不是被剥夺资源。回退方法要求系统保持更多的有关进程运行的历史信息。

应当指出，死锁解除的代价是不小的。例如，进程回退时要收回它已发出的消息，但消除该消息产生的影响几乎是不可能的。

5.3 存 储 管 理

存储管理是操作系统的重要组成部分，它负责存储器的管理。存储管理主要是指对内存空间的管理(外存管理见文件系统)。内存空间一般分为两部分：系统区和用户区。系统区存放操作系统、一些标准子程序、例行程序和系统数据等；用户区存放用户的程序和数据等。存储管理主要是对内存中用户区进行管理。

5.3.1 存储管理的功能

存储管理的主要目的是既要有利于内存的充分利用，又要方便用户的使用。从这个目标出发，存储管理程序应有如下一些功能。

1. 存储空间的分配与回收

任何进程要在 CPU 上执行，都必须首先装入内存，需要一定数量的存储单元用以存放程序和数据。因此，存储管理程序应采用一定的方法，把内存划分为若干部分，在收到请求后，为进程分配内存空间。进程运行结束时，存储管理程序应将其所占用的内存空间收回。

存储管理设置一张表格记录内存的使用情况，即哪些区域尚未分配，哪些区域已经分配以及分配给哪些进程等。系统根据申请者的要求并按一定策略分析内存空间的使用情况，找出足够的空间分配给申请者，并修改表格的有关项。若不能满足申请要求，则让申请者处于等待内存资源的状态，直到有足够的内存空间时再实施分配。当内存中某进程撤离或主动归还内存时，存储管理要进行一系列操作回收内存空间，使之成为可供分配的空闲区域(也叫自由区)，然后修改表格的有关项。

2. 存储保护与共享

存储共享是指两个或多个进程共用内存中相同的区域，其目的是节省内存空间，实现进程间通信，提高内存空间的利用效率。存储共享的内容可以是程序的代码，也可以是数据，如果是代码共享，则共享的代码必须是纯代码，或称"可再入代码"，即它在运行过程中不修改自身。

由于各个用户程序和操作系统同在内存，因而一方面要求各用户程序之间不能互相干扰，另一方面用户程序也不能破坏操作系统的信息。因此，为使系统正常运行，必须对内存中的程序和数据进行保护。

1) 防止地址越界

每个进程都具有其相对独立的进程空间，如果进程在运行时所产生的地址超出其地址空间，则发生地址越界。地址越界可能侵犯其它进程的空间，影响其它进程的正常运行；也可能侵犯操作系统空间，导致系统混乱。因此，对进程所产生的地址必须加以检查，发生越界时产生中断，由操作系统进行相应处理。

2) 防止操作越权

对于允许多个进程共享的公共区域，每个进程都有自己的访问权限。例如，有些进程可以执行写操作，而其它进程只能执行读操作等。因此，必须对公共区域的访问加以限制和检查。

存储保护一般以硬件保护机制为主，软件为辅，因为完全用软件实现系统开销太大，速度成倍降低。当发生越界或非法操作时，硬件保护机制产生中断，进入操作系统处理。

3．地址重定位(地址映射)

由于用户在编写程序时并不知道自己的程序会在内存的什么位置，因此在实际运行用户程序时，必须要将用户程序中的有效地址实际映射到内存的某个存储区的某个单元，这件工作虽然主要由装配程序或硬件映射机构来实现，但作为系统中的存储管理程序也要提供相应的软件支持。

1) 实存储器和虚存储器

实存储器是计算机系统中配置的实际物理存储器，通常有 3 类：

(1) 内存储器，又称主存储器。它接收数据和保存数据，而且能根据命令直接存取数据。

(2) 外存储器，也称辅助存储器。它是为了弥补内存容量不足而使用的存储空间，通常采用大容量的磁盘。

(3) 高速缓存。它是处于内存和 CPU 之间的高速小容量存储器。

虚存储器有两层含义，一是指用户程序的逻辑地址构成的地址空间；二是指当内存容量不满足用户要求时，采用一种将内存空间与外存空间有机地结合在一起，利用内外存自动调度的方法构成的一个大的存储器，从而给用户程序提供更大的访问空间。

2) 逻辑地址和物理地址

用户程序经过编译或汇编形成的目标代码，通常采用相对地址形式，其首地址为零，其余指令中的地址都是相对首地址而定的。这个相对地址就称为逻辑地址或虚拟地址。逻辑地址不是内存中的物理地址，不能根据逻辑地址到内存中存取信息。

物理地址是内存中各存储单元的编号，即存储单元的真实地址，它是可识别、可寻址并实际存在的。

3) 地址映射

为了保证 CPU 执行程序指令时能正确访问存储单元，需要将用户程序中的逻辑地址转换为运行时可由机器直接寻址的物理地址，这一过程称为地址映射或地址重定位。

地址映射又可分成两类：

(1) 静态地址映射。在用户程序被装入到内存的过程中实现逻辑地址到物理地址的转换，以后在程序运行时不再改变，又称静态重定位。

(2) 动态地址映射。当执行程序过程中要访问指令或数据时，才进行地址变换，又称动态重定位。动态重定位需要依靠硬件地址映射机制完成。

4．存储器的扩充

由于多道程序的引入，使内存资源更为紧张，为了使用户在编制程序时不受内存容量的限制，可以在硬件支持下，将外存作为主存的扩充部分供用户程序使用，这就是内存扩充。内存扩充可以使用户程序得到比实际内存容量大得多的"内存"空间，从而极大地方便了用户。

采用内存扩充技术，由操作系统处理内存与外存的关系，统一管理内外存，向用户提供一个容量相当大的虚拟存储空间，这就是虚拟存储技术。

为了实现以上这些存储管理的功能，有很多存储管理的方式，本节主要讨论几种常用的管理方式。

5.3.2 分区存储管理

分区存储管理是满足多道程序运行的最简单的存储管理方案，这种管理方法特别适用于小型机、微型机上的多道程序系统。其基本思想是将内存划分成若干个连续区域，称为分区，在每个分区中装入一个运行作业，用硬件措施保证各个作业互不干扰。分区的划分方式有固定分区方式，可变分区方式以及可重定位分区方式。

1. 固定分区方式

也称静态分区，是事先将可分配的内存空间划分成若干个固定大小的连续区域，每个区域大小可以相同，也可以不同。当某一作业要调入内存时，存储管理程序根据它的大小，找出一个适当的分区分配给它。如果当时没有足够大的分区能容纳该作业时，则通知作业调度程序挑选另一作业。为了说明各分区的分配和使用情况，在内存中设置了一张分区说明表，如图 5-8 所示。

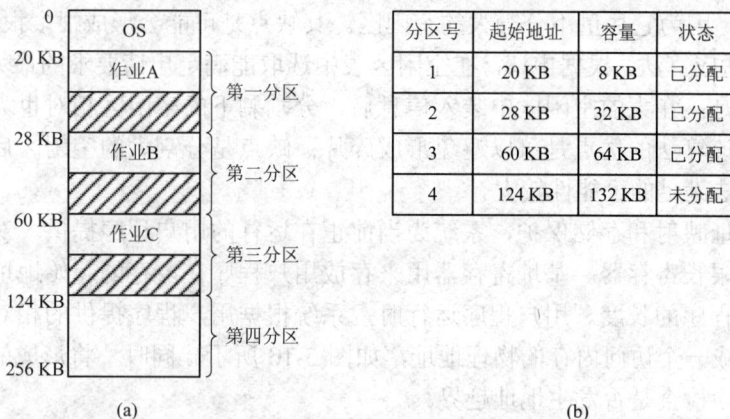

分区号	起始地址	容量	状态
1	20 KB	8 KB	已分配
2	28 KB	32 KB	已分配
3	60 KB	64 KB	已分配
4	124 KB	132 KB	未分配

图 5-8 固定分区与分区说明表

(a) 固定分区；(b) 分区说明表

固定分区方式虽然简单，但由于一个作业的大小，不可能刚好等于某个分区的大小，故内存利用率不高。每个分区剩余的空白空间，称为"碎片"。

2. 可变分区方式

也称动态分区，这种方式是在作业将要装入内存时，按作业的大小来划分分区。即根据作业需要的内存量查看内存是否有足够大的内存空闲区；若有，则按需要建立一个分区分配给该作业；若无，则令该作业等待。由于分区的大小是按装入作业的实际需要量来定的，所以克服了固定分区的缺点，提高了内存的利用率。

随着作业的装入和撤离，内存中分区的数目和大小将不断地发生变化。为了方便内存的分配和回收，可以设置两张分区说明表，一张用于记录已分配的区域情况，另一张用于记录空闲区域的情况(称为空闲区表)，如图 5-9 所示。进行内存分配时，系统首先查找空闲区表，找到一个空闲区，并根据用户进程对内存申请长度，将该空闲区分割成两部分：一部分的长度与所申请长度相同，将其分配给申请进程；另一部分的长度为原长度与分配长度之差，仍记入空闲区表中，同时调整表中相应的起始地址等信息。

0	
20 KB	OS
28 KB	作业1(8 KB)
44 KB	作业2(16 KB)
108 KB	(64 KB)
232 KB	作业3(124 KB)
256 KB	(24 KB)

(a)

作业号	起始地址	容量	状态
1	20 KB	8 KB	已分配
2	28 KB	16 KB	已分配
3	108 KB	124 KB	已分配
			空

(b)

序号	起始地址	容量	状态
1	44 KB	64 KB	未分配
2	232 KB	24 KB	未分配
			空
			空

(c)

图 5-9　可变分区及其分配表

(a) 可变分区；(b) 已分配区域说明表；(c) 空闲区表

系统在寻找空闲区时可采用以下 3 种分配算法：

(1) 最先适应算法。根据申请，在空闲区表中选取第一个满足申请长度的空闲区。此算法简单，可以快速做出分配决定。

(2) 最佳适应算法。根据申请，在空闲区表中选择能满足申请长度的最小空闲区。此算法最节约空间，因为它尽量不分割大的空闲区。其缺点是可能会形成很多很小的空闲区域。

(3) 最坏适应算法。根据申请，在空闲区表中选取能满足申请要求的最大的空闲区。此算法的出发点是：在大的空闲区中装入信息后，分割剩下的空闲区相对也大，还能用于装入新的信息。该算法的优点是可以避免形成碎片；缺点是分割大的空闲区后，再遇到较大的申请时，无法满足的可能性较大。

为实现地址映射和存储保护，系统为当前正在运行的用户程序提供一对硬件寄存器：基址寄存器和限长寄存器。基址寄存器用来存放用户程序在内存的起始地址，限长寄存器用来存放用户程序的长度。用户程序运行时，系统根据用户程序提供的相对地址和基址寄存器内容，形成一个访问内存的物理地址，如图 5-10 所示。同时，将形成的地址与限长寄存器进行比较，检查是否发生地址越界。

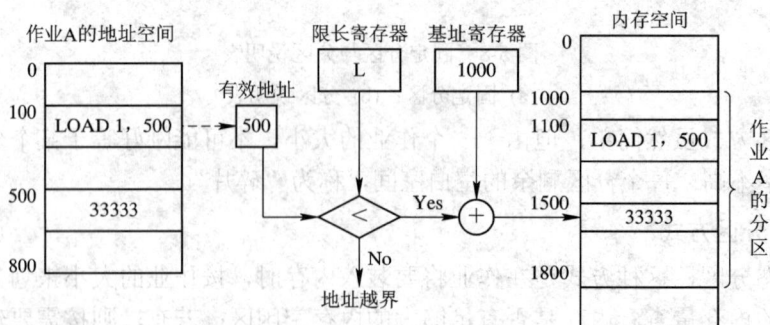

图 5-10　动态地址映射与存储保护

3. 可重定位分区方式

正如前面所讲到的，可变分区与固定分区方式相比，内存空间利用率要高些。但是，总会存在着一些分散的较小的空闲区，即内存碎片，它们存在于已分配区之间，不能充分利用。解决这些"碎片"问题的最简单方法就是在适当时候，移动内存中的某些已分配区，从而把所有的空闲区合并为一个较大的连续区域，这种技术称为"拼接"。拼接后，作业在内存中已移动了位置，为保证作业在新的位置上仍能正确地执行，可采用动态重定位技术，故把这种方式称为可重定位分区方式。这种方式的内存利用率虽然比前两种方式高，但拼接要消耗较多的 CPU 时间。

4．覆盖技术

当用户作业大于主存空间时，该作业无法运行，尤其是在多道作业系统中，大程序的研制受到限制。为了在小空间中运行大的作业，许多操作系统采用了覆盖技术。覆盖技术是解决内存不足的一种方法，但它要求用户提供覆盖结构，给用户使用机器带来很多不便。

要进行覆盖技术的作业按树形结构分成几层，根部为常驻内存部分，其余部分均为可覆盖部分，同一层上的模块在逻辑上是互相独立的，即在同一时间只有其中一个模块被调用，其它模块可以覆盖。覆盖技术常和单用户连续分配、固定和可变分区分配等存储管理技术配合使用，广泛用于小型、微型机系统中。

将内存划分为若干个分区是为了满足多道程序设计的需求。如果是单道系统，则对内存的用户区不必再划分，这就是单一连续区存储管理方案。一些单用户单任务的微型计算机系统，就是采用了单一连续区存储管理方案。

5.3.3 页式存储管理

在分区管理时，一道作业要占用内存的一个或几个连续的分区。因此当内存的连续空闲区域不够存放一道作业时，就得大量移动已在内存中的信息。这不仅不方便，而且大大增加了系统的开销。为了克服上述管理的不足，1961 年曼彻斯特大学的 Arlas 研究小组在 Atlas 计算机上首先采用了分页存储管理技术。

1．基本原理

分页存储管理的基本原理是把内存划分成若干相同大小的存储区域，每个区域称为一个"块"；把用户作业地址空间也按同样大小分成若干"页"；系统以块为单位把内存分配给各作业的各个页，每个作业占有的内存块无需连续。

内存块有时也称为物理页面，所有的内存块从 0 开始编号，称做内存块号，每个内存块内亦从 0 开始依次编址，称为块内地址或块内位移量。每个用户作业的各个逻辑页面也从 0 开始编号，称做逻辑页号或页号；每个逻辑页面内也从 0 开始依次编址，称为页内地址或页内位移量。用户作业的逻辑地址由页号和页内地址两部分组成：

页号 P	页内地址 D

页面大小的选择直接影响地址转换和页式存储管理的性能。如果页面太大，以至于和作业地址空间相差无几，这种方法就变成了可重定位分区方法的翻版；反之，如果页面太小，则增加了系统的开销。页面大小一般取 2 的整数次幂，这样系统就可将地址的高位部分定义成页号，低位部分定义成页内地址。对用户作业地址空间的分页是系统自动进行的，即对用户是透明的。

2. 实现方法

在分页系统中，为了保证在连续的逻辑地址空间中的作业能在不连续的物理地址下正确运行，系统为每个程序作业建立一个地址变换表，简称页表。页表中的每一个表项由两部分组成：页号和该页所对应的物理块号。程序作业的地址空间有多少页，它的页表中就登记多少行，且按逻辑页的顺序排列。页表存放在内存系统区内。

页式存储管理的地址映射如图 5-11 所示。当 CPU 访问某一逻辑地址时，硬件自动把页号与页表长度进行比较，如果合法才进行地址转换，否则产生越界中断。

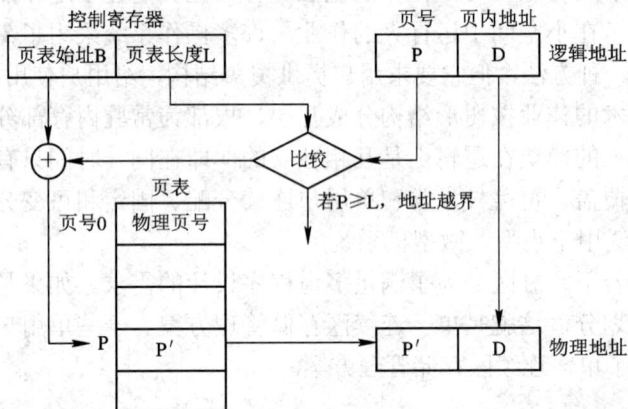

图 5-11　页式存储管理的地址映射

例如，设程序的逻辑地址空间划分为 1024 字节大小的若干页，一个程序作业占用 3 页，由管理程序将其分别分配给主存空间的第 2、第 3 和第 8 块。程序作业的具体任务是从逻辑地址为 2500 处取得一个数据。图 5-12 给出了该例逻辑空间与主存空间的对应关系。

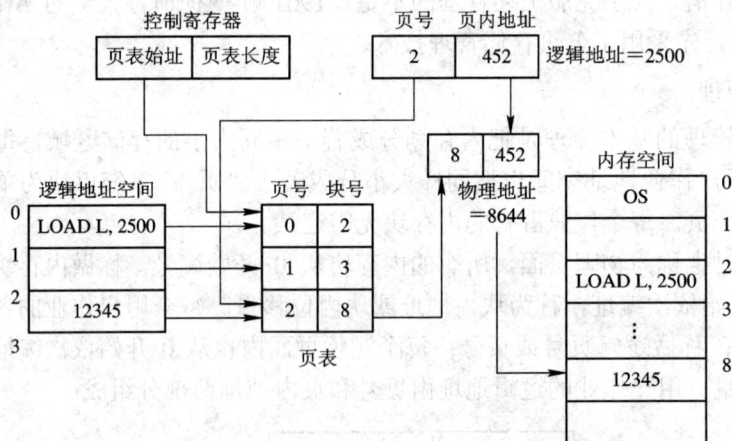

图 5-12　逻辑地址、主存空间及页表关系

图中各部分的具体关系是这样的：当主存管理程序调度到用户作业时，首先为它建立一个页表，并把页表的起始地址和长度装入一个控制寄存器中。假设用户的作业中包含一条从主存读取数据的指令 LOAD L, 2500，系统自动把地址码 2500 转换成两部分，即 $2500 = 2 \times 1024 + 452$，其中 2 为页号，1024 是页的大小，452 是页内偏移量。产生物理地址时，系统通过控制寄存器确定页表的起始位置，然后找到页表中页号为 2 的表项，由此知对应的

主存块号为 8。系统把块号 8 与页内偏移量拼接在一起，就得到了 8644 这一物理地址，也就是 12345 这一数据在主存中的实际存放位置。

3. 快表

从地址映射过程中可以看出，共需两次访问内存。第一次访问页表，得到数据的物理地址，第二次才是存取数据，显然增加了访问时间。为了提高存取速度，通常在 CPU 和主存之间增设高速小型的联想寄存器组，称之为"快表"。快表中存放现行进程页表中最近常用的部分表项，随着进程的推进，快表内容动态更新。

当某一用户程序需要存取数据时，根据该数据所在页号在快表中找出对应的物理块号，然后拼接页内地址，以形成物理地址；如果在快表中没有相应的页号，则地址映射仍然通过内存中的页表进行，得到物理块号后须将该物理块号填到快表的空闲单元中，若无空闲单元，则根据淘汰算法淘汰一行后填入。实际上查找快表和查找内存页表是并行进行的，一旦发现快表中有与所查页号一致的页号就停止查找内存页表。

页表管理也给信息共享提供了条件。通过为多个用户作业设置不同页表的方式，可以使它们共用主存中的同一批信息。但实现共享必须提供对信息的安全保护，为此，可在页表中增加一些控制信息，如增加标明读写权限的特征位，或为每个作业设置保护字，通过保护字的动态比较，判断操作的合法性。

5.3.4　段式存储管理

在页式存储管理方案中，为作业分配的主存空间地址可以是不连续的，但作业的逻辑空间地址仍然要求是连续的。而在实际中，一个用户的程序往往是由若干功能相对独立的模块组成的，如主程序模块、子程序模块、数据块等。我们把各种相对独立的程序和数据模块称为段。每个段都具有完整的逻辑意义。段式存储管理就是以段作为基本单位的主存管理方法。

1. 基本原理

在段式存储管理下，每个用户程序可由若干段组成，每段可以对应于一个过程、一个程序模块或一个数据集合，段间的地址可以是不连续的，但每一段内的地址是连续的。将一个用户程序的所有逻辑段从 0 开始编号，称为段号，每一段内的所有单元从 0 开始编址，称为段内地址。用户程序地址空间的每一个单元都用二维地址表示，即逻辑地址由段号和段内地址两部分组成：

段号 S	段内地址 D

系统以段为单位进行内存分配，为每一个逻辑段分配一块连续的内存区域，逻辑上连续的段在内存中不一定连续存放。

2. 实现方法

为了实现逻辑地址到物理地址的变换，系统为每个用户程序建立一张段表，记录各段的段号、段长以及内存起始地址等内容。用户程序有多少逻辑段，该段表里就登记多少行，且按逻辑段的顺序排列。段表存放在内存系统区里。

段式存储管理的地址映射如图 5-13 所示。当 CPU 访问某一逻辑地址时,硬件自动把段号与段表长度进行比较,还要将段内地址与段表内该段长度进行比较,如果合法才进行地址转换,否则产生越界中断。为了加快地址映射速度,亦可以采用快表技术。

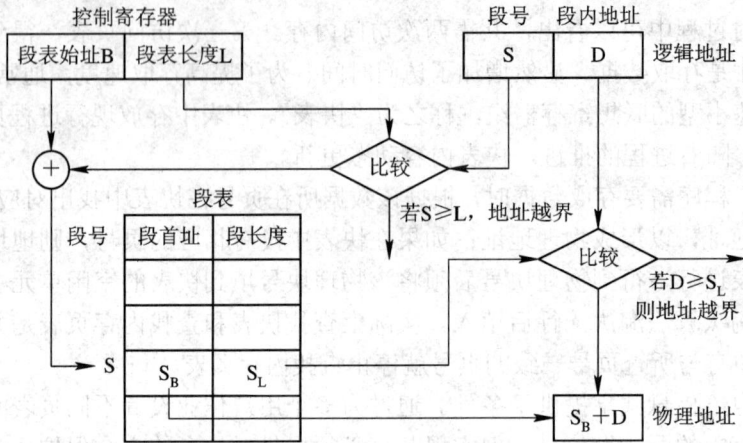

图 5-13 段式存储管理的地址映射

从实现技术上看,段式管理与页式管理很相似,但在概念上二者有本质上的不同。段是用户可知的逻辑单位,它由用户在程序设计时确定,而页是用户不可知的物理单位,页的大小由操作系统事先确定。

3. 段的动态链接和装配

用户设计的一个大型程序可能包含若干段,在实际运行时,需要把这些段装配链接形成一个整体。一种方法是在每次运行前,一次性的将所有段链接好,这种方法称为段的静态链接。采用静态链接要求把所有的程序段,无论在运行中是否被调用,统统装入主存中,这将消耗大量机时和空间,显然是不合理的,因此,为了提高主存利用率,引进动态链接。所谓动态链接,是指在一个程序开始运行时,只将主程序装配好并调入内存,在程序运行过程中若要访问一个新的模块时,再装配此模块,并与主程序链接起来。

4. 段的共享与保护

段式存储管理可以方便地实现内存信息的共享并进行有效的内存保护。这是因为段是按逻辑意义来划分的,可以按段名访问的缘故。

1) 段的共享

如果多个用户进程或作业需要共享某段程序或数据,可以使用不同的段名,在各自的段表中填入已在内存中的共享段的起始地址,并设置适当的读写控制权,就可以做到共享一个内存段的信息。

另外,也存在多次重复执行某段程序的情况,即某个进程在未执行完该段程序前,其它并发进程又开始执行该程序,这就要求该段程序在执行中,其指令和数据不能被修改。另外,段表中还应设有相应的共享位用来判别该段程序是否正被某个进程调用。显然一个正在被某个进程使用或即将被某个进程使用的共享段是不应该被调出内存的。

2) 段的保护

在多道程序的情况下,为了保证段的共享并使程序顺利执行,必须实行对段的保护,一般有以下措施：

(1) 利用段表及段长来实现段的保护，防止程序执行时地址越界。

(2) 存取权限保护法。在段表中设有"存取权限"一项，可对程序的访问权限进行各种必要的限制。

(3) 存储保护键保护。由于 I/O 通道对存储器访问是不经过段表的，因此有的机器还采用存储保护键保护。

5.3.5 段页式存储管理

前面所介绍的页式和段式存储管理方式都各有其优缺点。页式系统能有效地提高内存利用率，而段式系统则能很好地满足用户需求。如果对两种存储管理方式"各取所长"后，则可以形成一种新的存储管理方式。这种新系统既具有分段系统便于实现、分段可共享、易于保护、可动态链接等一系列优点，又能像分页系统那样很好地解决内存的外部碎片问题，以及为各个分段可离散地分配内存等问题。这种结合段式管理及页式管理优点的存储管理方式称为段页式存储管理。

1. 基本原理

段页式系统的基本原理是段式和页式原理的结合，即先将用户程序分为若干个段，再把每个段划分成若干页；内存空间采用页式方法来分配和管理，即把内存空间划分为若干个与页大小相等的块。内存空间是以页为基本单位分配给每个用户程序的，在逻辑上相邻的页面，在内存中不一定相邻。图 5-14 是段页式系统中的一个作业地址空间示意图。在段页式系统中，其有效地址结构由段号、段内页号及页内地址三部分组成，如图 5-15 所示。

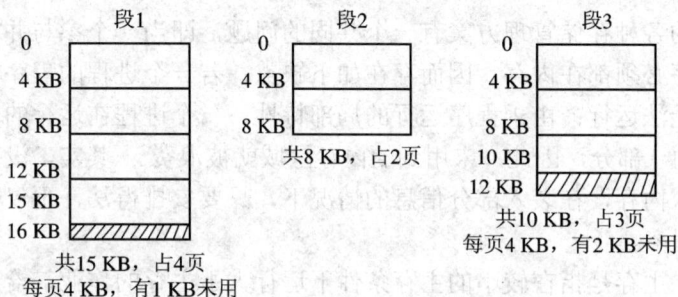

图 5-14 段页式系统的作业地址空间

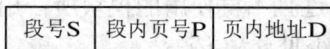

图 5-15 段页式系统的有效地址结构

2. 实现方法

在段页式系统中，为了实现逻辑地址到物理地址的变换，系统为每个用户程序建立一张段表，用于记录各段的段号、页表起始地址和页表长度；为用户程序中的每一段各建立一张页表，用于记录该段中各页与物理块号之间的对应关系。

段页式存储管理的地址映射如图 5-16 所示。为了加快地址映射速度，亦可以采用快表技术，快表中保存正在运行进程的段表和页表的部分表项。

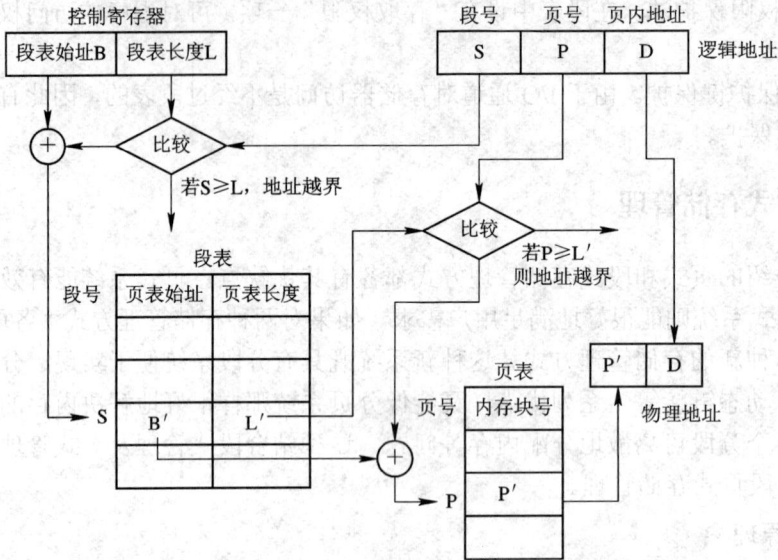

图 5-16　段页式存储管理的地址映射

段页式系统综合了段式和页式各自的优点。其缺点是增加了硬件成本，并且软件也变得复杂，占用了不少处理机时间。此外，段表、页表和页内零头仍占用了不少存储空间。

5.3.6　虚拟存储管理

前几节介绍的各种存储管理方案有一个共同的问题，即当一个参与并发执行的进程运行时，其整个程序必须都在内存，因而存在如下缺点：若一个进程的程序比内存可用空间还大，则该程序无法运行；由于程序运行的局部特性，一个进程在运行的任一阶段只需使用所占存储空间的一部分，因此，未用到的内存区域就被浪费。其实，没有必要把进程空间的全部信息装入内存，在装入部分信息的情况下，只要安排得法，不仅可以运行，而且能够提高主存利用率。

所谓"扩充"主存是指在较小的主存条件下运行大于主存的作业，给用户造成主存很大的假象。有两种方法能扩充主存：覆盖技术和虚拟存储技术。覆盖技术要求给出不同时段上运行部分程序模块的详细说明(覆盖说明)，操作系统根据覆盖说明，把后继时段中的程序模块覆盖在前一时段中已运行过且不再使用的模块所占用的主存区域。因为提供覆盖说明的难度不亚于编程，所以眼下少见这种方法。

引进虚拟存储技术，其基本思想是利用大容量的外存来扩充内存，产生一个比有限的实际内存空间大得多的、逻辑的虚拟内存空间，以便能够有效地支持多道程序系统的实现和满足大型作业运行的需要，从而增强系统的处理能力。

1. 虚拟存储器

1) 局部性原理

虚拟存储管理的效率与程序局部性程度有很大关系。早在 1968 年 P.Denning 就指出，程序在执行时将呈现出局部性规律,据统计,在一段时间内,其程序执行往往呈现高度的局部性,包括时间局部性和空间局部性。

时间局部性是指若一条指令被执行,则在不久的将来,它可能再被执行。空间局部性是指一旦一个存储单元被访问,那么它附近的单元也将很快被访问。

众所周知,进程的某些程序段在进程整个运行期间,可能根本不使用(如出错处理等),因而没有必要调入内存;互斥执行的程序段在进程运行时,系统只执行其中一段,因而没必要同时驻留内存;在进程的一次运行中,有些程序段执行完毕,从某一时刻起不再使用,因而没必要再占用内存区域。根据以上分析可以看出,程序局部性原理是虚拟存储技术引入的前提。

2) 虚拟存储器的定义

基于局部性原理,一个作业在运行之前,没有必要全部装入内存,而仅将当前要运行的那部分页面或段装入内存,其余部分暂时留在磁盘上,作业便可运行。程序在运行时如果所访问的页(段)已调入内存,便可继续运行下去;但如果所访问的页(段)尚未调入内存(称为缺页或缺段),此时应利用 OS 所提供的请求调页(段)功能,将它们调入内存,以使进程能继续执行下去。如果此时内存已满,无法再装入新的页(段),则还须再利用页(段)的置换功能,将内存中暂时不用的页(段)调出至磁盘上,腾出足够的内存空间后,再将所要访问的页(段)调入内存,使程序继续执行下去。这样,便可使一个大的用户程序在较小的内存空间中运行;也可使内存中同时装入更多的进程并发执行。从用户角度看,该系统所具有的内存容量,将比实际内存容量大得多,这样的存储器称为虚拟存储器。

所谓虚拟存储器,是指仅把作业的一部分装入内存就可运行作业的存储器系统。该存储器系统是指具有请求调入功能和置换功能,并能从逻辑上对内存容量进行扩充。实际上,用户所看到的大容量只是一种感觉,是虚的,故而得名虚拟存储器。其逻辑容量由内存和外存容量之和所决定,其运行速度接近于内存速度。可见,虚拟存储技术是一种性能非常优越的存储器管理技术,故被广泛地应用于大、中、小型计算机系统和超级微型机中。

2. 虚拟存储器的实现

虚拟存储器的实现,毫无例外地都是建立在离散分配存储管理方式的基础上的。目前,所有的虚拟存储器都是采用下述方式之一实现的。

1) 请求页式系统

请求页式系统是在页式管理系统的基础上,增加了请求调页功能、页面置换功能所形成的页式虚拟存储系统。它允许只装入若干页(而非全部程序)的用户程序和数据,便可启动运行。以后再通过调页功能及页面置换功能,陆续地把即将要运行的页面调入内存,同时把暂不运行的页面换出到外存上,置换时以页面为单位。

为了能实现请求调页和置换功能,系统必须提供必要的硬件支持。其中,最重要的是:

① 请求分页的页表机制。它是在纯分页的页表机制上增加若干项而形成的。

② 缺页中断机构。每当用户程序要访问的页面尚未调入内存时,便产生一缺页中断,以请求 OS 将所缺的页面调入内存。

③ 地址变换机构。它同样是在纯分页的地址变换机构的基础上发展形成的。

2) 请求段式系统

请求段式系统是在段式管理系统的基础上，增加了请求调段及分段置换功能后，所形成的段式虚拟存储系统。它允许只装入若干段(而非所有段)的用户程序和数据，即可启动运行。以后再通过调段功能及段的置换功能，将暂不运行的段调出，同时调入即将运行的段，置换时以段为单位。为了实现请求分段，系统同样需要必要的硬件支持。

3) 请求段页式系统

请求段页式系统是在段页式管理系统的基础上，通过增加请求调页和页面置换功能，而形成的段页式虚拟存储系统。请求段页式系统的硬件、软件开销都比较大，由于现今硬件、软件技术都有了很大提高，承受较大的开销越来越不成为问题。

本章仅讨论请求页式存储管理系统。

3．交换技术

交换技术又称对换技术，它也是为了解决内存不够的问题提出来的，用于分时、实时及批处理系统中。在分时系统中，当某一作业运行时间到或因其它事件不能继续运行时，它不但要让出 CPU，而且还要释放其占用的内存空间，移到外存储器上，直到调度程序再次调用它时，才重新进入主存运行。在实时和批处理系统中，当高优先级的作业要求处理而没有足够的内存空间时，则强迫从主存中移出一个或多个低优先级作业到外存去，当高优先级作业完成后，再将移出的作业重新装入内存。

必须指出，实现虚拟存储技术需要有一定的硬件条件，其一要有相当量的外存；其二要有一定量的主存；其三要有地址变换机构，力求能快速进行地址转换。虚拟内存管理技术是当前操作系统采用的一种内存管理的实用技术，Microsoft 公司的 Windows 操作系统充分地使用了这一技术。

5.3.7　请求页式存储管理

请求页式存储管理是对页式管理的改进。首先，在进程开始执行前，不是装入其全部页面，而是只装入几个页面，然后，根据进程执行时的需要，动态地装入其它页面。当主存已被占满而新的页面需要装入时，则依据某种算法置换 1 个页面。按实际需要装入页面的做法可避免装入那些在进程执行中用不着的页面，比起纯粹的页式管理，无疑节省了主存空间。

1．请求页式的实现

请求页式的全部工作即空闲块分配与回收、页面的换进与换出等都是在指令执行过程中完成的，更准确地说，是在 CPU 访问主存的过程中完成的。图 5-17 是请求页式管理下指令的执行过程。

下面对图 5-17 做一些说明。CPU 给出的逻辑地址(虚地址)可能是指令本身的地址，也可能是指令中操作数的地址，按规定虚地址被分成页号和页内位移两部分。所有访问主存的指令都必须经过地址变换形成物理地址。请求页式的地址变换比页式多了一个"该页在主存吗？"的判别动作。没有这个判别，不能产生对页面的"请求"信号，更不能进入缺页中断处理的软件过程，为了说明该页在不在主存，在页表中增设一个标记位。图 5-18 是 Windows 95 的页表格式。

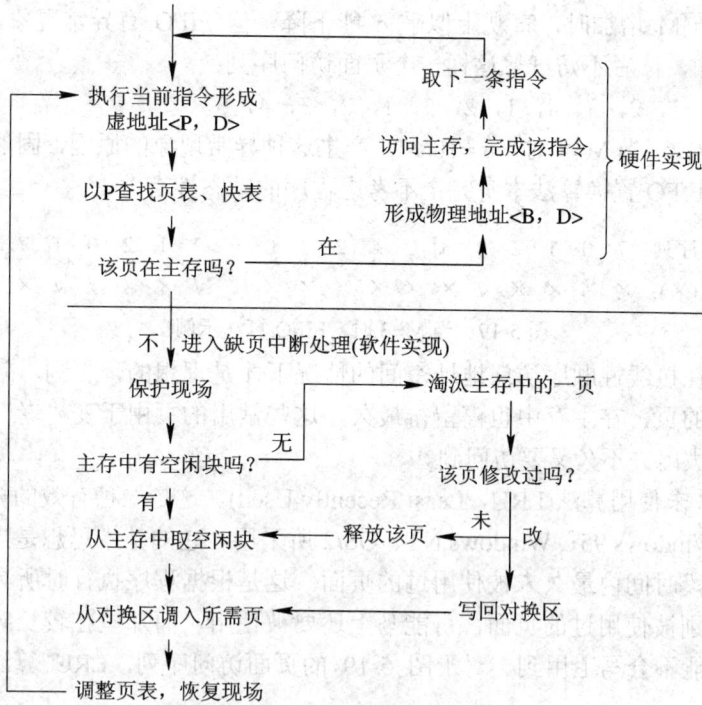

图 5-17 请求页式管理下指令的执行过程

0	1	2	3	4	5	6	7	8	9	10	11	12	31
P	R/W	U/S			A	D						12～31位为主存块号	

图 5-18 Windows 95 的页表格式

P——标记位，该页在主存为 1，否则为 0；

A——引用标记位，任何一次对该页的引用，包括读、写、执行，都置 1。若某个页的 A 位持续保持清除状态 10 s，那么表明该页在最近的 10 s 内从未被访问过，因此在决定淘汰主存中的某个页面时，它作为首选淘汰页面；

D——修改标记位，对该页内容修改时置 1，否则置 0；

R/W——权限标记位，为 0 表示该页可"只读"，拒绝写入，为 1 则允许写入；

U/S——"用户/系统"标记位，若为 0，表示该页驻留的块是操作系统自身，任何用户进程都不能访问它。违例则引起"系统受攻击"的中断。它是整个系统安全的一部分。

2．页面置换算法

在图 5-17 中，淘汰主存中的 1 个页面。目的是腾出 1 个空闲块以便存放新调入的页面。淘汰哪个页面的首要问题是决定在整个主存空间范围内还是在本进程空间范围内选择，在实际系统中这两种选择都是可行的。但为了对置换算法性能作比较准确的评估，以下限定"在本进程空间内选择"，并假定系统限定每个进程占有的最大页面数为 M。到目前为止，关于页面置换算法已经提出了很多方案，下面介绍几种常用的算法。

(1) 先进先出算法(FIFO，First In First Out)。该算法的基本思想是，总是淘汰那些驻留在主存时间最长的页面，即先进入主存的页面先被淘汰。设某进程空间分得的最大主存块数 M=3，该进程的页面访问序列如图 5-19 所示，其页面失效次数为 15，页面失效率

σ=15/20=75%。当 M 增加时，直观上似乎 σ 能下降，但 FIFO 有异常现象，即 M 增加时 σ 反而上升。例如，读者不妨试算这样一个页面访问序列：

$$1,2,3,4,1,2,5,1,2,3,4,5$$

当 M=3 时，σ=9/12，当 M=4 时，σ=10/12。产生这种异常现象的原因，固然跟页面访问序列有关，但也与 FIFO 置换算法本身完全不考虑程序的动态性有关。

页面访问序列：7 0 1 2 0 3 0 4 2 3 0 3 2 1 2 0 1 7 0 1
页面失效(×)：× × × × √ × × × × × √ √ × × √ √ × × ×

图 5-19　当 M=3 时，FIFO 算法示例

该算法只是在按线性顺序访问地址空间的情况下才是理想的，否则，效率不高。因为那些常常被访问的页，在主存中也停留得最久，这些常用的页由于变"老"不得不被淘汰出去，也许刚淘汰出去不久又要访问到。

(2) 最近最久未使用算法(LRU, Least Recently Used)。这是一种有效的算法，该算法被 UNIX 系统 V、Windows 95、Windows NT、OS/2 所采用。它的基本思想是当需要淘汰一页时，选择最近一段时间内最久未被使用过的页面。这是根据程序执行时所具有的局部性来考虑的，即那些刚被使用过的页面，可能马上还要被使用，而那些在较长时间里未被使用的页面，一般可能不会马上用到。对于图 5-19 的页面访问序列，LRU 算法的页面失效率 σ=12/20=60%。

(3) 最近未使用算法(NUR，Not Used Recently)。该算法每次淘汰最近一段时间内未引用过的页面。当某页被访问时，引用位置 1，系统周期性地对页表表目中的引用位清零。当需要淘汰时，从那些引用位为 0 的页面中任选一页淘汰。该算法实现起来比较简单。

3．性能分析

引入虚拟存储管理，把内存和外存统一管理的目的，是把那些访问频率非常高的页放入内存，减少内外存交换的次数。如果页面在内存和外存之间频繁地调度，以至于系统用于调度页面所需要的时间比进程实际运行所占用的时间还多，此时系统效率急剧下降，这种情况称发生了颠簸，又称抖动。

颠簸是由于缺页率高而引起的，影响缺页率的因素有：

(1) 分配给进程的物理页面数。一般情况下，分配给进程的物理页面数多，则缺页率就低，反之，缺页率就高。

(2) 页面大小。页面尺寸大，则页表中只需较少的表目，这样页表占用空间少且查表速度快，缺页次数也相应少些，但在页面调度时，换页时间较长，且空间浪费也可能大些(一般页内碎片平均占 1/2 页)。若页面尺寸小，则正好相反，所以页面大小要根据计算机性能及用户要求等具体情况确定。

(3) 程序本身的编制方法。

(4) 页面置换算法的选择。

一般情况下，一个进程在一段时间内会集中访问一些页面，这些页面称为"活动"页面，这是与程序局部性有关的。如果分配给一个进程的内存物理页面数太少，使得该进程所需的活动页面不能全部装入内存，则进程在运行过程中可能会频繁地发生缺页中断，从而产生颠簸。采用工作集模型，可以解决颠簸问题。

对于给定的进程页面访问序列，从时刻(t−Δ)到时刻 Δ 之间所访问页面的集合，称为该进程的工作集。其中，Δ 称为工作集窗口。工作集是随时间而变化的，如图 5-20 所示。工作集大小与窗口尺寸密切相关。

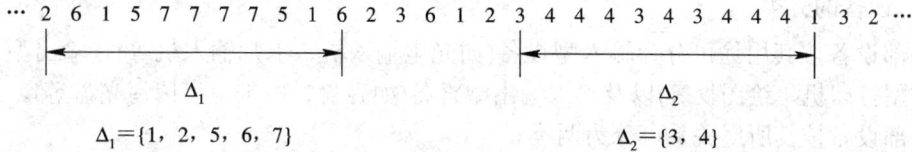

```
··· 2 6 1 5 7 7 7 7 5 1 6 2 3 6 1 2 3 4 4 4 3 4 3 4 4 4 1 3 2 ···
```

Δ_1 Δ_2

$\Delta_1 = \{1, 2, 5, 6, 7\}$ $\Delta_2 = \{3, 4\}$

图 5-20　工作集随时间而变化

由模拟实验知道，任何程序对内存都有一个临界值要求，当分配给进程的物理页面数小于这个临界值时，缺页率上升；当分配给进程的物理页面数大于该临界值时，再增加物理页面数也不能显著减少缺页次数。因此，希望分配给进程的物理页面数与当前工作集大小一致。

在实现时，操作系统为每一个进程保持一个工作集，并为该进程提供与工作集大小相等的物理页面数，这一过程可动态调整。统计工作集大小一般由硬件完成，系统开销较大。

系统也可规定缺页率的上界和下界。当运行进程缺页率高于上界时，表明分给它的物理页面数过少，应当增加；反之，当运行进程缺页率低于下界时，表明分给它的物理页面数过多，可以减少。这样，根据缺页率反馈可动态调整物理页面的分配，以防止颠簸的发生。

5.4　设 备 管 理

本节讨论操作系统的设备管理。这里所说的"设备"是指计算机系统中除中央处理机和主存储器以外的所有设备，这些设备通常称为外部设备或 I/O 设备。现代计算机系统的外部设备种类繁多，一台计算机可以配置多类外设，每类设备可能不止一台，而各类设备的物理特性、使用特点和运行速度相差极大，与主机的速度也不匹配，这就为设备管理带来了不少困难。现代操作系统充分考虑了上述特点，从用户的角度出发，在设备管理中引入了一些新技术，如 Windows 95 中的"即插即用"(Plug and play)是一项很重要的技术，一旦系统加电运行，即插即用子系统可自动管理所有硬件设备的更改。

5.4.1　设备管理概述

1. 设备管理的任务和功能

(1) 设备管理的基本任务是：

① 向用户提供使用外部设备的统一的接口，按照用户的要求和设备的类型，控制设备进行工作，完成用户的 I/O 请求。

② 在多道程序环境下，当多个进程竞争使用设备时，按照一定的策略分配和管理设备，以使系统能有条不紊地工作。

③ 充分利用中断技术、通道技术和缓冲技术，提高 CPU 与设备、设备与设备之间的并行工作能力，以充分利用设备资源，提高外部设备的使用效率。

(2) 设备管理的功能。

为实现上述任务，设备管理应具有如下功能：设备的分配与回收；管理 I/O 缓冲区；设备驱动，实现 I/O 操作；外部设备中断处理，虚拟设备及其实现。

2. 设备的分类

外部设备按其用途可分为输入型设备(如光电输入机、卡片输入机等)、输出型设备(如各种类型打印机、绘图仪等)以及输入输出型设备(如磁盘、磁带、可读写光盘等)。

外部设备按其所属关系可分为两类。

(1) 系统设备。即在系统生成时已登记在系统中的标准设备。如输入机、打印机、终端、磁盘等。

(2) 用户设备。即在系统生成时未登记在系统中的非标准设备。通常这类设备是由用户提供的，因此该类设备的处理程序也应由用户提供，并通过适当的手段把这些设备介绍给系统，以便系统能对它们实施统一的管理。如扫描仪、绘图仪等。

从资源分配角度来看，外部设备又可分为三类。

(1) 独占设备。对这类设备来说，在一段时间内最多只能有一个进程占有并使用它。该类设备一经分配给某一进程，就在该进程的运行过程中为其独占，而其它进程只有等该设备被释放后才能使用。例如当某一进程正在使用某打印机时，其它进程就不能使用该打印机，否则将会得到混乱的输出结果。低速 I/O 设备一般是独占设备，如打印机、终端等。

(2) 共享设备。允许多个进程同时共享的设备，即多个进程的 I/O 传输可以交叉。例如，多个进程可以交替地从磁盘上读取信息，所以磁盘是共享设备。应当指出，磁带机是不适于共享的。

(3) 虚拟设备。通过 Spooling 假脱机技术把原独占设备改造成能为若干用户共享的设备，即把一台设备变成多台虚拟设备，从而提高设备的利用率。

3. 通道技术

所谓通道，实际上是可以控制一台或多台外设与主机并行工作的一种硬件。当主机要启动外围设备时，只要将启动信号以及一些必要的参数信息(例如传输的字节数、需要传输的数据起始地址等)送给通道就可以独立地完成输入输出任务，而主机就不再干预了，实现了主机和通道的并行操作。

在具有通道结构的计算机系统中，内存、通道、控制器和设备之间的连接关系有多种，常用的一种如图 5-21 所示。

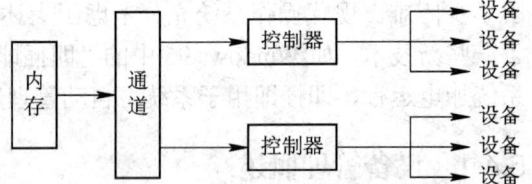

图 5-21　内存、通道、控制器、
设备之间的连接

通常，一个 CPU 可以连接若干个通道，一个通道可以连接若干个控制器，一个控制器可以连接若干个设备。CPU 执行 I/O 指令对通道实施控制，通道执行通道命令对控制器实施控制，控制器发出动作序列对设备实施控制，设备执行相应的输入输出操作。

采用输入输出通道技术后，输入输出操作过程如下：CPU 在执行用户程序时如遇到输入输出请求，由它用 I/O 指令启动指定通道上选定的外围设备，一旦启动成功，通道开始控制外围设备进行操作。这时 CPU 就可执行其它任务与通道并行工作，直到输入输出操作完成。通道发出操作结束中断时，CPU 才停止当前工作，转向处理输入输出操作结束事件。CPU 与通道并行工作的结果，提高了系统的利用率。

4．缓冲技术

提高 CPU 与外设的并行程度的另一项技术措施是缓冲技术。由于 CPU 与外设运行速度不匹配，在外设中，也存在通道的个数与设备个数不匹配的问题。于是当 CPU 与 I/O 设备之间进行数据通信时，就会产生"瓶颈"现象，使并行处理受到限制。为此，人们提出了缓冲技术来匹配 CPU 与设备的速度差异和系统负荷的不均匀，从而提高 CPU 与外设的并行程度。

缓冲技术就是在内存中开辟一个或多个缓冲区，缓冲区的大小可以按实际应用的需要来确定，常用的缓冲技术有三种：双缓冲技术、环形缓冲技术和缓冲池。

(1) 双缓冲技术。双缓冲技术是最简单的一种缓冲技术，对低频度活动的 I/O 系统较为合适。在这种方案下，分别为输入和输出设置两个缓冲区 buf1 和 buf2。读入数据时，输入设备向 buf1 填数据，进程从 buf1 提取数据的同时，输入设备向 buf2 中填数据。当 buf1 取空时，进程又从 buf2 中提取数据，与此同时输入设备向 buf1 中填数据。如此交替使用两个缓冲区，使 CPU 和设备的并行操作的程度进一步提高。

(2) 环形缓冲技术。环形缓冲技术是在主存中分配一组大小相等的存储区作为缓冲区，并将这些缓冲区链接起来，形成一个循环队列。当 CPU 将数据写入缓冲区时，相当于在循环队列中加入了一个元素；当 CPU 从缓冲区取走一个数据时，相当于在循环队列中删除了一个元素。

(3) 缓冲池。缓冲池由内存中一组大小相等的缓冲区组成，池中各缓冲区的大小与 I/O 设备的基本信息单位相似，缓冲池属系统资源，由系统进行管理。缓冲池中各缓冲区可用于输出信息，也可用于输入信息，并可根据需要组成各种缓冲区队列。缓冲池中有 3 种类型的缓冲区：

① 输入缓冲区；

② 输出缓冲区；

③ 空白缓冲区。

它们都通过链接指针分别链成三个队列，即输入队列、输出队列和空白队列。

当输入设备通过通道要求输入数据时，系统从空白队列中取出一缓冲区，收容输入数据，并将它挂在输入队列末尾。

当进程要求输出数据时，系统从空白队列中取出一缓冲区，收容输出数据，并将它挂在输出队列末尾。

当进程取完输入数据，或外设处理完输出数据时，就将这部分数据缓冲区挂到空白队列末尾。

5.4.2　I/O 控制方式

处理机与外部设备之间的通信，即输入输出。按照不同的硬件条件，可以采取如下一些不同的控制方式。

1．循环测试 I/O 方式

循环测试 I/O 方式是一种利用程序直接控制 I/O 操作的方式。这种方式的实现最为简单，可以不要任何附加的硬件支持，只要求设置一个设备的忙闲状态位。处理机利用 I/O 测试指令测试设备的忙闲，若设备不忙，则执行输入或输出指令；若设备忙，则 I/O 测试指令不断对该设备进行测试，直到设备空闲为止。这种方式使 CPU 花费大量时间循环测试 I/O，造成极大的浪费。

2．中断方式

计算机中断技术及中断处理机构的引入，使得 CPU 与外围设备的工作有了相对独立性。当一个设备处于工作状态时，CPU 可以继续处理其它的任务，而无须等待。每当设备完成 I/O 操作，便以中断请求方式通知 CPU，CPU 接收到中断信号后，暂停正在处理的任务，进行相应的处理，完后又可返回继续处理被暂停的任务。在这种方式下，仅当 I/O 操作正常或异常结束时才中断 CPU，从而实现了一定程度的并行操作，但由于 CPU 直接控制 I/O 操作，每传送一个单位的信息，都要发生一次中断，因而仍然消耗大量 CPU 时间。

3．直接内存存取(DMA)方式

DMA(Direct Memory Access)方式用于高速外部设备与内存之间批量数据的传输。它是在硬件的支持下，使用一个专门的 DMA 控制器，通过占用总线控制权，由 DMA 控制器发送控制信号来完成内存与设备之间的直接数据传送，而不用 CPU 干预。当本次 DMA 传送的数据全部完成后，才产生中断，请求 CPU 进行结束处理。磁盘设备与主机交换信息主要采用这种方法。

4．通道方式

前面已经介绍了通道技术。通道的出现是现代计算机系统功能不断完善，性能不断提高的结果，是计算机技术的一个重要进步。

通道是指具有独立输入输出功能的处理装置，或者说是专门负责输入输出任务的专用机，功能更强更为完整的通道本身就是一台计算机。按照信息交换方式和所连接的设备种类不同，通道可以分为以下三种类型。

(1) 字节多路通道。它适用于连接打印机、终端等低速或中速的 I/O 设备。它以字节为单位传送信息，但可以分时执行多个通道程序。

(2) 选择通道。它适用于连接磁盘、磁带等高速设备。它以成组方式工作，每次传送一批数据，传送速率很高，但在一段时间内只能为一台设备服务。每当一个 I/O 操作请求完成后，再选择另一台设备为其服务。

(3) 数组多路通道。这种通道综合了字节多路通道分时工作和选择通道传输速率高的特点，适用于连接高速 I/O 设备，如磁盘。它首先为一台设备执行一条通道命令，传送一批数据，然后再选择另一台设备执行一条通道命令，即几台设备的通道程序都在同时执行中，但任何时刻，通道只能为一台设备服务。

5.4.3　设备分配

1．设备分配的原则

设备管理程序的主要功能之一是为进入系统的作业或进程分配所需的设备。设备分配的原则、方式和方法是根据设备的特性、用户的要求和系统配置情况决定的，但总的原则是充分发挥设备的使用效率，尽可能地避免出现死锁。

1) 设备分配方式

设备分配方式有两种：静态分配和动态分配。静态分配是在作业运行之前由系统一次分配满足需要的全部设备，这些设备一直为该作业占用，直到作业撤消。这种分配不会出现死锁，但设备利用率较低。动态分配是在进程运行过程中需要使用设备时，通过系统调用命令向系统提出设备请求，系统按一定的分配策略给进程分配所需设备，一旦使用完毕立即释放。显然动态分配方式有利于提高设备的使用效率，但会出现死锁。

2) 设备分配的原则

设备分配的原则就是选择用户的算法，即把设备分给谁。常用的有先请求先服务和按请求 I/O 进程的优先级决定，优先级高的优先服务。

用户程序要使用设备时必须提供进行 I/O 操作的有关信息，指出执行 I/O 的逻辑设备名、操作类型、传送数据的数目、信息的源或目的地址等。存放进程 I/O 操作的信息结构称为 I/O 请求块(IORB，下同)。

(1) 先请求先服务。当有多个进程对某一设备提出 I/O 请求时，系统按请求先后次序组成 IORB 队列。当一个 IORB 生成后，系统就把它挂在相应设备的 I/O 请求队列的队尾，当设备空闲时，从这个设备 I/O 请求队列的队首取一个 IORB，并按这个 IORB 的要求进行 I/O 操作。

(2) 优先级高的优先服务。这种算法的设备 I/O 请求队列按请求 I/O 操作的进程优先级高低组织，在一个新的 IORB 生成后，不是插入到 I/O 队列的队尾，而是按请求 I/O 的优先级插入适当的位置，从而保证队首的 IORB 总是当时请求该设备的最高优先级的进程。当设备空闲时，就从 IORB 队列的队首取得 IORB，并按 IORB 的要求进行 I/O 操作。

3) 设备分配技术

根据设备的特性把设备分成独占设备、共享设备和虚拟设备三种，针对这三种设备采用三种不同的分配技术：独享分配、共享分配和虚拟分配。

2. 独享分配

独占设备有打印机、键盘、显示器等。磁带机可作为独占设备，也可作为共享设备。若对这些设备不采用独享分配就会造成混乱，如打印机交叉地分配给系统中多个进程使用，就会使多个进程的输出信息交叉在一起无法分开，因此对独占设备一般采用独享分配。独占设备的分配方式通常采用静态分配的方式，但由于单个作业往往不是连续地、自始至终地使用某台设备，所以设备利用率较低。为了提高设备利用率，也可以采用动态分配方式。

3. 共享分配

共享设备包括磁盘、磁带和磁鼓，对这些设备的共享有两层涵义：一方面是对这些设备存储介质的共享，如多个用户可以把信息存放在同一磁盘设备的不同扇区上，这种共享一般是存放文件；另一方面是对磁盘、磁带驱动器的共享，多个用户(或进程)要访问这些设备上的信息是通过驱动器来实现的，这些驱动器为共享设备。由于这些设备进行 I/O 操作的速度较高，并且是直接存取信息，因此必须采用共享分配，即可交叉地分配给多个用户或多个进程使用，这样有利于提高设备的利用率。

对这类设备的分配是采用动态分配的方式进行的，当一个进程要请求某个设备时，系统按照某种算法分配相应的设备给请求者，请求者使用完后立即释放。

4．虚拟分配

系统中设备的数量总是有限的，并且还有一定数量的独占设备。这些独占设备一旦分配给某个作业往往只有很少时间在工作，许多时间一直处于空闲状态。而别的作业又因得不到相应的设备而不能投入运行，因此严重地影响整个计算机系统的效率。从另一个角度来说，独占设备一般是低速设备，若采用联机操作，也会增加作业的运行时间，影响计算机系统的效率。为提高计算机系统的效率，提出了在高速共享设备上模拟低速设备功能的技术，称为虚拟设备技术。

虚拟分配是针对虚拟设备而言的，其实现的过程是当用户(或进程)申请独占设备时，系统给它分配共享设备的一部分存储空间，当程序要与设备交换信息时，系统就把要交换的信息存放在这部分存储空间。例如，一般是通过磁盘设备(共享设备)将进程的输入输出信息暂存在磁盘上，在适当的时候再将信息传输到相应的设备上去处理。从用户的角度，他已占有了所申请的设备，并完成了所需的输入输出任务，但实际上，信息是在设备可用时才真正输入输出的。因此，对用户作业来说，相当于存在着一个虚拟设备。

通常人们把共享设备中代替独占设备的那部分存储空间和相应的控制结构称为虚拟设备，并把对这类设备的分配称为虚拟分配。操作系统中完成这种功能所用的技术常称为 SPOOLing 技术，SPOOLing 是 Simultaneous Peripheral Operations On-Line(外围设备同时联机操作)的缩写。

5.4.4　I/O 传输控制

设备管理的功能除了监视系统设备状态，进行设备分配外，还有一个重要的功能是控制设备的 I/O 操作，实现用户的传输请求。

1．用户进程的 I/O 请求

用户通过设备传输系统调用命令请求传输服务。这一命令形式既要使用户使用方便，又能确切地描述这次 I/O 传输所需的信息。它应包含的内容有：执行 I/O 操作的逻辑设备名，比如指出设备类、设备号，设备类指明这个设备属于哪一大类(如打印机类)，设备号是同类设备中的编号；指出要求何种操作，如读、写等；还要指出传送数据的数目和数据地址，该地址为传送的目的地。

当用户发出请求 I/O 传输的系统调用命令时，设备管理模块中有一个接口程序处理这一命令。接口程序的功能是把逻辑设备映射为相应的物理设备，检查命令的合法性，然后转入所需要的服务。

设备管理中的控制程序接收了用户进程的关于 I/O 的服务请求后，负责启动设备的工作和进行中断处理，完成 I/O 传输任务。

2．设备驱动

设备驱动工作是由设备驱动程序来完成的。设备驱动程序是能直接控制设备进行运转的程序。这类程序应根据每个设备的特点和性能来设计，一般每一类设备有一个相应的驱动程序，能控制同一类中多台设备的工作。它需要随时检测，有无一个 I/O 请求来到。若设备请求队列不空，即有 IORB 时，它就取队列中第一个 IORB 来处理，设置相应设备的有关寄存器,启动设备的 I/O 操作。

3. 中断处理

当设备开始工作后,在设备传输信息的过程中或传输结束时要求 CPU 的帮助和干预,这种要求是通过进行 I/O 操作的设备向 CPU 发中断信号实现的。当设备传输数据结束或出错时向 CPU 发出传输完成或出错的中断请求。CPU 接收到中断信号后会转入到相应的中断处理程序。这里分为结束中断处理和出错中断处理。

(1) 结束中断处理。它的主要工作是做传输完成后的善后工作,如把相应设备、控制器、通道置为空闲状态;唤醒正等待此操作完成的进程;再检查设备请求队列(IORB 队列)空否,若未空,则启动下一个 I/O 请求。

(2) 错误中断处理。发现错误信息后,判断错误性质,或者忽略这个错误继续运行,或者征询用户意见(在交互式系统中),或向用户返回出错信息,结束 I/O 传输。

5.4.5 磁盘调度

对于用来保存文件的磁盘等设备来说,同一时刻可能会有许多访问请求,每个请求读或写一块。按照什么次序为这些访问请求服务是 I/O 调度所应解决的问题。

例如,对于磁盘的存取访问一般要有三部分时间,首先要将磁头移动到相应的磁道或柱面上,这个时间叫做寻道时间;一旦磁头到达指定磁道,必须等待所需要的扇区旋转到读/写磁头下,这个时间叫旋转延迟时间;最后,信息在磁盘和内存之间的实际传送时间叫传送时间。一次磁盘服务的总时间就是以上三者之和。要使磁盘服务尽可能地快,就需要操作系统提供合适的磁盘调度算法,以改善磁盘服务的平均时间。

设计磁盘调度算法应当考虑两个基本因素:

(1) 公平性。一个磁盘访问请求应当在有限时间内得到满足。

(2) 高效性。减少设备机械运动所带来的时间开销。

下面讨论几种常用的磁盘调度算法。

1. 先来先服务(FCFS)

按照访问请求的次序为各个进程服务,这是最公平而又最简单的算法,但是效率不高。因为磁头引臂的移动速度很慢,如果按照访问请求发出的次序依次读写各个磁盘块,则磁头引臂将可能频繁大幅度移动,容易产生机械振动,亦造成较大的时间开销,影响效率。

例如,有 12 个磁盘访问请求,它们请求的柱面(磁道)号如下:

请求次序: 1 2 3 4 5 6 7 8 9 10 11 12
磁盘柱面: 19 376 205 134 18 56 192 396 29 3 19 40

设当前磁头位于 100 号柱面,按 FCFS 调度,即按 1,2,3,4,5,6,7,8,9,10,11,12 的次序调度,磁头移动的总距离为 1604 柱面。

可以看出,如果把 4 号请求和 7 号请求作为第 1、第 2 服务考虑,磁头移动总距离显然小于 1604,花费的时间就少,平均服务性能有所提高。

2. 最短寻道时间优先(SSTF,Shortest Seek Time First)

这种调度算法的基本思想是在选择下一个服务对象时,总是优先为距离磁头当前所在位置最近磁道(柱面)的访问请求服务。仍以上例为例，调度次序改为：4，7，3，6，12，9，1，11，5，10，2，8，磁头移动的总距离为 700 柱面，比 FCFS 调度的 1604 小得多。

在多个请求已经明确的情况下，SSTF 不会比 FCFS 差。但是，在实际系统中，I/O 请求是随机到达的，即 IORB 队列是或长或短动态变化的。例如在 2 号请求(376 柱面)轮到服务之前的某段时间内，系统又接收一个请求流，流中所有请求所要求移动磁头的距离都小于到达柱面 376 所移动的距离，那么，原 2 号请求、原 8 号请求将长时间得不到服务，对应的两个进程受到"歧视"。因此，SSTF 算法缺乏公平性。

3. 扫描算法(SCAN)

这种算法因其基本思想与电梯的工作原理相似，故又称电梯算法。

SCAN 算法是一种寻道优化的算法，它克服了 SSTF 算法的缺点。SSTF 算法只考虑访问磁道与磁头当前位置的距离，而未考虑磁臂的移动方向，而 SCAN 算法既考虑距离，也考虑方向，且以方向优先。即当无访问请求时，磁头臂停止不动；当有访问请求时，磁头臂按照一定方向扫描。假设初始时，磁头处于最外磁道，并向内磁道移动。在移动的过程中，如果经过的磁道有访问请求，则为其服务，然后判断内磁道是否还有访问请求，如果有，则继续向内磁道移动并服务。否则改变磁头移动方向，即开始向外磁道移动，同时为经过的请求服务，如此反复。仍以上例为例，根据 SCAN 算法，当磁头初始于 100 时，假设首先向柱面 0 的方向(向外)移动，依次为序号 6，12，9，1，11，5，10 提供存取服务，然后，调转磁头移动方向(向内)，依次为序号 4，7，3，2，8 提供存取服务。磁头移动的总距离为 490 柱面，比 SSTF 的总距离少 210。

可以看出，SCAN 算法比较公平，可以避免柱面歧视。另外效率较高，在大多数情况下比 SSTF 要好，少数情况下性能不如 SSTF。

5.5　文　件　管　理

5.5.1　文件与文件系统

1. 文件的概念

文件管理的功能是通过把它管理的信息(程序和数据)组织成一个一个文件的形式来实现的。那么，什么是文件呢？

文件(File)是具有符号名的，在逻辑上具有完整意义的一组相关信息项的有序序列。

文件可以包含范围非常广泛的内容。系统和用户都可以将具有一定独立功能的程序模块、一组数据或一组文字命名为一个文件。例如用户的一个 Pascal 源程序、一个目标代码程序、系统中的库程序和各种系统程序、一批待加工处理的数据、一篇文章等等，都可以构成一个文件。

文件的符号名称作文件名，它是用户在创建文件时确定的，并在以后访问文件时使用。信息项是构成文件内容的基本单位，各信息项之间具有顺序关系。信息项可以是一个字符，也可以是一个记录。通常，记录是一个有意义的信息集合，它是作为对文件进行存取操作的基本单位。一个文件的各个记录长度可以相等也可以不等。一般情况下，一个逻辑记录可以包含若干个数据项，例如，在学生某门课程成绩文件中，记录有如下数据项：作业、实习、期中、期末。本节只讨论基本文件系统，也就是说，只涉及文件记录的简单逻辑组织，在操作系统级上处理为无结构、无解释的信息集合。

应该指出，某些慢速字符设备也被看作是一个文件。这是因为在这些设备上传输的信息可以看作是一组顺序字符序列。

2. 文件的分类

为便于文件的控制和管理，通常把文件分成若干类型。

● 文件按其性质和用途可分为：

(1) 系统文件——有关操作系统及其它系统程序的信息所组成的文件。这类文件对用户不直接开放，只能通过系统调用为用户服务。

(2) 库文件——由标准子程序及常用的应用程序组成的文件。这类文件允许用户调用，但不允许用户修改。

(3) 用户文件——由用户建立的的文件，如源程序、目标程序、以及由原始数据、计算结果等组成的文件。这类文件根据使用情况又可以分为三种类型：

① 临时文件——即用户在一次算题过程中建立的"中间文件"。它只保存在磁盘、磁鼓上，在作为"档案"的磁带上没有副本。当用户撤离系统时，其文件也随之被撤消。

② 档案文件——只保存在作为档案的磁带上，以备查证和恢复时使用，如日志文件。

③ 永久文件——其信息需要长期保存的文件。它不仅在磁盘或磁鼓上有文件副本，而且在"档案"的磁带上也有一个可靠的副本。

● 根据文件的保护方式，文件可分为三类：

(1) 只读文件——允许文件主及核准的用户读，但不允许写。

(2) 读写文件——允许文件主及核准的用户读、写，但禁止未核准的用户读、写。

(3) 不保护文件——所有用户都可以存取。

● 按文件的存取方式，可把文件分为：

(1) 顺序文件——只能按顺序依次访问其中内容的数据文件。

(2) 随机文件——可随时访问其内容的数据文件。

● 按信息的流向，又可把文件分为三类：

(1) 输入文件——只能读的文件，如读卡机或纸带输入机文件。

(2) 输出文件——只能写的文件，如打印机或穿卡机文件。

(3) 输入输出文件——既可读，又可写的文件。如在磁盘，磁鼓，磁带上的文件。

● 在 UNIX 操作系统中，文件按组织和处理方式分为三类：

(1) 普通文件——内部无结构的一串平滑的字符。这种文件既可以是系统文件，也可以是库文件或用户文件。

(2) 目录文件——由文件目录项构成的文件。对它的处理(读、写、执行)在形式上与普通文件相同。

(3) 特殊文件——由一切输入输出慢速字符设备构成的文件。这类文件对于查找目录、存取权限验证等的处理与普通文件相似，而其它部分的处理针对设备特性要求做相应的特殊处理。

根据文件的存取方法或文件的物理结构，还可以划分为不同类型。与操作系统分类一样，文件分类也无公认标准，上面的分类仅是为了帮助理解文件的概念，了解实际工作中常常提到的这些用语的含义。

3. 文件系统

操作系统中负责管理和存取文件信息的软件机构称为文件管理系统，简称文件系统。文件系统由三部分组成：与文件管理有关的软件、被管理的文件以及实施文件管理所需的数据结构。从系统角度看，文件系统是对文件存储器的存储空间进行组织和分配，负责文件的存储并对存入的文件进行保护和检索的系统。具体地说，它负责为用户建立文件；存入、读出、修改、转储文件；控制文件的存取；当用户不再使用时撤销文件。

在操作系统中增设了文件管理部分后，为用户带来如下好处：

(1) 使用的方便性。由于文件系统实现了按名存取，用户不再需要为他的文件考虑存储空间的分配，因而无需关心他的文件所存放的物理位置。特别是，假如由于某种原因，文件的位置发生了改变，甚至连文件的存储装置也换了，在具有按名存取能力的系统中，对用户不会产生任何影响，因而也用不着修改他们的程序。

(2) 数据的安全性。文件系统可以提供各种保护措施，防止无意或有意地破坏文件。例如有的文件可以规定为"只读文件"，如果某一用户企图对其修改，那么文件系统可以在存取控制验证后拒绝执行，因而这个文件就不会遭到破坏。另外，用户可以规定他的文件除本人使用外，只允许核准的几个用户共同使用。若发现事先未核准的用户要使用该文件，则文件系统将认为其操作非法并予以拒绝执行。

(3) 信息的共享性。对于重要的信息或系统文件，在文件系统的管理下可以避免重复占用存储空间。尤其是在多用户环境下，文件系统提供的文件并发控制能力，使多个用户可同时访问同一个文件。

5.5.2　文件结构和存取方法

1. 文件的逻辑结构

文件的逻辑结构是指文件的外部组织形式，即从用户角度看到的文件组织形式，用户以这种形式存取、检索和加工有关信息。文件的逻辑结构可分为两类。

1) 流式文件

构成文件的基本单位是字符，流式文件是有序字符的集合，其长度为该文件所包含的字符个数，所以又称为字符流文件。流式文件无结构，且管理简单，用户可以方便地对其进行操作。源程序、目标代码等文件属于流式文件。UNIX 系统采用的是流式文件结构。

2) 记录式文件

构成文件的基本单位是记录，记录式文件是一组有序记录的集合。记录式文件可把记录按各种不同的方式排列，以便用户对文件中的记录进行修改、追加、查找和管理。记录式文件可分为定长记录文件和变长记录文件两种，如图 5-22 所示。

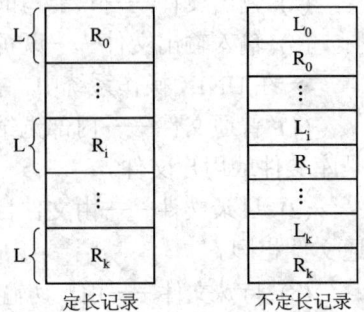

图 5-22　记录式文件

在定长记录文件中，每个记录的长度是固定的，因此，具有 k 个记录的文件长度为 k×L，其中 L 是每个记录的字节数。有时，对于定长记录文件就直接用它的记录个数来表示其长度。在变长记录文件中，每个记录的长度不等，因此通常在每个记录前用一个字节来存放该记录的长度，具有 k+1 个记录的变长记录文件的长度为 $\sum_{i=0}^{k}(L_i+1)$，其中 L_i 表示第 i 个记录的字节数。

2．文件的存取方法

文件的存取方法按照存取的顺序关系，通常分为顺序存取和随机存取。对于记录式文件的存取，顺序存取是严格按照记录排列的顺序依次进行存取。如果当前读取了记录 R_i，则下次要读取的记录就自动地定为 R_{i+1}，若以 r 表示读写指针，则对于定长记录有

$$r_{i+1} = r_i + L$$

对于变长记录有

$$r_{i+1} = r_i + L + 1$$

随机存取方法允许随机存取文件中的记录，而不管上次存取了哪一个记录。对于定长记录的文件，这种存取是方便的，只要将读写指针 r 指向第 i 个记录的首址就可以了，即

$$r_i = \text{offset} + i * L \quad (i = 0, 1, \cdots, k)$$

其中 offset 是第 0 个记录的首址。而对于变长记录的文件来说，随机存取时需要从前面所有记录的长度中，通过一个个计算才能确定所需记录的首址，即

$$r_i = \text{offset} + \sum_{j=0}^{i-1}(L_j+1) \quad (i = 0, 1, \cdots, k)$$

文件的存取方法很多，根据文件组织的形式，其存取方法也是多样的。例如，根据记录中某个数据项的内容进行存取，而不是根据记录号，这种方法称为关键字存取。Hash 表技术也通常作为文件的存取方法来使用。

3．文件的物理结构

文件的物理结构是指文件的内部组织形式，亦即文件在物理存储设备上的存放方法。它和文件的存取方法密切相关。文件的物理结构好坏，直接影响到文件系统的性能。因此，只有针对文件或系统的适用范围建立起合适的物理结构，才能既有效地利用存储空间，又便于系统对文件的处理。

为了有效地分配文件存储器的空间，通常把它们分成若干块，并以块为单位进行分配和传送。每个块称为物理块，而块中的信息称为物理记录。物理块长通常是固定的，在软盘上常以 128 字节为一块，在磁带或硬盘上常以 512 字节或 1024 字节为一块。在记录式文件中，允许一个逻辑记录占用几块，也可以在一块中存放几个逻辑记录。

文件在逻辑上是连续的，而在文件空间中的存放位置可以有各种形式。根据文件空间中的存放形式，文件可分为连续文件、串连文件和索引文件。

连续文件是一种最简单的文件物理结构，它把逻辑上连续的文件信息依次存放在连续编号的物理块中，只要知道文件在存储设备上的起始地址(首块号)和文件长度(总块数)，就能很快地进行存取。如图 5-23 所示。这种结构的优点是访问速度快，缺点是文件长度增加困难。

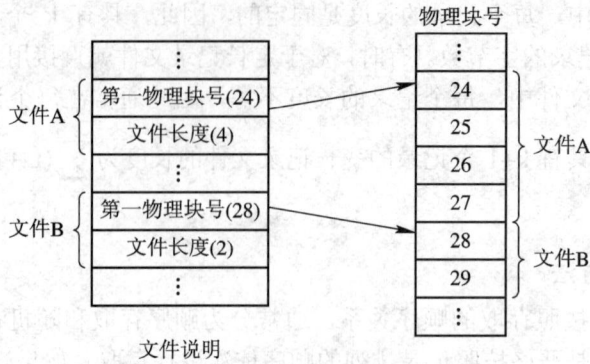

图 5-23　连续文件的结构

　　串连文件是将逻辑上连续的文件分散存放在若干不连续的物理块中，每个物理块设有一个指针，指向其后续的物理块。只要指明文件的第一个块号，就可以按链指针检索整个文件。如图 5-24 所示。这种结构的优点是文件长度容易动态变化，其缺点是不适合随机存取访问。

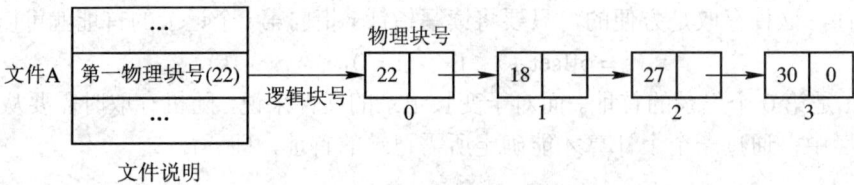

图 5-24　串连文件的结构

　　索引文件的组织方式要求为每个文件建立一张索引表，表中的每个项目指出了文件的逻辑块号和与之对应的物理块号。索引表也以文件的形式存在磁盘上，只要给出索引表的地址，通过索引表就可以查找到文件信息的存放位置，如图 5-25 所示。这种结构有利于进行随机存取，并具备串连文件的所有优点。缺点是存储开销大，因为每个文件有一个索引表，而索引表也要占用存储空间。

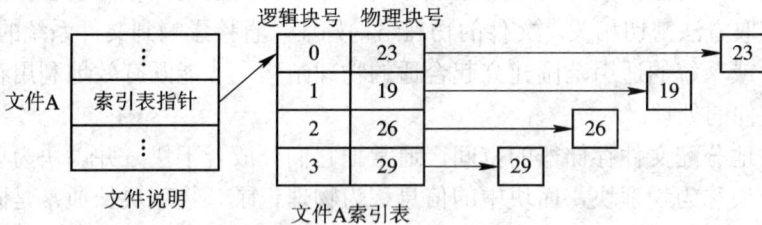

图 5-25　索引文件的结构

4．UNIX 文件的多重索引结构

　　在索引结构的文件中，如果一个文件很大，那么相应的索引表也很大，一个物理块可能放不下一个索引表。而如果系统中各个文件的大小很不均匀，则会导致索引表的大小也很不相同，这对于管理是很不方便的。下面介绍一种 UNIX 系统中文件的多重索引结构。这种结构如图 5-26 所示。

　　在图 5-26 中，I-addr 索引区共有 13 项，其中前 10 项直接登记了存放文件信息的物理块号(即 I-addr(0)到 I-addr(9))，这称为直接寻址。0 到 9 可以看成是逻辑块号。如果一个文件大于 10 块，则利用 I-addr(10)作一次间接寻址，即 I-addr(10)指向一个物理块，其中最多可存放 128 个存放文件信息的物理块号。如果文件更大，还可以分别用 I-addr(11)和 I-addr(12)作两次甚至三次间接寻址。

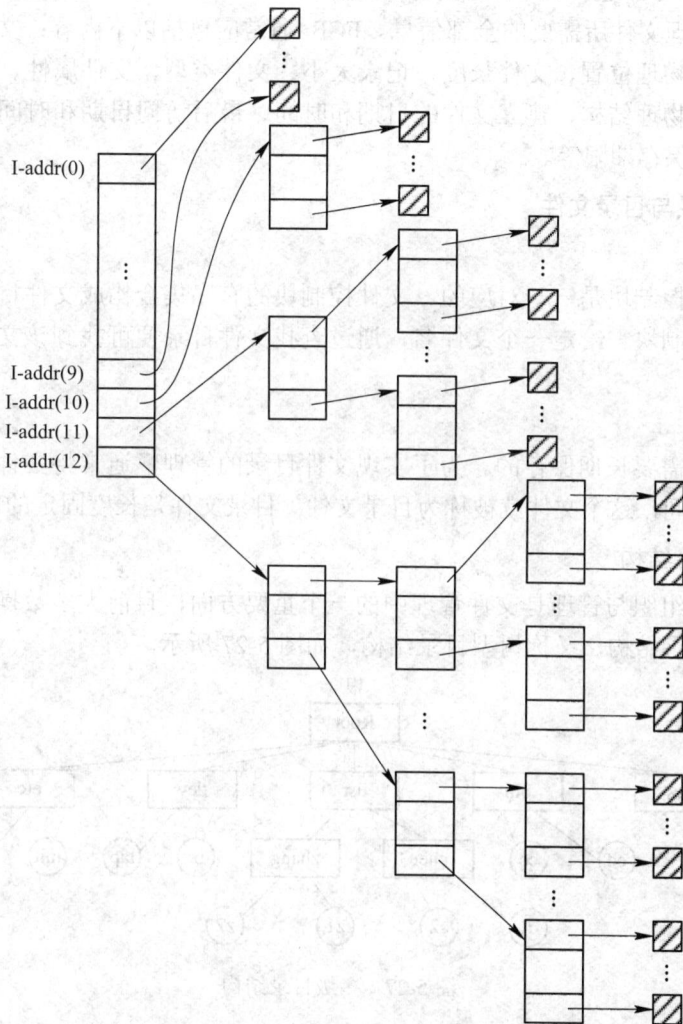

图 5-26　UNIX 系统中文件的多重索引结构

　　根据统计，文件容量不超过 10 块(5120 B)的文件占文件总数的 80%，而这 10 块通过直接寻址就能得到文件的物理块号，只是对于大于 10 块的约占总数 20%的文件才采用间接寻址。这种结构的优点与一般索引文件结构一样，只是对于约 20%的文件由于多次取索引而影响速度。

5.5.3　文件目录

　　在一个计算机系统中保存有许多文件，用户在创建和使用文件时只给出文件的名字，由文件系统根据文件名找到指定文件。为了便于对文件进行管理，设置了文件目录，用于检索系统中的所有文件。文件系统的基本功能之一就是负责目录的编排、维护和目录的检索，因此，要求目录的编排便于寻址，并且要防止冲突，目录的检索要迅速方便。

1. 文件控制块 FCB

文件控制块 FCB 是系统为管理文件而设置的一个数据结构。FCB 是文件存在的标志，它记录了系统管理文件所需要的全部信息。FCB 通常应包括以下内容：文件名、文件号、用户名、文件的物理位置、文件长度、记录大小、文件类型、文件属性、共享说明、文件逻辑结构、文件物理结构、建立文件的日期和时间、最后访问日期和时间、最后修改日期和时间、口令、保存期限等。

2. 文件目录与目录文件

1) 文件目录

文件与文件控制块是一一对应的。文件控制块的有序集合构成文件目录，每个目录项即是一个文件控制块。给定一个文件名，通过查找文件目录便可找到该文件对应的目录项(即 FCB)。

2) 目录文件

文件目录是需要长期保存的。为了实现文件目录的管理，通常将文件目录以文件的形式保存在外存空间，这个文件就被称为目录文件。目录文件是长度固定的记录式文件。

3. 文件目录结构

文件目录的组织与管理是文件管理中的一个重要方面，目前大多数操作系统如 UNIX 等都采用多级目录结构，又称树型目录结构，如图 5-27 所示。

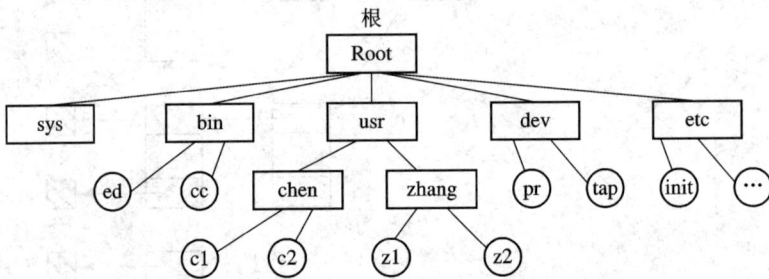

图 5-27　多级目录结构

其中，树叶结点表示普通文件(用圆圈表示)，非叶结点表示目录文件(用矩形表示)。树根结点称为根目录，根目录是惟一的，由它开始可以查找到所有其它目录文件和普通文件，根目录一般可放在内存。从根结点出发到任一非叶结点或树叶结点都有且仅有一条路径，该路径上的全部分支组成了一个全路径名。采用多级目录结构时，文件名为一个路径名。

多级目录结构的优点是便于文件分类，可为每类文件建立一个子目录；查找速度快，因为每个目录下的文件数目较少；可以实现文件共享。缺点是比较复杂。

4. 当前目录

在一个多层次的树型文件目录结构中，如果每次都从根结点开始检索，很不方便，通常各目录文件放在外存，故影响访问速度，尤其是当层次较多时检索要耗费很多时间。

为克服这一缺点，引入"当前目录"或称"工作目录"的概念。系统为用户提供一个目前正在使用的工作目录，称为当前目录。查找文件时既可以从根目录开始，也可以从当前目录开始向下检索。若从当前目录开始，路径名只要给出从当前目录开始到所要访问文件的相对路径名即可。这样检索路径缩短，检索速度提高。如果需要，用户可随意更改当前目录。

5. 文件目录的改进

一个文件控制块一般要占很多空间，这样一个目录文件往往很大。在检索目录时，为了找到所需要的目录项，常常要将存放目录文件的多个物理块逐块读入内存进行查找，这就降低了检索速度。可以利用目录项分解法解决这一问题，即把目录项(文件控制块)分为两部分：名号目录项，包含文件名以及相应的文件内部号；基本目录项，包含除文件名外文件控制块的其它全部信息。

目录文件也分为名号目录文件和基本目录文件。查找一个目录项就分成两步：首先访问名号目录文件，根据文件名查到相应的文件内部号；然后访问基本目录文件，根据文件内部号，可直接计算出相应基本目录项所在基本目录文件中的相对位置和物理位置，并将它直接读入内存。

目录项分解法的优点是提高了文件目录检索速度。

5.5.4 文件存储空间的管理

1. 位示图(Bit Map)

这种方法是利用一串二进制位(Bit)的值来反映磁盘空间的分配情况。每一个磁盘物理块对应 1 个二进制位，如果物理块为空闲，则相应的二进制位为 0；如果物理块已分配，则相应的二进制位为 1，如图 5-28 所示。

申请磁盘物理块时，可在位示图中从头开始查找为 0 的字位，将其改为 1，返回对应的物理块号；归还物理块时，在位示图中将该块所对应的字位改为 0。位示图描述能力强。一个二进制位就描述一个物理块的状态，因而位示图较小，可以复制到内存，使查找既方便又快速。位示图适用于各种文件物理结构的文件系统。

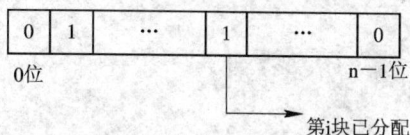

| 0 | 1 | ··· | 1 | ··· | 0 |

0位   n－1位

第i块已分配

图 5-28 位示图

2. 空闲块表

文件系统建立一张空闲块表，该表记录了全部空闲的物理块：包括首空闲块号和空闲块个数，如图 5-29 所示。空闲块表方式特别适合于文件物理结构为顺序结构的文件系统。

序号	首空闲块号	空闲块个数
1	2	4
2	38	17
3	59	9
⋮	⋮	⋮

图 5-29 空闲块表

建立新文件时，系统查找空闲块表，寻找合适的表项，分配一组连续的空闲块。如果对应表项所拥有的空闲块个数恰好等于所申请值，就将该表项从空闲块表中删去。当删除文件时，系统收回它所占用的物理块，考虑是否可以与原有空闲块相邻接，合并成更大的空闲区域，最后修改有关表项。

3. 空闲块链

系统将所有的空闲物理块连成一个链，用一个指针指向第一个空闲块，然后每个空闲块含有指向下一个空闲块的指针，最后一块的指针为空，表示链尾。外存空间的申请和释放以块为单位，申请时从链首取一块，释放时将其链入链尾。空闲块链节省内存，但申请释放速度较慢，实现效率较低。

5.5.5 文件存取控制

文件存取控制可以通过文件的共享、保护和保密三个方面体现。

1. 文件的共享

文件的共享是指一个文件可以允许多个用户共同使用。文件共享不仅是为完成共同的任务所必需的，而且还带来许多好处，如：节省大量的存储空间；减少用户大量重复性劳动；减少实际 I/O 文件的个数。

在多级目录结构中，连接法是常用的文件共享技术。对文件共享可以通过两种连接方式实现，一种是允许目录项连接到任一表示文件目录的结点上；另一种是只允许连接到表示普通文件的叶结点上，如图 5-30 所示。

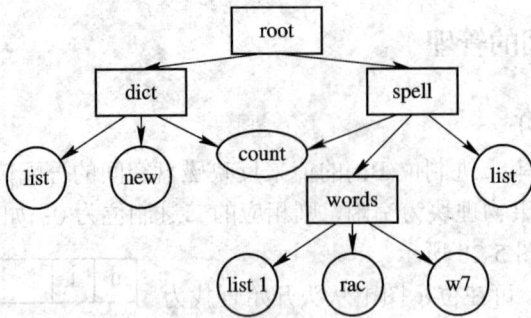

图 5-30　文件的共享

第一种方式表示可共享目录所连接的目录及其各个子目录所包含的全部文件，例如，dist 连接 spell 的子目录 words，则 words 目录下的 3 个文件(list1、rac 和 w7)都为 dist 所共享。采用这种方式，则可以把所有要共享的文件放在一个公共目录中，所有要共享这些文件的用户可以建立自己的子目录，并且与共享目录连接。这样做便于共享，但对控制和维护造成困难，甚至因使用不当而造成环路连接，产生目录管理混乱。

第二种连接方式只允许对单个普通文件连接，从而可以通过不同路径访问同一个文件，即一个文件可以有几个"别名"，在图 5-30 中，/spell/count 和/dict/count 是表示同一个文件的两个不同的路径名，这种方式更可靠，且易于管理。UNIX 采用的是这种连接方式。

2. 文件保护与保密

文件保护是指防止由于误操作对文件造成的破坏；文件保密则是防止未经授权的用户对文件进行访问。文件的保护与保密实际上是用户对文件的存取权限的问题，一般为文件的存取设置两级控制：第一级是访问者的识别，即规定哪些用户可以对文件进行操作；第二级是存取权限的识别，即可对文件执行何种操作。实际上，每一个用户对每一个文件的使用权限有三种：R(只读)、W(可写)、E(可执行)。

对文件加以权限的方法有很多。其中可以利用存取控制矩阵的方法。由于某一文件往往只与特定的少数几个用户有关，所以这是一个稀疏矩阵，如图 5-31 所示。另外一种是存取控制表，在这个表中，对于某一个文件，只列出与之有关的用户，如图 5-32 所示。还可以利用口令或加密的方法，在此就不详述了。

用户名 文件名	ZHANG	ZHAO	IEE	⋯
A	R		R	⋯
B	RW			⋯
C		E	RW	⋯
⋮	⋮	⋮	⋮	⋮

图 5-31　存取控制矩阵

文件名	用户名	存取权限
A	ZHANG	R
	IEE	R
B	ZHANG	RW
C	ZHAO	E
	IEE	RW

图 5-32　存取控制表

5.6　作 业 管 理

5.6.1　操作系统与用户的接口

用户利用计算机解决问题，大致可分成两个步骤：首先是编制程序，其次是使程序在计算机上运行，这两步都离不开操作系统的支持。操作系统是用户与计算机之间的接口，用户是通过操作系统来使用计算机的，操作系统向用户提供有以下一些接口。

1．程序级接口

程序级接口是由一组系统调用命令(又称广义指令)组成。每条系统调用命令都对应一个由操作系统设计者事先编制好的、能完成某些特定功能的例行程序。在编制程序时，用户像使用其它过程调用语句一样使用系统调用命令，以便得到操作系统的服务。系统调用在程序一级上为用户提供支持，所以称为程序级接口。

系统调用命令通常分为以下几类：

(1) 与文件相关的命令。如创建文件、打开文件、读写文件、关闭文件等。

(2) 与进程相关的命令。如进程创建、撤消、唤醒以及进程间通信等。

(3) 与系统状态有关的命令。如取日历时间、取或设置终端信息等。

(4) 与资源相关的命令(在 UNIX 系统中设备归入文件类)。如请求或释放指定大小的主存空间等。

显然，系统提供的系统调用命令越多，系统的功能越强，用户使用起来也就越方便。

2．联机用户接口

联机用户接口是用户以交互方式请求操作系统服务的手段，它由键盘命令和屏幕图形命令组成。键盘命令是由联机用户在交互式终端上通过键盘键入的命令，其特点是键入一条便即可执行并把执行结果反馈到屏幕上，充分体现人机之间的交互性。键盘命令的格式随不同的操作系统而有差异，但功能基本上是相同的。

屏幕图形命令作为一种交互式手段在近年广为流行。它的出现使用户接口更加友好和开放。屏幕图形命令包括多窗口命令、按钮命令、菜单命令、图标命令、滚动条命令等。屏幕图形命令的输入主要是靠鼠标器的点击、拖拽和移动。若点击选中特定菜单项，则系统即刻执行该菜单项所对应的实用程序而完成相应的功能。这种用法十分方便，因为它不要求用户记住任何命令。如 Windows 操作系统已在图形用户界面上做得相当成功。

3. 脱机用户接口

该接口由一组作业控制命令(或称作业控制语言)组成，供脱机用户使用。脱机用户的作业是批处理的，需要有一份用作业控制语言编制的作业说明书，连同作业的程序和数据一起提交给系统。当系统调度该作业执行时，由操作系统对作业说明书上的命令逐条解释执行，直至遇到"撤离"命令而停止该作业为止。

5.6.2 作业的基本概念

前面已多次用到作业的概念，在此明确它的含义。

作业：是指用户要求计算机处理的一个相对独立的任务。

作业步：是指一个作业分解成几个必须顺序处理的工作步骤。例如，一个用高级语言编写的程序要提交给计算机执行，计算机要完成这项作业一般可分以下几个作业步：编辑、编译、连接装入、运行。这些作业步是顺序进行的，一个作业步运行的结果产生下一个作业步要用的文件。

作业一般由程序、数据、作业说明书三部分组成。程序是问题求解的算法描述；数据是程序加工的对象，但有些程序未必使用数据；作业说明书是告诉操作系统本作业的程序和数据按什么样的控制要求执行。作业说明书主要包括三方面内容：一是作业基本情况描述，如作业名、用户名、所使用的编程语言等；二是作业的控制描述，如 C 语言程序先装入哪些模块、后再装入哪些模块等各作业步的操作顺序以及某步不能正常执行时的出错处理方法等；三是作业的资源要求描述，包括估计的主存需要量、计算时间、外设类型及数量、作业优先级等。

在多道程序中，一个作业从提交给计算机，到最后产生结果，其间有多个作业状态的转换，它们可以分为：

(1) 提交。用户向计算机提交作业，此时称作业处于进入状态。

(2) 收容。计算机通过设备管理程序，将用户作业送入后援存储器中，其后的状态称为后备状态。处于后备状态的作业，实际上是一种随时等待调度的状态。

(3) 执行。作业调度程序从处于后备状态的作业中选出若干作业，分配一定的资源，使之投入运行，该状态也称为运行状态。

(4) 完成。作业执行完毕后的状态，也称为完成状态，此时系统收回资源，并令该作业退出系统。

作业状态的转换过程如图 5-33 所示。从后备状态到运行状态，以及从运行状态到完成状态的转换，都是由处理机管理中的作业调度程序完成的。至于作业划分成进程，并按进程的几种状态具体运行，这是由进程调度程序完成的。

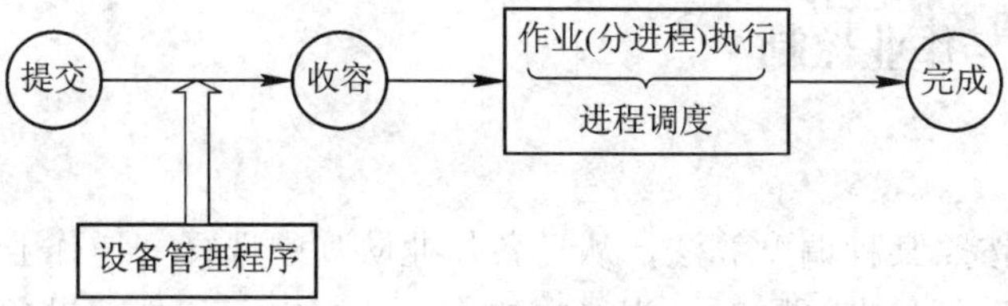

图 5-33 作业的状态及其转换

5.6.3 作业控制块和后备队列

用户怎样把他的作业提交给操作系统，操作系统又是怎样组织、调度、运行作业，这些都属于作业管理范畴。作业管理的主要任务是作业调度和作业控制。

为了便于对作业进行管理和调度，必须随时掌握并记录作业在各运行阶段的状况，包括资源分配及其使用情况，以及作业所处的状态等信息。为此，对每一个进入系统的作业都要建立一个作业控制块 JCB(Job Control Block)，以便记录与该作业调度有关的信息。通常每个 JCB 用一个一维数组表示，不同的操作系统 JCB 所包含的内容有所不同，图 5-34 是一种可能的作业控制块的结构形式。

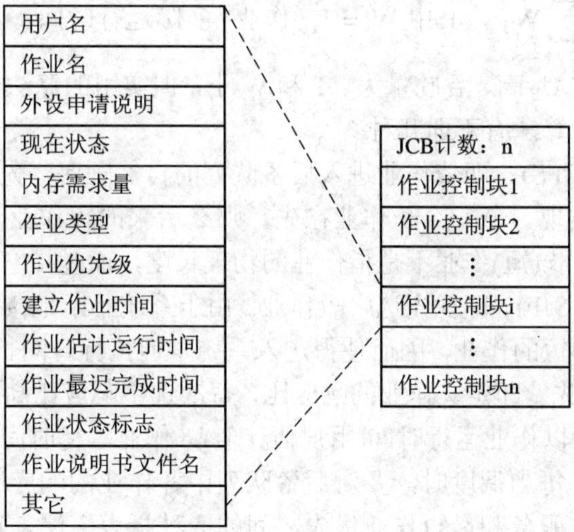

图 5-34 作业控制块及由它组成的后备队列

作业控制块可以看作是对作业的静态和动态情况的说明表。每个作业控制块，自建立后，即与该作业同时存在，直到该作业被系统撤消并从后援存储器中删除，它才随之撤消。

为了便于调度和管理，系统将处于后备状态的所有作业的 JCB 按照一定的规则排成一个队列，称为作业后备队列。作业调度程序总是把处于后备队列列首的那一个作业作为选中的作业，因此，按什么原则确定作业的排列顺序，以及排成几个队列都与作业调度有关。

5.6.4　作业调度与作业控制

1. 作业调度

作业调度就是按照某种调度算法，从后备作业队列中选择一道作业装入主存参与多道作业运行，即进入运行状态。同时，为选中的作业分配内存和外部设备等资源，为其建立有关的进程，当作业执行结束进入完成状态时，作好释放资源等善后处理工作。完成这种功能的程序称为作业调度程序。

作业调度的关键在于确定好的调度算法，这要考虑到各种因素。就系统而言，作业类别(主要是多 CPU 与多 I/O 作业)之间的良好搭配，使得系统资源的利用率提高；就用户而言，希望尽早获得作业的运行结果。通常对调度算法的性能有如下评估公式：

(1) CPU 利用率 U_P=CPU 有效工作时间/CPU 总的运行时间；

(2) 吞吐量=完成的作业道数/完成的时间(h)；

(3) 作业平均周转时间 T 和带权平均周转时间 W

$$T = \frac{1}{n}\sum_{i=1}^{n}T_i，\text{其中 } T_i = \text{作业 i 的完成时间－作业 i 的提交时间,}$$

$$n \text{ 为进入运行状态的作业道数。}$$

$$W = \frac{1}{n}\sum_{i=1}^{n}W_i，\text{其中 } W_i = T_i / \text{作业 i 实际运行时间。}$$

好的调度算法力求 U_P 高、吞吐量大、T 和 W 小，但实用的算法往往是上述要求之间的折衷。常见的作业调度算法有下面几种。

(1) 先来先服务(FCFS)。即依作业进入后备队列的自然顺序，先进入的作业先被选中。这种算法简单，容易实现。若一个长作业在先，那么后来的短作业等待时间将很长，显然该算法不利于短作业。长(短)作业不是指作业的物理长度，而是指它运行的时间长(短)。

(2) 最短作业优先(SJF)。即优先选中短作业。由于系统不断地接受新作业，而作业调度程序总是挑选执行时间短的作业，因而使得进入系统早但执行时间长的作业等候时间过长。

(3) 响应比高者优先。即定义作业的响应比，每次选中响应比高的作业投入运行。响应比等于作业等待时间除以作业运行时间(用户估计值)，作业等待时间越长，则响应比越高，被选中的可能性越大。每当调度时，要对后备队列中各作业的响应比进行计算，取其中最高者。该算法是先来先服务和最短作业优先之间的一种折衷算法，它既照顾到短作业又不使长作业等候时间过长，但以计算响应比的时间开销为代价。

(4) 优先级法。即每次总是选取优先级高的作业。确定作业优先级的方法是多种多样的，通常根据作业的缓急程度、用户指定的优先级(在 JCB 中)、作业的长短、等待时间的多少、资源申请情况等确定一个优先级计算公式。由此看来，优先级法可覆盖前面三种算法。例如，只要加大短作业的权值，短作业的优先级就变得高起来，得到优先调度。

例：设多道程序设计系统有供用户使用的主存空间 100 KB，磁带机 2 台，打印机 1 台，系统采用可变分区方式管理主存，对磁带机和打印机采用静态分配，并假设各作业的输入输出操作时间忽略不计。现有一作业序列如下：

作业号	进入后备队列时间	要求计算时间	要求主存大小	申请磁带机数量	申请打印机数量
1	8:00	25 min	15 KB	1 台	1 台
2	8:20	10 min	30 KB	0	1 台
3	8:20	20 min	60 KB	1 台	0
4	8:30	20 min	20 KB	1 台	0
5	8:35	15 min	10 KB	1 台	1 台

假设作业调度采用先来先服务算法，优先分配主存的低地址区域且不准移动已在主存中的作业。在主存中参与多道运行的作业平分 CPU 时间。问作业调度选中作业的次序是什么？如果把一个作业从进入后备队列到得出计算结果的时间定义为周转时间，在忽略系统切换作业所耗时间的情况下，最大的作业周转时间是多少？最小的作业周转时间是多少？作业的平均周转时间是多少？何时作业全部执行结束？

此例的调度情况如图 5-35 所示。由图可知，作业的调度次序是：1，3，4，2，5；最大的作业周转时间为 55 min；最小的作业周转时间为 30 min；平均周转时间为 (30+55+40+40+55)/ 5 = 44 min；9:30 全部作业执行结束。

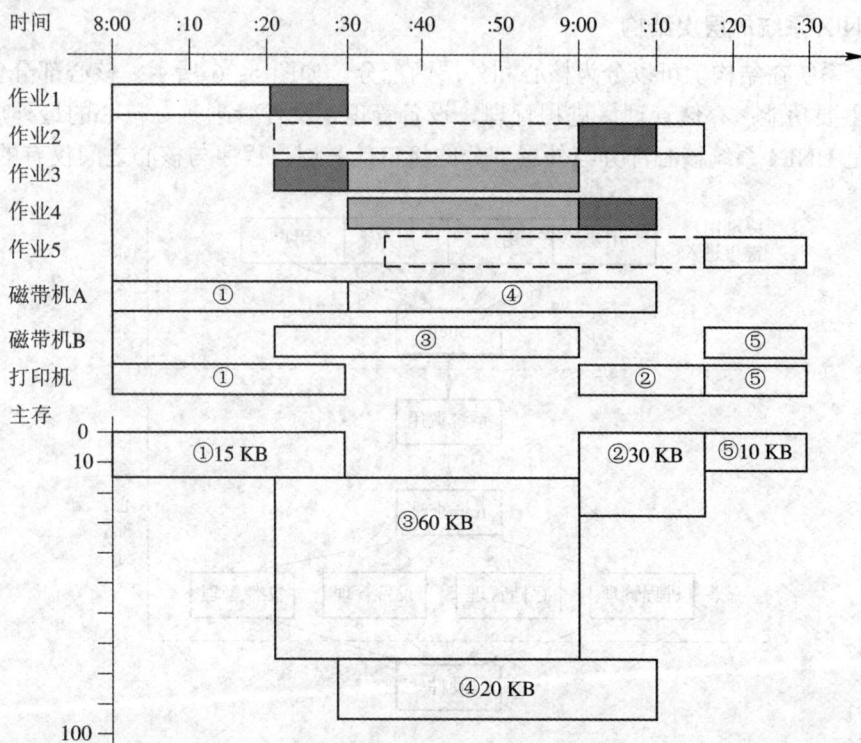

图 5-35　作业调度的例子

从本例可以看出，作业流情况、资源申请情况对作业调度次序和周转时间的影响是显著的。作业调度程序选中某道作业投入运行的含义是：为作业申请所需资源，并把作业装入主存，改作业状态为"运行"；启动作业控制程序，由作业控制程序具体负责作业运行期间的控制。

2. 作业控制

在批处理系统中，系统向用户提供作业控制语言(JCL，Job Control Language)，使用户将自己对作业的控制意图写成作业说明书。当作业从后备状态变为运行状态时，作业调度程序为其建立一个作业控制进程，再由该进程具体控制作业的运行。作业控制进程解释执行作业说明书的每一条作业控制语句，按照要求逐个处理作业步，为其建立子进程，完成用户要求。

5.6.5 UNIX/XENIX 操作系统简介

UNIX 是一个多用户、多任务的分时操作系统。最早由美国电话与电报公司(AT&T)贝尔实验室(Bell Lab)的 Ken Thompson 和 Dennis Ritchie 两人在 DEC 的 PDP－7 机上设计的。从 1969 年至今，它不断地发展、演变并被广泛应用于小型机、超小型机、大型机甚至超大型机。20 世纪 80 年代以来又凭其性能的完善和可移植性，在微型机上也日益流行起来。由于 UNIX 的巨大成功和它对计算机科学所做的贡献，两位主设计人曾获得国际计算机界的"诺贝尔奖"——ACM 图灵奖。

1. UNIX 系统的层次结构

UNIX 系统在结构上可以分为核心和外层两部分，如图 5-36 所示。核心部分包含了操作系统的主要功能：存储管理、进程管理、设备管理、文件管理等。核心的最外层是系统调用，它是 UNIX 系统核心部分与外层部分的接口，是用户程序与核心之间仅有的接口。

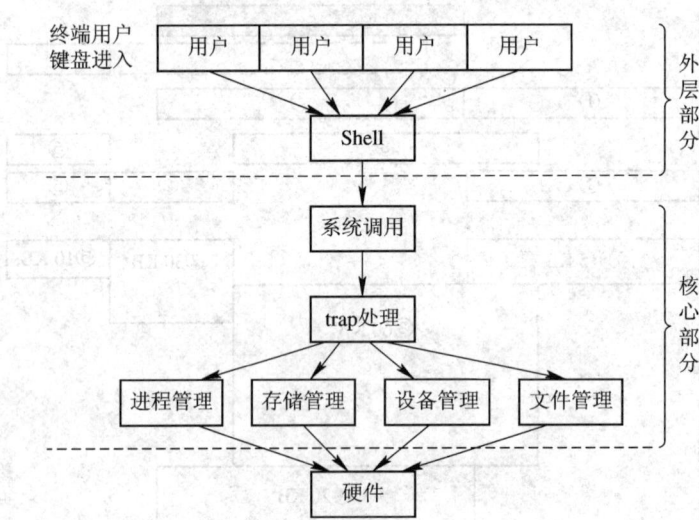

图 5-36　UNIX 系统的层次结构关系

核心外的 Shell 是 UNIX 操作系统的命令程序设计语言和命令解释语言的统称，是用户与 UNIX 操作系统之间的接口。UNIX 系统可同时接纳多个计算机系统的多个用户，Shell 是根据用户输入的命令，找到相应模块中的程序，为它建立进程并执行。

2. UNIX 系统主要特点

由于 UNIX 系统集中了许多大型机操作系统的特点，适用面很广，特别适用于内存容量大且存储管理能力强的机器，因而成为目前国际上最为流行、应用最广泛的多用户交互式操作系统。

归纳起来，UNIX 的主要特点为：

(1) UNIX 系统吸取了许多操作系统的成功经验，做了合理的取舍，使整个系统短小精悍；

(2) 采用了进程映像技术。为了最大限度地利用内存空间，内存只存常驻少量数据，大部分进程在内存紧张时调到磁盘上，作为映像文件存放，等到内存空余时再调入内存；

(3) 提供了完善的进程控制功能，可以动态建立和消灭进程，提供进程间通信功能和进程跟踪功能；

(4) 文件系统为分级树型结构，可动态装卸文件卷；

(5) 文件、目录表、外部设备都作为文件统一处理，为用户提供了简单统一的接口；

(6) 系统为用户提供功能完善、使用方便的命令程序语言 Shell；

(7) UNIX 绝大部分程序都是用 C 语言编写。由于 C 语言具有汇编语言的大部分功能，又不依赖硬件，易阅读，易修改，因此，便于 UNIX 系统移植到各种不同的机器上。

3. UNIX 系统的发展

随着 UNIX 系统的普及与流行，形成了多种版本及其变种的 UNIX 系统。从 1970 年至 1978 年，不断改进而推出的是 $V_1 \sim V_7$ 版本。从 1981 年 AT&T 发表 UNIX System Ⅲ(S_3)开始，UNIX 不再采用版本(Version)号排列，而改为按系统(System)号排列。另外一个系统是美国加利福尼亚大学伯克利分校开发的带有虚拟存储功能的 UNIX 系统，它们是 1.0BSD，2.0BSD，…，直到 1983 年的 4.2BSD 系统等。

进入 20 世纪 80 年代以来，UNIX 开始进入微机市场。1980 年 Nierosopt 公司在 UNIX V_7 基础上，根据微型机的特点对 UNIX 进行了修改和扩充，这就是 XENIX 系统。随后，几经修改，microsoft 公司发表了不同版本的 XENIX。

XENIX 与 UNIX 虽有一些差别，但核内差别大而核外差别小。从用户使用的角度看，Shell 命令解释程序、基本命令和主要实用程序的用法几乎完全一样。XENIX 只是在微型机上运行的 UNIX，两者本质上没有什么不同。

习　题

1. 什么是操作系统？它的作用是什么？
2. 操作系统的资源管理功能包括哪些方面？
3. 什么是批处理、实时、分时操作系统？它们各有什么特征？分别适用哪些场合？
4. 试述现代操作系统的基本特征。
5. 进程有哪些基本特征？它与程序有什么不同？
6. 一个进程至少有几种状态？它们在什么情况下转换？
7. 什么叫临界资源？什么叫临界区？

8. 用 PV 操作描述同步互斥的程序其典型结构如何？

9. 进程调度程序的任务是什么？为什么说它把一台物理处理器变成了多台逻辑处理器？

10. 什么情况下可引发进程调度程序的执行？常用的进程调度算法有哪几种？

11. 什么是进程死锁？死锁的产生有哪 4 个必要条件？

12. 设系统中有 A、B、C 三类资源为 10，5，7 个，有 $P_0 P_1 P_2 P_3 P_4$ 进程，在 T_0 时刻的系统状态如下：

	最大需求			已分配			还需要			目前可用资源		
	A	B	C	A	B	C	A	B	C	A	B	C
P_0	7	5	3	0	1	0	7	4	3	3	3	2
P_1	3	2	2	2	0	0	1	2	2			
P_2	9	0	2	3	0	2	6	0	0			
P_3	2	2	2	2	1	1	0	1	1			
P_4	4	3	3	0	0	2	4	3	1			

问：(1) T_0 时刻系统安全吗？如果安全则给出安全序列。

(2) 若此时 P_1 请求 A 类 1 个，C 类 2 个，能否分配？为什么？

(3) 在(2)之后有一个新状态，若此时 P_0 请求 B 类 2 个，能否分配？为什么？

13. 存储管理的主要功能是什么？

14. 什么叫地址重定位？在什么情况下采用地址重定位？怎样区分静态地址重定位和动态地址重定位？各有什么优缺点？

15. 什么是虚拟存储器？虚拟存储管理的方案有哪些？

16. 考虑下面的段表：

段号	始址	段长
0	219	600
1	2300	14
2	90	100
3	1345	590
4	1957	95

对下面的逻辑地址，求出其物理地址(段式管理)，如越界请指出。

a. <0，430>; b. <1，10>; c. <1，1>; d. <2，500>; e. <3，400>; f. <4，112>。

17. 考虑一个进程的主存地址访问序列：10，11，104，70，73，309，185，245，246，434，485，367，问：

(1) 如果页面大小为 100，给出其页面访问序列。

(2) 进程空间分得的主存块 M=2，采用 FIFO 置换算法，求页面失效率。

18. 什么叫系统颠簸？产生颠簸的原因是什么？如何检测颠簸？如何消除颠簸？

19. 设备管理的任务和功能是什么？

20. 简述通道技术和缓冲技术。

21. 处理机和外部设备的通信有哪几种基本方式，各有什么特点？

22．设某活动磁盘有 200 个磁道，编号为 0～199，磁头当前在 143 道服务。对于请求序列 86，147，91，177，94，150，102，175，130，求在下列调度策略下的磁头移动顺序及移动量(以道数计)：

　　a．FCFS；　b．SSTF；　c．SCAN

23．什么是文件和文件系统？

24．文件的存取方法主要有哪几种？各自的特点是什么？

25．文件系统中磁盘空间管理技术主要有哪几种？比较它们的优缺点。

26．文件的物理组织形式主要有哪几种？比较它们的优缺点。

27．操作系统与用户的接口由哪几个部分组成？

28．作业有哪几种基本状态？

29．常用的作业调度算法有哪些？

30．在作业调度的例子中，若减少 1 台磁带机，增加 1 台打印机，其它条件不变，那么调度情况如何？

第 6 章　数据库技术基础

数据库技术是计算机技术的重要分支，是数据管理的实用技术。人类社会随着计算机技术、通信技术和网络技术的发展，已经进入信息化时代，建立一个满足各级部门信息处理要求的行之有效的信息系统已成为一个企业或组织生存和发展的重要条件。作为信息系统核心技术和重要基础的数据库技术也有了飞速发展，并得到了越来越广泛的应用。对于一个国家来说，数据库的建设规模、数据库信息量的大小和使用频度已成为衡量这个国家信息化程度的重要标志。

6.1　数据库基本概念

6.1.1　信息、数据和数据处理

人类的社会活动和生产活动，离不开对信息的收集、保存、利用和处理，特别是当今生产力突飞猛进，新技术层出不穷，信息量迅速剧增，人类社会进入了信息化的阶段。那么什么是信息呢？信息是人们用来对客观世界直接进行描述、可在人们之间进行传递的一些知识。信息需要被加工和处理、需要被交流和使用。随着计算机技术的迅速发展，计算机具有的高速处理能力和存储容量巨大的特点，使得人们有可能对大量的信息进行保存和加工处理。为了记载信息，人们使用各种各样的物理符号和它们的组合来表示信息，这些符号及其组合就是数据。数据是信息的具体表示形式，信息是数据的有意义的表现。由此可见，信息和数据有一定的区别，信息是观念性的，数据是物理性的。在有些场合信息和数据难以区分，信息本身就是数据化了的，数据本身是一种信息。因此在很多场合不对它们进行区分，信息处理与数据处理往往指同一个概念，计算机之间交换数据也可以说成是交换信息等等。

有了数据就产生了数据处理的问题，人们收集到的各种数据需要经过加工处理。所谓数据处理包括对数据的收集、记载、分类、排序、存储和计算等工作。其目的是使有效的信息资源得到合理和充分地利用，从而促进社会生产力的发展。

数据处理经过了手工处理、机械处理、电子数据处理三个阶段。今天，用计算机进行数据处理方法的研究已成为计算机技术中的主要课题之一，数据库技术已成为社会信息化时代不可缺少的方法和工具。

6.1.2　数据管理技术的发展

随着计算机数据处理技术的发展，数据管理技术先后经历了三个发展阶段，即人工管理阶段、文件系统管理阶段和数据库系统管理阶段。

1. 人工管理阶段

在 20 世纪 50 年代中期以前，计算机主要用于科学计算。当时的硬件状况是：外存只有纸带、卡片、磁带，没有磁盘等直接存取的存储设备；软件状况是：没有操作系统，没有管理数据的软件；数据处理方式是批处理。对数据的管理是由程序员个人考虑和安排的，一个程序对应于一组数据，进行程序设计时，往往也要对数据的结构、存储方式、输入输出方式等进行设计。严格地说，这种管理只是一种技巧，这是数据自由管理的方式，因此，这一阶段又称为自由管理阶段。其特点是：数据不能长期保存，数据与程序不独立，一组数据对应于一个程序，没有软件系统对数据进行管理，基本上没有文件的概念。程序与数据的存放形式如图 6-1 所示。

图 6-1　程序与数据的存放

2. 文件系统管理阶段

20 世纪 50 年代后期到 60 年代中期，计算机软硬件都得到了发展，计算机不仅用于科学计算，还大量用于管理。这时硬件方面已有了磁盘、磁鼓等直接存取的存储设备；软件方面，操作系统中已经有了专门的数据管理软件，一般称为文件系统；数据处理方式上不仅有了批处理，而且能够联机实时处理。该阶段的数据管理具有如下特点：

(1) 数据可以长期保存。

(2) 由文件系统管理数据。文件系统把数据组织成相互独立的数据文件，利用"按文件名进行访问，按记录进行存取"的管理技术，可以对文件进行修改、插入和删除的操作。程序和数据之间由文件系统提供存取方法进行转换，使应用程序与数据之间有了一定的独立性，程序员可以不必过多地考虑物理细节，将精力集中于算法。

但是，文件系统仍存在以下缺点。

(1) 数据共享性差，冗余度大。在文件系统中，一个数据文件基本上对应于一个应用程序，即数据仍然是面向应用的。当不同的应用程序具有部分相同的数据时，也必须建立各自的文件，而不能共享相同的数据，因此数据的冗余度大，浪费存储空间。同时，由于相同数据的重复存储、各自管理，容易造成数据的不一致性，给数据的修改和维护带来困难。

(2) 数据独立性差。文件系统中的文件是为某一特定应用服务的，文件的逻辑结构对该应用程序来说是优化的。因此，要想对现有的数据再增加一些新的应用会很困难，系统不容易扩充。一旦数据的逻辑结构改变，必须修改应用程序；应用程序的改变，也将引起文件的数据结构的改变。因此数据与程序之间仍缺乏独立性。可见，文件系统仍然是一个不具有弹性的无结构的数据集合，即文件之间是孤立的，不能反映现实世界事物之间的内在联系。在文件系统阶段，程序与数据之间的关系如图 6-2 所示。

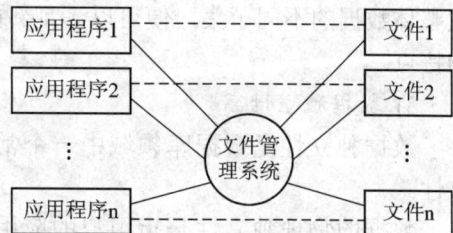

图 6-2　文件系统管理示意图

3. 数据库系统管理阶段

20 世纪 60 年代后期以来，计算机软硬件技术得到了飞速发展，同时，计算机用于管理的规模越来越大，应用越来越广泛，数据量急剧增加，多种应用、多种语言互相覆盖地共享数据集合的要求越来越强烈。为了解决多用户、多应用共享数据，使数据为尽可能多的应用服务，显然，文件系统已不能满足应用需求，于是数据库技术便应运而生。出现了统一管理数据的专门软件系统——数据库管理系统(DBMS，DataBase Management System)。

数据库系统管理数据比文件系统具有明显的优点，从文件系统到数据库系统，标志着数据管理技术的飞跃。在数据库系统中，应用程序与数据之间的关系可用图 6-3 来表示。

与文件系统管理阶段相比，数据库系统管理阶段具有以下的一些特点：

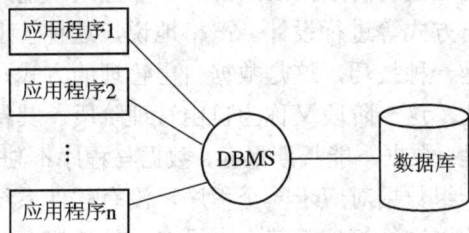

图 6-3　数据库系统管理示意图

1) 数据结构化

数据结构化是数据库主要特征之一，是数据库系统与文件系统的根本区别。

在文件系统中，相互独立的文件的记录内部是有结构的，传统文件的最简单形式是等长同格式的记录集合，但记录之间是没有联系的，并且文件是面向某一应用的。而实际系统往往涉及许多应用，在数据库系统中不仅要考虑某个应用的数据结构，还要考虑整个组织的数据结构。这就要求在描述数据时不仅要描述数据本身，还要描述数据之间的联系。

在数据库系统中，数据不再针对某一应用，而是面向全组织，具有整体的结构化。不仅数据是结构化的，而且存取数据的方式也很灵活，可以存取数据库中的某一个数据项、一组数据项、一个记录或一组记录。而在文件系统中，数据的最小存取单位是记录，粒度不能细到数据项。

2) 数据的共享性高、冗余度低、易扩充

数据库系统是从整体角度看待和描述数据，数据不再面向某个应用而是面向整个系统，因此数据可以被多个用户、多个应用共享使用。数据共享可以大大减少数据冗余，节约存储空间。数据共享还能够避免数据之间的不相容性与不一致性。

数据库中的数据是面向整个系统，是有结构的数据，不仅可以被多个应用共享使用，而且容易增加新的应用，可以适应各种应用需求。当应用需求改变或增加时，只要重新选取整体数据的不同子集，便可以满足新的要求，这就使得数据库系统具有弹性大，易扩充的特点。

3) 数据独立性高

数据独立性是数据库领域中一个常用术语，包括数据的物理独立性和数据的逻辑独立性。

数据的物理独立性是指用户的应用程序与存储在磁盘上的数据库中数据是相互独立的。也就是说，数据在磁盘上的数据库中怎样存储是由 DBMS 管理的，用户程序不需要了解，应用程序要处理的只是数据的逻辑结构。这样，当数据的物理存储改变了，应用程序不用改变。

数据的逻辑独立性是指用户的应用程序与数据库的逻辑结构是相互独立的，也就是说，数据的逻辑结构改变了，用户程序也可以不变。

数据与程序的独立，把数据的定义从程序中分离出去，加上数据的存取又由 DBMS 负责，从而简化了应用程序的编制，大大减少了应用程序的维护和修改工作。

数据独立性是由 DBMS 的二级映像功能来保证的，这将在稍后讨论。

4) 统一的数据管理和控制

数据库对系统中的用户来说是共享资源，即多个用户可以同时存取数据库中的数据甚至可以同时存取数据库中的同一个数据。因此，DBMS 必须提供以下几方面的数据控制和保护功能。

(1) 数据的安全性保护。数据的安全性是指保护数据以防止不合法的使用所造成的数据泄密和破坏，使每个用户只能按规定，对某种数据以某些方式进行使用和处理。例如，系统用检查口令或其它手段来检查用户身份，合法用户才能进入数据库系统；系统提供数据存取权限的定义机制，当用户对数据库执行操作时，系统自动检查用户能否执行这些操作，检查通过后才能执行允许的操作。

(2) 数据的完整性控制。数据的完整性是指数据的正确性、有效性和相容性。完整性检查提供必要的功能，保证数据库中的数据在输入和修改过程中始终符合原来的定义和规定，在有效的范围内，保证数据之间满足一定的关系。例如，月份是 1~12 之间的正整数，学生年龄是 15~45 间的整数，学生学号是惟一的，学生所在的系院必须是有效存在的等。

(3) 数据库恢复。计算机系统的软硬件故障、操作员的失误以及恶意的破坏都会影响到数据库中数据的正确性，甚至造成数据库部分或全部数据的丢失。因此 DBMS 必须具有将数据库从错误状态恢复到某一已知的正确状态(亦称为完整状态或一致状态)的功能。

(4) 并发控制。当多个用户的并发进程同时存取、修改数据库时，可能会发生相互干扰而得到错误的结果或使得数据库的完整性遭到破坏，因此必须对多用户的并发操作加以控制和协调。

数据库系统的出现使信息系统进入从以加工数据的程序为中心转向以共享的数据库为中心的新阶段。这样既便于数据的集中管理，又有利于应用程序的研制和维护，提高了数据的利用率和相容性，提高了决策的可靠性。

6.1.3　数据库系统

1. 数据库

所谓数据库是长期储存在计算机内的、有组织的、可共享的数据集合。数据库中的数据按一定的数据模型组织、描述和储存，具有较小的冗余度、较高的数据独立性和易扩展性，并可为一定范围内的各种用户共享。

2. 数据库管理系统(DBMS)

了解了数据和数据库的概念，接下来的问题是如何科学地组织和存储数据，如何高效地获取和维护数据，完成这个任务的是一个系统软件——数据库管理系统。DBMS 是位于用户与操作系统之间的一个数据管理软件，是一个帮助用户建立、使用和管理数据库的软件系统，是数据库与用户之间的接口。它的基本功能应包括以下几个方面：

(1) 数据定义功能。DBMS 提供数据定义语言(DDL)，用户通过定义语言可以方便地对数据库中的数据对象进行定义。

(2) 数据操纵功能。DBMS 提供数据操纵语言(DML)，用户通过操纵语言操纵数据，实现对数据库的基本操作，如查询、插入、删除和修改。

(3) 数据库的运行管理。数据库在建立、运行和维护时由 DBMS 统一管理、统一控制，以保证数据的安全性、完整性、多用户对数据的并发使用及发生故障后的系统恢复。

(4) 数据库的建立和维护功能。它包括数据库初始数据的输入、转换功能，数据库的转储、恢复功能，数据库的重组织功能，以及性能监视、分析功能等。

3. 数据库系统(DBS，DataBase System)

数据库系统是指在计算机系统中引入数据库后的系统，一般由数据库、操作系统、数据库管理系统(及其工具)、应用系统、数据库管理员和用户构成，如图 6-4 所示。应当指出的是，数据库的建立、使用和维护等工作只靠一个 DBMS 远远不够，还要有专门的人员来完成，这些人被称为数据库管理员(DBA，DataBase Adiminstrator)。

在一般不引起混淆的情况下常常把数据库系统简称为数据库。

由于数据库系统数据量都很大，加之 DBMS 丰富的功能使得自身的规模也很大，因此数据库系统对硬件提出了较高的要求，这些要求是：要有足够大的内存；要有足够大的磁盘空间存放数据库，足够的磁带做数据备份；系统有较高的通信能力，以提高数据传输率。

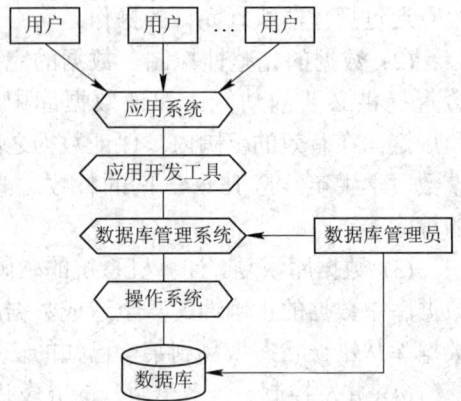

图 6-4　数据库系统示意图

4. 数据库系统的有关人员

(1) 数据库管理员。DBA 负责对整个数据库系统进行总体控制和维护，以保证数据库系统的正常运行。

(2) 系统分析员和数据库设计人员。系统分析员负责应用系统的需求分析和规范说明，他们要和用户及 DBA 相结合，确定系统的软硬件配置并参与数据库系统的概要设计。数据库设计人员负责数据库中数据的确定、数据库各级模式的设计。数据库设计人员必须参加用户需求调查和系统分析，然后进行数据库设计。在很多情况下，数据库设计人员就由数据库管理员担任。

(3) 应用程序员。负责设计和编写应用程序的程序模块，并进行调试和安装。

(4) 终端用户。他们通过联机终端，并通过应用程序的用户接口使用数据库。常用的接口方式有浏览器、菜单驱动、表格操作、图形显示、报表书写等。

6.2　数　据　模　型

6.2.1　数据模型的概念

模型是现实世界特征的模拟和抽象。数据模型也是一种模型，它是现实世界数据特征的抽象。现有的数据库系统均是基于某种数据模型的。因此，数据模型是数据库系统的核心和基础，了解数据模型的基本概念是学习数据库系统的基础。

数据库是某个企业、组织或部门所涉及的数据的一个综合，它不仅要反映数据本身的内容，而且要反映数据之间的联系。由于计算机不可能直接处理现实世界中的具体事物，所以，人们必须事先把具体事物转换成计算机能够处理的数据。在数据库中用数据模型这个工具来抽象、表示和处理现实世界中的数据和信息。

数据模型应满足三方面要求：一是能比较真实地模拟现实世界；二是容易为人们所理解；三是便于在计算机上实现。一种数据模型要很好地满足这三方面的要求，在目前尚很困难。在数据库系统中针对不同的使用对象和应用目的，采用不同的数据模型。

不同的数据模型实际上是提供给人们模型化数据和信息的不同工具。根据模型应用的不同目的，可以将这些模型划分为两类，它们分属于两个不同的层次。第一类模型是概念模型，也称信息模型，它是按用户的观点对数据和信息建模。另一类模型是数据模型(即结构模型)，主要包括网状模型、层次模型、关系模型和面向对象模型等，它是按计算机系统的观点对数据建模。

6.2.2　数据模型的要素

一般地讲，数据模型是严格定义的一组概念的集合。这些概念精确地描述了系统的静态特性、动态特性和完整性约束条件。因此，数据模型通常都是由数据结构、数据操作和完整性约束三个要素组成。

1．数据结构

数据结构是所研究的对象类型的集合。这些对象是数据库的组成成分，它们包括两类：一类是与数据类型、内容、性质有关的对象；一类是与数据之间联系有关的对象。

数据结构是刻画一个数据模型性质最重要的方面。因此在数据库系统中，通常按照其数据结构的类型来命名数据模型。例如层次结构、网状结构、关系结构的数据模型分别命名为层次模型、网状模型和关系模型。

数据结构是对系统静态特性的描述。

2．数据操作

数据操作是指对数据库中各种对象(型)的实例(值)允许执行的操作的集合，包括操作及有关的操作规则。数据库主要有检索和更新(包括插入、删除、修改)两大类操作。数据模型必须定义这些操作的确切含义、操作符号、操作规则(如优先级)以及实现操作的语言。

数据操作是对系统动态特性的描述。

3. 数据的完整性约束

数据的完整性约束是一组完整性规则的集合。完整性规则是给定的数据模型中数据及其联系所具有的制约和储存规则，用以限定符合数据模型的数据库状态以及状态的变化，以保证数据的正确、有效和相容。

数据模型应该反映和规定本数据模型必须遵守的、基本的、通用的完整性约束。例如，在关系模型中，任何关系必须满足实体完整性和参照完整性两个条件(稍后讨论这两个完整性约束)。

此外，数据模型还应该提供定义完整性约束的机制，以反映具体应用所涉及的数据必须遵守的特定的语义约束。例如在学生数据库中，性别只能取值为男或女，累计成绩不得有三门以上不及格等。

6.2.3　概念模型——E-R模型

为了把现实世界中的具体事物抽象、组织为某一 DBMS 支持的数据模型，人们常常首先将现实世界抽象为信息世界，然后将信息世界转换为机器世界。概念模型用于信息世界的建模，与具体的 DBMS 无关。概念模型是现实世界到信息世界的第一层抽象，是数据库设计人员进行数据库设计的有力工具，也是数据库设计人员和用户之间进行交流的语言，因此概念模型一方面应该具有较强的语义表达能力，能够方便、直接地表达应用中的各种语义知识，另一方面它还应该简单、清晰、易于用户理解。

1. 信息世界中的基本概念

信息世界涉及的概念主要有：

1) 实体(Entity)

客观存在并可相互区别的事物称为实体。实体可以是具体的人、事、物，也可以是抽象的概念或联系。例如，一个职工、一个学生、一门课、一个部门、学生的一次选课、部门的一次定货等都是实体。

2) 属性(Attribute)

实体所具有的某一特性称为属性。一个实体可以由若干个属性来刻画。例如，学生实体可以由学号、姓名、性别、出生年份、系、入学时间等属性组成，如(20020124，张亮，男，1984，计算机系，2002)表征了一个学生。

3) 码(Key)

惟一标识实体的属性集称为码。例如学号是学生实体的码。

4) 域(Domain)

属性的取值范围称为该属性的域。例如，性别的域为(男，女)，学号的域为 8 位整数，年龄的域为小于 35 的整数。

5) 实体型(Entity Type)

具有相同属性的实体必然具有共同的特性和性质。用实体名及其属性名集合来抽象和刻画同类实体，称为实体型。例如，学生(学号，姓名，性别，出生年份，系，入学时间)就是一个实体型。

6) 实体集(Entity Set)

同型实体的集合称为实体集。例如，全体学生就是一个集合，即实体集。

7) 联系(Relationship)

在现实世界中，事物内部以及事物之间是有联系的，这些联系在信息世界中反映为实体(型)内部的联系和实体(型)之间的联系。实体内部的联系通常是指组成实体的各属性之间的联系。实体之间的联系通常是指不同实体集之间的联系。

两个实体型之间的联系可以分为三类：

(1) 一对一联系(1∶1)。如果对于实体集 A 中的每一个实体，实体集 B 中至多有一个(也可以没有)实体与之联系，反之亦然，则称实体集 A 与实体集 B 具有一对一联系，记为 1∶1。例如，学校里面，一个班级只有一个正班长，而一个班长只在一个班中任职，则班级与班长之间具有一对一联系。

(2) 一对多联系(1∶n)。如果对于实体集 A 中的每一个实体，实体集 B 中有 n 个(n≥0)实体与之联系，反之，对于实体集 B 中的每一个实体，实体集 A 中至多有一个实体与之联系，则称实体集 A 与实体集 B 具有一对多联系，记为 1∶n。例如，一个班级中有若干名学生，而每个学生只在一个班级中学习，则班级与学生之间具有一对多联系。

(3) 多对多联系(m∶n)。如果对于实体集 A 中的每一个实体，实体集 B 中有 n 个(n≥0)实体与之联系。反之，对于实体集 B 中的每一个实体，实体集 A 中也有 m 个(m≥0)实体与之联系，则称实体集 A 与实体集 B 具有多对多联系，记为 m∶n。例如，一个课程同时有若干名学生选修，而一个学生可以同时选修多门课程，则课程与学生之间具有多对多联系。

实际上，一对一联系是一对多联系的特例，而一对多联系又是多对多联系的特例。

实体型之间的这种一对一、一对多、多对多联系不仅存在于两个实体型之间，也存在于两个以上的实体型之间。例如，对于课程、教师与参考书三个实体型，如果一门课程可以有若干个教师讲授，使用若干本参考书，而每一个教师只讲授一门课程，每一本参考书只供一门课程使用，则课程与教师、参考书之间的联系是一对多的。

同一个实体集内的各实体之间也可以存在一对一、一对多、多对多的联系。例如，职工实体集内部具有领导与被领导的联系，即某一职工(干部)"领导"若干名职工，而一个职工仅被另外一个职工直接领导，因此这是一对多的联系。

2．概念模型的表示方法

概念模型是对信息世界建模，所以概念模型应该能够方便、准确地表示出信息世界中的常用概念。概念模型的表示方法很多，其中最为常用的是 P.P.S.Chen 于 1976 年提出的实体—联系方法(Entity-Relationship Approach)。该方法用 E - R 图来描述现实世界的概念模型，E - R 方法也称为 E - R 模型。

E - R 图提供了表示实体型、属性和联系的方法。

实体型：用矩形表示，矩形框内写明实体名。

属性：用椭圆形表示，并用无向边将其与相应的实体连接起来。

联系：用菱形表示，菱形框内写明联系名，并用无向边分别与有关实体连接起来，同时在无向边旁标上联系的类型(1∶1，1∶n，m∶n)。如果一个联系具有属性，则这些属性也要用无向边与该联系连接起来。

现实世界中的任何数据集合，均可用 E-R 图来描述。图 6-5 和图 6-6 给出了一些简单的例子。

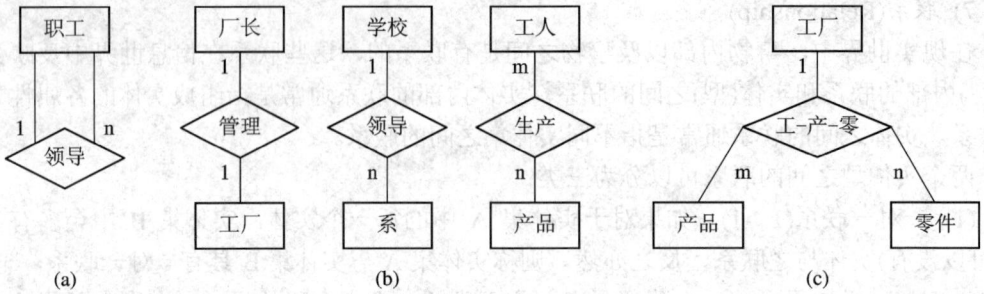

图 6-5 实体的联系

(a) 实体内部的联系；(b) 两个实体之间的联系；(c) 多个实体之间的联系

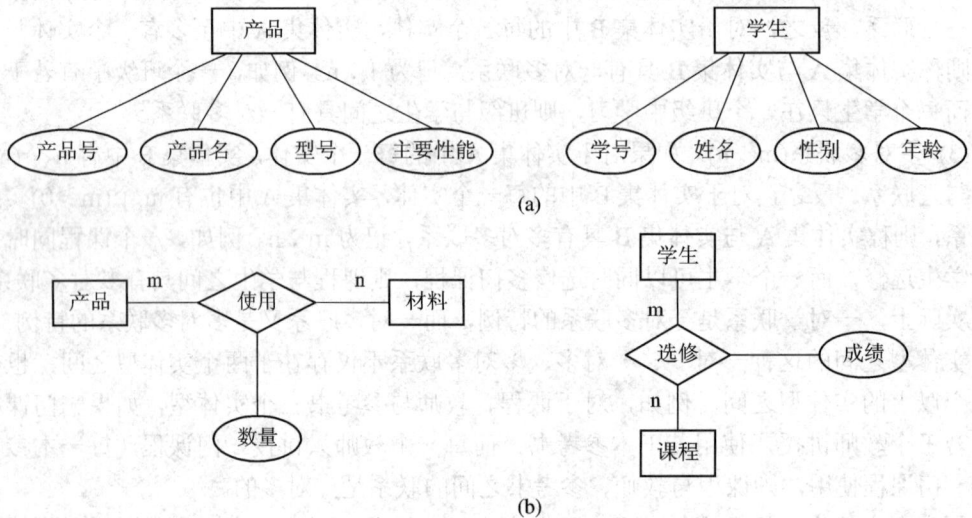

图 6-6 实体与联系的属性

(a) 实体的属性；(b) 联系的属性

E-R 模型有两个明显的优点：一是接近人的思想，容易理解；二是与计算机无关，用户容易接受。因此，E-R 模型已经成为数据库概念设计的一种重要方法，它是设计人员和不熟悉计算机的用户之间的共同语言。一般遇到一个实际问题，总是先设计一个 E-R 模型，然后再把 E-R 模型转换成计算机能实现的数据模型。

6.2.4　常用的数据模型

不同的数据模型具有不同的数据结构形式。目前最常用的数据结构模型有层次模型、网状模型、关系模型和面向对象模型。其中层次模型和网状模型统称为非关系模型。非关系模型的数据库系统在 20 世纪 70 年代非常流行，到了 20 世纪 80 年代，逐渐被关系模型的数据库系统取代，但在美国等一些国家里，由于历史的原因，目前层次和网状数据库系统仍为某些用户所使用。

20 世纪 80 年代以来，面向对象的方法和技术在计算机各个领域，包括程序设计语言、软件工程、信息系统设计等各方面都产生了深远的影响，也促进了数据库中面向对象数据模型的研究和发展。

1. 层次模型(Hierarchical Model)

层次模型是数据库系统中最早出现的数据模型，层次数据库系统采用层次模型作为数据的组织方式。层次模型是以记录类型为结点的有向树，即树的每一个结点都表示一个记录类型，它有如下特点：

(1) 有且仅有一个结点没有双亲结点，这个结点称为根结点；

(2) 根以外的其它结点有且只有一个双亲结点；

(3) 每个结点可以有若干个孩子结点。

凡满足以上条件的数据结构模型称为层次模型。如图 6-7 所示就是一个层次模型。

层次数据库系统的典型代表是 IBM 公司的 IMS(Information Management Systems)数据库管理系统，这是 1968 年 IBM 公司推出的第一个大型商用数据库管理系统，曾经得到广泛的使用，目前，仍然有某些特定用户在使用。

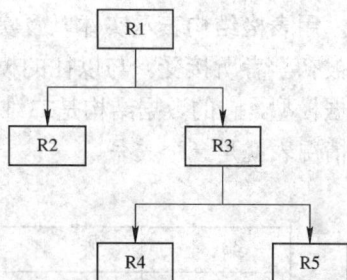

图 6-7　层次模型

2. 网状模型(Network Model)

在现实世界中事物之间的联系更多的是非层次关系，若用层次模型表示很不直接，网状模型则可以克服这一缺点。网状数据库系统采用网状模型作为数据的组织方式，网状模型是以记录类型为结点的有向图。在网状模型中，数据间紧密相连，呈现出一种网状的关系形式，图 6-8 中的数据模型都是网状模型。它的特征是：

(1) 允许一个以上的结点无双亲；

(2) 允许一个结点有多于一个的双亲；

(3) 任意两个结点之间可以有多于一个以上的联系。

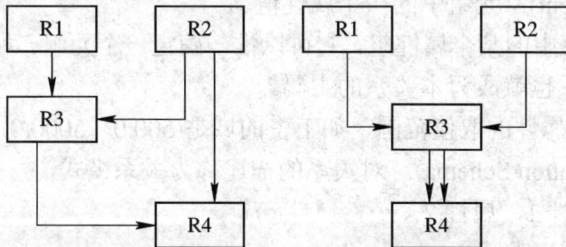

图 6-8　网状模型

网状数据模型的典型代表是 DBTG 系统，它是 20 世纪 70 年代数据系统语言研究会 (Conference On Data System Language)下属的数据库任务组(DBTG，DataBase Task Group)提出的一个系统方案。DBTG 系统虽然不是实际的软件系统，但是它提出的基本概念、方法和技术具有普遍意义。它对于网状数据库系统的研制和发展起了重大的影响。后来不少的实际系统都采用了 DBTG 模型或者简化的 DBTG 模型。

3. 关系模型(Relational Model)

关系模型是目前最常用的一种数据模型。关系数据库系统采用关系模型作为数据的组织方式。1970 年美国 IBM 公司 San Jose 研究室的研究员 E. F. Codd 首次提出了数据库系统的关系模型，开创了数据库关系方法和关系数据理论的研究，为数据库技术奠定了理论基础。由于 E. F. Codd 的杰出贡献，他于 1981 年获得 ACM 图灵奖。

20 世纪 80 年代以来，计算机厂商新推出的数据库管理系统几乎都支持关系模型，非关系模型的产品也大都加上了关系接口。数据库领域当前的研究工作也大都是以关系方法为基础。

用表格结构表示实体以及实体之间联系的模型称为关系模型。关系模型比较简单，容易被初学者所接受。与以往的模型不同，关系模型是建立在严格的数学概念基础上的一种数据模型，它的数据结构是二维表，即由行和列组成，这个表就叫作关系。表 6-1 所列的职工情况表就是一个关系。

表 6-1 职工情况表

编 号	姓 名	职 称	工 龄	工 资	出生日期
1001	王 明	工程师	10	1150.0	01/20/70
1024	田 丽	助 工	5	980.0	10/09/75
2048	张 升	高 工	20	1450.0	09/28/62
4006	胡中华	助 工	3	870.0	05/28/78

下面结合表 6-1，介绍关系模型中的一些术语。

(1) 关系(Relation)：一个关系对应一张二维表，二维表名就是关系名，如表 6-1 职工情况表。

(2) 元组(Tuple)：表中的一行即为一个元组，如表 6-1 中的(1001，王明，工程师，10，1150．0，01/20/70)为一个元组。

(3) 属性(Attribute)：表中的一列即为一个属性，给每一个属性起一个名字即属性名。如表 6-1 有六列，对应六个属性，属性名分别为编号、姓名、职称、工龄、工资、出生日期。

(4) 分量(Component)：元组中的一个属性值。

(5) 主码(Key)：表中的某个属性组，它可以惟一确定一个元组。如表 6-1 中的编号，可以惟一确定一个职工，也就成为本关系的主码。

(6) 域(Domain)：属性的取值范围，如工资的域是(500.0～5000.0)。

(7) 关系模式(Relation Schema)：对关系的描述称为关系模式，一般表示为：

关系名(属性 1，属性 2，…，属性 n)

例如表 6-1 的关系可表示为

职工情况表(编号，姓名，职称，工龄，工资，出生日期)

关系模型与层次、网状模型的最大区别是关系模型用表格的数据而不是通过指针链来表示和实现实体间的联系。关系模型中数据结构单一，只有二维表格，通常可把表格看成一个集合，因此集合论、数理逻辑等知识可引入到关系模型中来。一般认为它是一种比较有前途的模型。

4. 面向对象模型(Object-Oriented Model)

由于关系模型比层次、网状模型更为简单灵活，因此，数据处理领域中，关系数据库的使用已相当普遍。但是，现实世界存在着许多含有更复杂数据结构的实际应用领域，例如 CAD 数据、图形数据等，需要有一种数据模型来表达这类信息，在人工智能研究中也出现了类似的需要，这种数据模型就是面向对象的数据模型。

20 世纪 80 年代中后期，数据库界掀起了面向对象技术与数据库技术相结合的研究热潮，对于什么是面向对象数据库，它应该具有哪些特性，如何去实现它，大家有各自不同的见解，因此研究工作百花齐放，各自按照自己的方法去实现自己的系统。经过十余年的研究与实践，现在归纳起来，面向对象技术与数据库技术相结合的途径主要有以下两种：

一种途径是以面向对象程序设计语言为基础进行扩展，研究持久的程序设计语言，使之具有数据库功能；或者直接将数据库系统的特性与面向对象程序设计语言的特性结合起来，研制面向对象的数据库系统(OODBS)。

OODBS 的商品化现状远不如 20 世纪 80 年代中后期开始研究面向对象技术与数据库技术相结合时人们预想的高，其原因是多方面的。首先，OODBS 缺乏标准；其次，OODBS 产品在安全性、完整性、坚固性、可伸缩性、视图机制、模式演化等许多方面都不如关系数据库系统(RDBS)产品；另外，OODBS 系统的应用开发工具很少，对客户/服务器环境的支持也不够。

另一种途径是以传统的关系数据库和 SQL 语言为基础，进行扩展的方法。这种方法早期的典型代表是加州大学 Berkeley 分校研制的扩展关系数据库系统 POSTGRES，它以关系数据库系统 Ingres 为基础，将它的类型系统开放，允许将新的、用户定义的抽象数据类型(ADT)加进来，用户定义新的 ADT 时需要实现这个类型，即定义它的表示法和编写它的函数。采用扩展关系数据模型的方法建立的数据库系统称做对象—关系数据库系统(ORDBS)，它建立在关系数据库技术坚实的基础上，并且支持若干重要的面向对象特性，能够满足数据库新应用的需求。

面向对象数据模型比网状、层次、关系数据模型具有更加丰富的表达能力。但正因为面向对象模型的丰富的表达能力，模型相对复杂，实现起来较困难。

6.3　数据库系统的体系结构

6.3.1　数据库系统中模式的概念

在数据模型中有"型"(Type)和"值"(Value)的概念。型是指对某一类数据的结构和属性的说明，值是型的一个具体赋值。例如，学生记录定义为(学号，姓名，性别，系别，年龄，籍贯)记录型，而(020301，李辉，男，计算机，19，陕西)则是该记录型的一个记录值。

模式(Schema)是数据库中全体数据的逻辑结构和特征的描述，它仅仅涉及到型的描述，不涉及到具体的值。模式的一个具体值称为模式的一个实例(Instance)。同一个模式可以有很多实例。模式是相对稳定的，而实例是不断变动的，因为数据库中的数据是在不断更新的。模式反映的是数据的结构及其联系，而实例反映的是数据库某一时刻的状态。

虽然实际的 DBMS 产品种类很多，它们支持不同的数据模型，使用不同的数据库语言，建立在不同的操作系统之上，数据的存储结构也各不相同，但它们在体系结构上通常都具有相同的特性，即采用三级模式结构并提供两层映像功能。

6.3.2　数据库系统的三级模式结构

数据库系统的三级模式结构分为：外模式、模式和内模式，如图 6-9 所示。

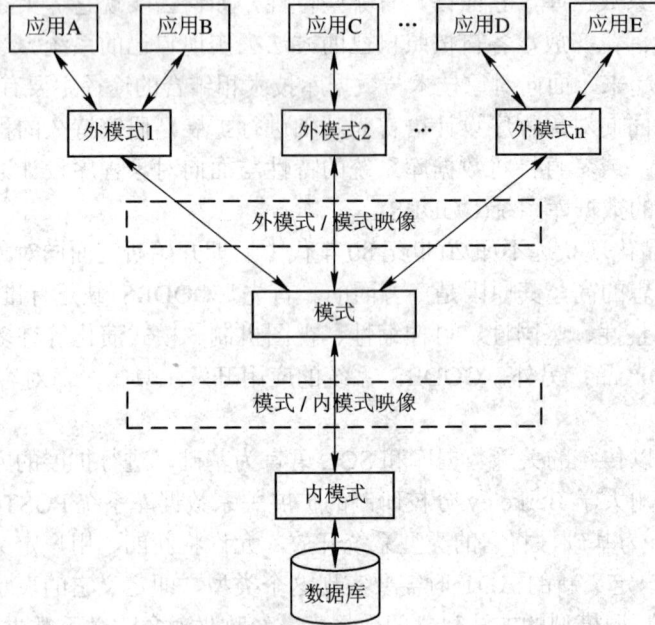

图 6-9　数据库系统的三级模式结构

1．模式

模式也称逻辑模式或概念模式，它是数据库中全体数据的逻辑结构和特征的描述，也是所有用户的公共数据视图。它是数据库系统模式结构的中间层，既不涉及数据的物理存储细节和硬件环境，也与具体的应用程序、所使用的开发工具及高级程序设计语言无关。

模式是 DBA 所看到的数据库。一个数据库只有一个模式。数据库模式以某一种数据类型为基础，统一综合地考虑了所有用户的需求，并将这些需求有机地结合成一个逻辑整体。定义模式时不仅要定义数据的逻辑结构，而且要定义数据之间的联系，定义与数据有关的安全性、完整性要求。

模式使用 DBMS 提供的模式数据定义语言(模式 DDL)来严格定义。

2．外模式

外模式也称子模式(SubSchema)或用户模式，它是数据库用户能够看见和使用的局部数据的逻辑结构和特征的描述，是数据库用户的数据视图，也是与某一应用有关的数据的逻辑表示。

外模式是模式的子集，一个数据库可以有多个外模式。外模式是保证数据安全性的一个有力工具，每个用户只能看见和访问所对应的外模式中的数据，数据库中其余的数据是不可见的。

子模式使用 DBMS 提供的子模式数据定义语言(子模式 DDL)来严格定义。

3. 内模式

内模式又称存储模式，一个数据库只有一个内模式。它描述了数据的物理结构和存储方式，是数据库内部的表示方法。例如，记录的存储方式是顺序存储、按照 B 树结构存储还是按 Hash 方法存储；索引按照什么方式组织；数据是否压缩存储，是否加密；数据的存储记录结构有何规定等。

内模式使用 DBMS 提供的内模式数据定义语言(内模式 DDL)来严格定义。

DDL 是数据描述语言(Data Description Language)，它是在建立数据库时用来描述数据库结构的语言，有些文献称之为数据定义语言(Data Definition Language)，简称都是 DDL。用三种 DDL 来描述三种不同的模式，有利于实现数据独立性。但实际的 DBMS 不一定将三种 DDL 分开，多数 DBMS 仅提供一种或者两种 DDL，同时完成这三种语言的功能。

DDL 是类似高级语言的形式化语言。用 DDL 描述的模式成为源模式，它构成数据库系统的"描述数据库"。通过 DBMS 配备的 DDL 翻译程序，能把源模式翻译为目标模式，构成系统的"目标数据库"。目标数据库通常由一组表格构成。

6.3.3　数据库的二层映像与数据独立性

数据库系统的三级模式是对数据的三个抽象级别，为了能够在内部实现这 3 个抽象层次之间的联系和转换，数据库管理系统在这三级模式之间提供了两层映像，它们由软件完成，这些软件是 DBMS 的主要组成部分之一。正是这两层映像保证了数据库系统中的数据能够具有较高的逻辑独立性和物理独立性。

1. 外模式/模式映像

模式描述的是数据库数据的全局逻辑结构，外模式描述的是数据的局部逻辑结构。对应于同一个模式可以有任意多个外模式。对于每一个外模式，数据库系统都有一个外模式/模式映像，它定义该外模式与模式之间的对应关系。这些映像定义通常包含在各自外模式的描述中。

当模式改变时(例如增加新的关系、新的属性、改变属性的数据类型等)，数据库管理员对各个外模式/模式的映像做相应改变，可以使外模式保持不变。应用程序是依据数据的外模式编写的，从而应用程序不必修改，保证了数据与程序的逻辑独立性，简称数据的逻辑独立性。

2. 模式/内模式映像

数据库中只有一个模式，也只有一个内模式，所以模式/内模式映像是惟一的，它定义数据库全局逻辑结构与存储结构之间的对应关系，该映像定义通常包含在模式描述部分。当数据库的存储结构改变了(例如选用了另一种存储结构)，由数据库管理员对模式/内模式映像做相应改变，可以使模式保持不变，从而应用程序也不必改变。保证了数据与应用程序的物理独立性，简称数据的物理独立性。

在数据库的三级模式结构中，数据库模式即全局逻辑结构是数据库中的关键，它独立于数据库的其它层次。因此设计数据库模式结构时应首先确定数据库的逻辑模式。

数据库的内模式依赖于它的全局逻辑结构，但独立于数据库的用户视图即外模式，也独立于具体的存储设备。它是将全局逻辑结构中所定义的数据结构及其联系按照一定的物理存储策略进行组织，以达到较好的时间与空间效率。

数据库的外模式面向具体的应用程序，它定义在逻辑模式之上，但独立于存储模式和存储设备。当应用需求发生较大变化，相应外模式不能满足其视图要求时，该外模式就得做相应改动，所以设计外模式时应充分考虑到应用的扩充性。

特定的应用程序是在外模式描述的数据结构上编制的，它依赖于特定的外模式，与数据库的模式和存储结构相独立，不同的应用程序有时可以共用同一个外模式，数据库的二层映像保证了数据库外模式的稳定性，从而从底层保证了应用程序的稳定性，除非应用需求本身发生变化，否则应用程序一般不需要修改。

数据与程序之间的独立性，使得数据的定义和描述可以从应用程序中分离出去。另外，由于数据的存取由 DBMS 管理，用户不需考虑存取路径等细节，从而简化了应用程序的编制，大大减少了应用程序的维护和修改。

习　题

1. 试述数据、数据库、数据库管理系统、数据库系统的概念。
2. 试述文件系统与数据库系统的区别和联系。
3. 试述数据库系统的特点。
4. 数据库管理系统的主要功能有哪些？
5. 试述数据模型的概念、数据模型的作用和数据模型的三要素。
6. 试述概念模型的作用。
7. 解释概念模型中的以下术语：
    实体，实体型，实体集，属性，码，联系
8. 实体之间的联系有哪几种？分别举例说明。
9. 试述关系模型的特点。
10. 试述数据库系统的三级模式结构。
11. 什么叫数据与程序的物理独立性？什么叫数据与程序的逻辑独立性？为什么数据库系统具有数据与程序的独立性？

第 7 章 关系数据库系统

关系数据库应用数学方法来处理数据库中的数据。最早提出将这类方法用于数据处理的是 CODASYL 在 1962 年发表的 "信息代数"，1968 年 David Child 在 7090 机上实现了集合论数据结构，但系统而严格地提出关系模型的是美国 IBM 公司的 E. F. Codd。

1970 年 E. F. Codd 在美国计算机学会会刊《Communication OF THE ACM》上发表的题为 "A Relational Model of Data for Shared Data Banks" 的论文，开创了数据库系统的新纪元。此后，他连续发表了多篇论文，奠定了关系数据库的理论基础。

20 世纪 70 年代末，关系方法的理论研究和软件系统的研制均取得了很大成果，IBM 公司的 San Jose 实验室在 IBM 370 系列机上研制的关系数据库实验系统 System R 获得成功。1981 年 IBM 公司又宣布了具有 System R 全部特性的新的数据库软件产品 SQL/DS 问世。与 System R 同期，美国加州大学柏克利分校也研制了 Ingres 关系数据库实验系统，并由 Ingres 公司发展成为 Ingres 数据库产品。

30 多年来，关系数据库系统的研究取得了辉煌的成就。关系方法从实验室走向了社会，涌现出许多性能良好的商品化关系数据库管理系统(RDBMS)，如著名的 IBM DB2、Oracle、SYBASE、Informix 等，数据库的应用领域迅速扩大。

7.1 关系模型概述

关系数据库系统是支持关系模型的数据库系统。

关系模型由关系数据结构、关系操作集合和关系完整性约束 3 部分组成。

1. 关系数据结构

关系模型的数据结构非常单一，只有关系。在关系模型中，现实世界的实体以及实体间的各种联系均用关系来表示。在用户看来，关系模型中数据的逻辑结构是一张二维表。

2. 关系操作

关系模型中常用的关系操作包括：选择、投影、连接、除、并、交、差等查询操作，以及增、删、改等更新操作两大部分。查询的表达能力是其中最主要的部分。

关系操作的特点是集合操作方式，即操作的对象和结果都是集合。这种操作方式也称为一次一集合(set-at-a-time)的方式。相应地，非关系数据模型的数据操作方式则为一次一记录(record-at-a-time)的方式。

早期的关系操作能力通常用代数方法和逻辑方法来表示，分别称为关系代数和关系演算。关系代数是用对关系的运算来表达查询要求的方式；关系演算是用谓词来表达查询要求的方式。关系演算又可按谓词变元的基本对象是元组变量还是域变量分为元组关系演算和域关系演算。关系代数、元组关系演算和域关系演算这三种语言在表达能力上是完全等价的。稍后只对关系代数进行阐述。

关系模型给出了关系操作的能力和特点，关系操作通过关系语言实现。关系语言是一种高度非过程化的语言，用户不必请求 DBA 为其建立特殊的存取路径，也不必求助于循环结构就可以完成数据操作。

SQL(Structured Query Language)是一种介于关系代数和关系演算之间的语言。SQL 不仅具有丰富的查询功能，而且具有数据定义和数据控制功能，是集查询、DDL、DML 和 DCL 于一体的关系数据语言。它充分体现了关系数据语言的特点和优点，是关系数据库的标准语言。

因此，关系数据语言可以分为三类：

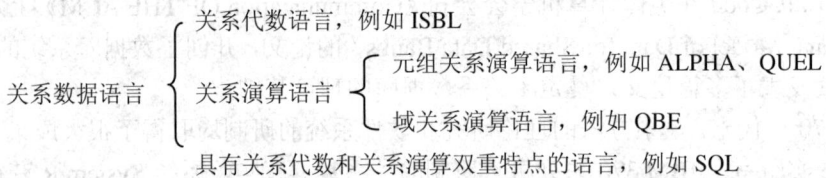

$$
\text{关系数据语言}\begin{cases} \text{关系代数语言，例如 ISBL} \\[2pt] \text{关系演算语言}\begin{cases} \text{元组关系演算语言，例如 ALPHA、QUEL} \\[2pt] \text{域关系演算语言，例如 QBE} \end{cases} \\[2pt] \text{具有关系代数和关系演算双重特点的语言，例如 SQL} \end{cases}
$$

这些关系数据语言的共同特点是：语言具有完备的表达能力，是非过程化的集合操作语言，功能强，能够嵌入高级语言中使用。

3. 关系的完整性约束

数据库的数据完整性是指数据库中数据的正确性和相容性。例如，学生的学号必须惟一，性别只能是男或女，学生所在的系必须是学校已开设的系，等等。可见，数据库中数据是否具有完整性关系到数据库系统能否真实地反映现实世界，因此，数据库的数据完整性是十分重要的。

数据完整性由完整性规则来定义，关系模型的完整性规则是对关系的某种约束条件。关系模型中有三类完整性约束：实体完整性、参照完整性和用户定义的完整性。其中实体完整性和参照完整性是关系模型必须满足的完整性约束条件，应该由关系系统自动支持；而用户定义的完整性是应用领域需要遵循的约束条件，体现了具体领域中的语义约束。

完整性约束由 DBMS 提供定义手段，并由 DBMS 的完整性检查机制负责检查。

7.2　关系数据结构及形式化定义

在关系模型中，无论是实体还是实体之间的联系均用单一的结构类型即关系来表示。前面已经非形式化地介绍了关系模型及有关的基本概念。关系模型是建立在集合代数的基础上的，这里从集合论角度对关系数据结构进行较为严格的定义和描述。

7.2.1　关系的形式化定义

1. 域(Domain)

域是一组具有相同数据类型的值的集合。例如：

　　　　D$_1$=姓名集合(NAME)= {丁中，王芳，李兵}

　　　　D$_2$=性别集合(SEX)= {男，女}

　　　　D$_3$=年龄集合(AGE)= {17，18，19}

以上共给出了三个域，其中 D$_1$，D$_3$ 各有 3 个值，称它们的基数(Cardinal Number)为 3；D$_2$ 只含 2 个值，故其基数为 2。

另外，自然数、整数、实数、长度小于 25 字节的字符串集合、{0，1}、大于等于 0 且小于等于 100 的正整数等，都可以是域。

2. 笛卡尔乘积(Cartesian Product)

按照集合论的观点，上述三个域 D$_1$，D$_2$，D$_3$ 的笛卡尔乘积可以表示为：

　　　　D$_1$×D$_2$×D$_3$ = {(丁中，男，17)，(丁中，男，18)，

　　　　　　　　(丁中，男，19)，(丁中，女，17)，

　　　　　　　　(丁中，女，18)，(丁中，女，19)，

　　　　　　　　(王芳，男，17)，(王芳，男，18)，

　　　　　　　　(王芳，男，19)，(王芳，女，17)，

　　　　　　　　(王芳，女，18)，(王芳，女，19)，

　　　　　　　　(李兵，男，17)，(李兵，男，18)，

　　　　　　　　(李兵，男，19)，(李兵，女，17)，

　　　　　　　　(李兵，女，18)，(李兵，女，19)}

由此可见，笛卡尔乘积也是一个集合。它的每一个元素都用圆括号括起，称之为元组。本例中的笛卡尔乘积共有 18 个元组，或者说这个乘积的基数为 18。显然，笛卡尔乘积的基数等于构成这个笛卡尔乘积的所有域的基数的累乘乘积，即

$$m = \prod_{i=1}^{n} m_i \qquad (本例中 m = 3×2×3)$$

其中：　　m —— 笛卡尔乘积的基数

　　　　　m$_i$ —— 第 i 个域的基数

　　　　　n —— 域的个数

使用集合论的符号，笛卡尔乘积可定义为：

定义 7-1　给定一组域 D$_1$，D$_2$，…，D$_n$，这些域中可以有相同的。D$_1$，D$_2$，…，D$_n$ 的笛卡尔乘积为：

　　　　D$_1$×D$_2$×…×D$_n$ = {(d$_1$，d$_2$，…，d$_n$)| d$_i$∈D$_i$，i=1,2,…,n}

可以读作：该笛卡尔乘积的集合由形如(d$_1$，d$_2$，…，d$_n$)的元素组成，元素中的 d$_i$ 分别属于第 i 个域 D$_i$。

笛卡尔乘积中的每一个元素(d$_1$,d$_2$,…,d$_n$)叫做一个 n 元组(n-tuple)，简称元组(Tuple)，d$_i$ 为元组中的第 i 个分量(Component)。n=1 的元组称为单元组，n=2 的元组为二元组，依此类推。

注意：n 元组(d$_1$，d$_2$，…，d$_n$)中各个分量的位置不能任意颠倒，因为 d$_i$∈D$_i$。

有时，构成笛卡尔乘积的域可能是无限集(如某区间的所有实数)，这时笛卡尔乘积也是无限集。

笛卡尔乘积可表示为一个二维表。表中的每行对应一个元组，表中的每列对应一个域。表 7-1 中给出了 D_1，D_2，D_3 三个域的笛卡尔乘积。

表 7-1　　D_1，D_2，D_3 的笛卡尔乘积

NAME	SEX	AGE
丁中	男	17
丁中	男	18
丁中	男	19
丁中	女	17
丁中	女	18
丁中	女	19
王芳	男	17
王芳	男	18
王芳	男	19
王芳	女	17
王芳	女	18
王芳	女	19
李兵	男	17
李兵	男	18
李兵	男	19
李兵	女	17
李兵	女	18
李兵	女	19

3. 关系(Relation)

在笛卡尔乘积中取出一个子集，可以构成关系。

定义 7-2　笛卡尔乘积 $D_1 \times D_2 \times \cdots \times D_n$ 的有限子集称为域 D_1，D_2，$\cdots$，D_n 上的 n 元关系，简称关系。通常表示为：

$$R(D_1, D_2, \cdots, D_n)$$

这里 R 表示关系的名字，n 是关系的**目或度**(Degree)。

关系是笛卡尔乘积的有限子集，所以关系也是一个二维表，表的每行对应一个元组，表的每列对应一个域。由于域可以相同，为了加以区分，必须给表的每一列起一个名字，称为属性，则 n 元关系有 n 个属性。n=1 的关系只含有一个属性，称为单元关系，n=2 为二元关系，依此类推。

在同一个关系中，属性名应该是惟一的。属性的取值范围 $D_i(i=1,2,\cdots,n)$ 称为值域。

若关系中的某一属性组的值能惟一地标识一个元组，则称该属性组为候选码(Candidate Key)。若一个关系中有多个候选码，则选定其中一个为主码(Primary Key)。候选码中的诸属性称为主属性(Prime Attribute)。不包含在任何候选码中的属性称为非主属性(Non-key Attribute)。在最简单的情况下，候选码只包含一个属性；在最极端的情况下，关系模式的所有属性组是这个关系模式的候选码，称为全码(All-key)。

例如，可以在表 7-1 的笛卡尔乘积中取出一个子集来构造一个关系。由于一个学生的性别和年龄只能分别取一个值，所以笛卡尔乘积中的许多元组是无实际意义的，从中取出有实际意义的元组来构造关系。该关系的名字为 STUDENT，属性名就取域名，即 NAME，SEX，AGE。则这个关系可以表示为：

STUDENT(NAME，SEX，AGE)

用二维表表示，关系 STUDENT 的内容如表 7-2 所示。

表 7-2 STUDENT(学生)关系

NAME	SEX	AGE
丁中	男	19
王芳	女	17
李兵	男	18

在实际应用中，关系是从笛卡尔乘积中选取的有意义的子集。如果在上面的笛卡尔乘积中，选取前 6 个元组或全部 18 个元组来构成 STUDENT 关系，就不再有任何实际意义了。

4．关系模型(Relation Model)

在数据库中要区分型和值。在关系数据库中，关系模式是型，关系是值。关系模式是对关系的描述，通常它要描述一个关系由哪些属性组成，这些属性来自哪些域，以及属性与域之间的映象关系，另外还要描述关系中元组的语义。因此，一个关系模式应当是一个 5 元组。

定义 7-3 关系的描述称为关系模式(Relation Schema)。它可以形式化地表示为：

R(U，D，dom，F)

其中，R 为关系名，U 为组成该关系的属性名集合，D 为属性组 U 中属性所来自的域，dom 为属性向域的映象集合，F 为属性间数据的依赖关系集合。

通常关系模式可以简记为：

R(U)

或　　　R(A$_1$，A$_2$，…，A$_n$)

其中 R 为关系名，A$_1$，A$_2$，…，A$_n$ 为属性名。而域名及属性向域的映象常常直接说明为属性的类型、长度。

关系模式有时也称为关系框架。

定义 7-4 关系模型是在某数据处理工作中的所有关系模式及其关键字的汇集。

例 7-1 某大学采用计算机来管理其教学工作。在教学中涉及三个实体：教师，课程和学生。同时教师和课程，课程和学生之间都有联系。因此可以确定该大学教学工作的关系模型由以下几个关系模式和关键字构成。

关系模式：

teachers(工作证号，单位，姓名，职称)

student(学号，班级，姓名)

subjects(课程号，课程名，学分)

t-s(工作证号，课程号，教室)

s-s(学号，课程号，成绩)

关键字：

teachers 中的 "工作证号"

student 中的 "学号"

subjects 中的 "课程号"

t-s 中的 "工作证号" 和 "课程号"

s-s 中的 "学号" 和 "课程号"

5．关系数据库

在关系模型中，实体以及实体间的联系都是用关系来表示的。在一个给定的应用领域中，所有实体及实体之间联系的集合构成一个关系数据库。

关系数据库也有型和值之分。关系数据库的型称为关系数据库模式，是对关系数据库的描述，它包括若干域的定义以及在这些域上定义的若干关系模式。关系数据库的值是这些关系模式在某一时刻对应的关系的集合，通常就称为关系数据库。

7.2.2　关系的性质

关系数据库中的关系具有下列一些性质：

(1) 任意两个元组(两行)不能完全相同。

(2) 关系中元组(行)的次序是不重要的，即行的次序可以任意交换。

例如，把表 7-2 中丁中和王芳两行位置对调，对关系的内容并无影响。

(3) 关系中属性(列)的次序也是不重要的，即列的次序可以任意交换。

例如，把表 7-2 中 SEX 移到第三列，AGE 移到第二列，也是允许的。

(4) 同一列中分量必须来自同一个域，是同一类型的数据。

例如，表 7-2 中的第二列只能从域 D_2(SEX)中取值，非"男"即"女"，不能取另外的值。

(5) 属性必须有不同的名称，但不同的属性可出自相同的域，即它们的分量可以取值于同一个域。

例如，在表 7-3 中，职业与兼职是两个不同的属性，但它们都取自同一个域集合(职业={教师，工人，辅导员})。

表 7-3　职 工 关 系

姓　名	职　业	兼　职
王飞	教师	辅导员
朱梅	工人	教师
丁冲	工人	辅导员

如果属性也用相同的名称，就无法分辨了。

(6) 每一分量必须是原子的，即是不可再分的数据项。

例如在表 7-4 中，籍贯中含有省、县两项，出现了"表中有表"的现象，这在关系数据库中是不允许的。解决的办法是把籍贯分成省、县两列，如表 7-5 所示。

表 7-4　表中有表　　　　　　　　　表 7-5　规范化关系

姓　名	籍　贯	
	省	县
王飞	江苏	苏州
朱海	四川	成都

姓　名	省	县
王飞	江苏	苏州
朱海	四川	成都

满足这一性质的关系称为规范化关系(Normalized Relation)，在下一章将要详细讨论这部分内容。

7.3 关系的完整性

7.3.1 完整性约束的分类

数据完整性由完整性规则来定义，关系模型的完整性规则是对关系的某种约束条件。关系模型中有三类完整性约束：实体完整性、参照完整性和用户定义的完整性。

为了维护数据库中数据的完整性，在对关系数据库执行插入、删除和修改操作时，必须遵循下述三类完整性规则：

(1) 实体完整性规则：关系中的元组在主码的属性上不能有空值。

(2) 参照完整性规则：外码的值不允许参照不存在的相应表的主码的值。

(3) 用户定义的完整性规则：用户根据具体应用的语义要求，利用 DBMS 提供的定义和检验这类完整性规则的机制，自己定义的完整性规则。

例 7-2 在学生选课管理数据库中有如下 4 个关系：

> 学生(学号，姓名，性别，专业号，年龄)，主码为"学号"
>
> 课程(课程号，课程名，学分)，主码为"课程号"
>
> 选修(学号，课程号，成绩)，主码为"学号，课程号"
>
> 专业(专业号，专业名)，主码为"专业号"

7.3.2 实体完整性规则

实体完整性规则是对关系中主属性值的约束。

规则 7-1 实体完整性规则 若属性 A 是关系 R 的主属性，则属性 A 不能取空值。

实体完整性规则规定关系的所有主属性都不能取空值，而不仅是主码整体不能取空值。例 7-2 中的关系：学生(学号，姓名，性别，专业号，年龄)，主码为"学号"，则"学号"不能取空值。在关系"选修(学号，课程号，成绩)"中，"学号，课程号"为主码，则"学号"和"课程号"两个属性都不能取空值。

对于实体完整性规则说明如下：

(1) 实体完整性规则是针对关系而言的。一个关系通常对应现实世界的一个实体集。例如，学生关系对应于现实世界中学生的集合。

(2) 现实世界中的实体是可区分的，即它们具有某种惟一性标识。

(3) 相应地，在关系模型中以主码作为惟一性标识。

(4) 主码中的属性即主属性不能取空值。所谓空值就是"不知道"或"无意义"的值。如果主属性取空值，说明存在某个不可标识的实体，即存在不可区分的实体，这与第(2)点相矛盾，因此这个规则称为实体完整性规则。

7.3.3 参照完整性规则

现实世界中的实体之间往往存在某种联系，在关系模型中实体及实体间的联系都是用关系来描述的，这样就自然存在着关系与关系间的参照(引用)。

例 7-3 学生实体和专业实体可以用例 7-2 中的学生关系和专业关系表示，其中主码用下划线标识：

学生(<u>学号</u>，姓名，性别，专业号，年龄)

专业(<u>专业号</u>，专业名)

这两个关系之间存在着属性的参照，即学生关系参照了专业关系的主码"专业号"。显然，学生关系中的"专业号"值必须是确实存在的专业的专业号，即专业关系中有该专业的记录。这也就是说，学生关系中的某个属性的取值需要参照专业关系的属性取值。

例 7-4 学生、课程、学生与课程之间的多对多联系可以用如下三个关系表示：

学生(<u>学号</u>，姓名，性别，专业号，年龄)

课程(<u>课程号</u>，课程名，学分)

选修(<u>学号</u>，<u>课程号</u>，成绩)

这三个关系之间也存在着属性的引用，即选修关系引用了学生关系的主码"学号"和课程关系的主码"课程号"。同样，选修关系中的"学号"值必须是确实存在的学生的学号，即学生关系中有该学生的记录；选修关系中的"课程号"值必须是确实存在的课程的课程号，即课程关系中有该课程的记录。换句话说，选修关系中某些属性的取值需要参照其它关系的属性取值。

不仅两个或两个以上的关系间可以存在引用关系，同一关系内部属性间也可能存在引用关系。

例 7-5 如果在例 7-1 中的学生关系中增加一个属性"班长"，则原学生关系改为：

学生(<u>学号</u>，姓名，性别，专业号，年龄，班长)

其中"班长"属性表示该学生所在班级的班长的学号，它引用了本关系"学号"属性，即"班长"必须是确实存在的学生的学号。

定义 7-5 设 F 是关系 R 的一个或一组属性，但不是关系 R 的码。如果 F 与关系 S 的主码相对应，则称 F 是关系 R 的外码(Foreign Key)，并称 R 为参照关系，S 为被参照关系或目标关系。

在例 7-3 中，学生关系的"专业号"属性与专业关系的主码"专业号"相对应，因此"专业号"属性是学生关系的外码，这里学生关系为参照关系，专业关系为被参照关系。如图 7-1(a)所示。

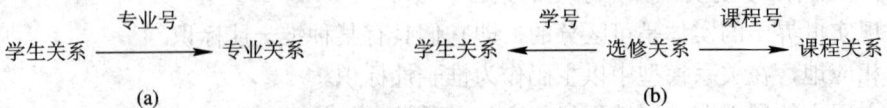

专业号   学号   课程号

学生关系 ——→ 专业关系   学生关系 ←—— 选修关系 ——→ 课程关系

(a)   (b)

图 7-1 关系的参照图

在例 7-4 中，选修关系的"学号"属性与学生关系的主码"学号"相对应，"课程号"属性与课程关系的主码"课程号"相对应，因此"学号"和"课程号"属性是选修关系的外码，这里选修关系为参照关系，学生关系和课程关系均为被参照关系。如图 7-1(b)所示。

在例 7-5 中，"班长"属性与本身的主码"学号"属性相对应，因此"班长"是外码。这里的学生关系既是参照关系也是被参照关系。

需要指出的是，外码并不一定要与相应的主码同名(如例 7-5)。不过，在实际应用中，为了便于识别，当外码与相应的主码属于不同关系时，往往给它们取相同的名字。

参照完整性规则就是定义外码与主码之间的引用规则。

规则 7-2　参照完整性规则　若属性(或属性组)F 是关系 R 的外码，它与关系 S 的主码相对应(关系 R 和 S 不一定是不同的关系)，则对于 R 中的每个元组在 F 上的值必须为：

- 或者取空值(F 的每个属性值均为空值)；
- 或者等于 S 中某个元组的主码值。

例如，对于例 7-3，学生关系中每个元组的"专业号"属性只能取下面两类值：

(1) 空值，表示尚未给该学生分配专业；

(2) 非空值，这时该值必须是专业关系中某个元组的"专业号"值，表示该学生分配到一个确实存在的专业中。即被参照关系"专业"中一定存在一个元组，它的主码值等于该参照关系"学生"中的外码值。

对于例 7-4，按照参照完整性规则，"学号"和"课程号"属性也可以取两类值：空值或目标关系中已经存在的值。但由于"学号"和"课程号"是选修关系中的主属性，按照实体完整性规则，它们均不能取空值。所以选修关系中的"学号"和"课程号"属性实际上只能取相应被参照关系中已经存在的主码值。

参照完整性规则中，R 与 S 可以是同一个关系。例如对于例 7-5，按照参照完整性规则，"班长"属性值可以取两类值：

(1) 空值，表示该学生所在班级尚未选出班长；

(2) 非空值，这时该值必须是本关系中某个元组的学号值。

7.3.4　用户定义的完整性

任何关系数据库系统都应该支持实体完整性和参照完整性。除此之外，关系数据库系统根据现实世界中其应用环境的不同，往往还需要一些另外的约束条件，用户定义的完整性就是针对某一具体应用要求来定义的约束条件，它反映某一具体应用所涉及的数据必须满足的语义要求。例如某个属性必须取惟一值，某些属性值之间应满足一定的函数关系，某个属性的取值范围在 0～100 之间等。关系模型应提供定义和检验这类完整性的机制，以便系统用统一的方法处理它们，而不需要由应用程序承担这一功能。

所以，用户定义的完整性通常是定义对关系中除主码与外码属性之外的其它属性取值的约束，即对其它属性的值域的约束。

对属性的值域的约束也称为域完整性规则(Domain Integrity Rule)，是指对关系中属性取值的正确性限制，包括数据类型、精度、取值范围、是否允许空值等。取值范围又可分为静态定义和动态定义两种，静态定义取值范围是指属性的值域范围是固定的，可从定义值的集合中提取特定值；动态定义取值范围是指属性的值域范围依赖于另一个或多个其它属性的值。

为了维护数据库中数据的完整性，在对关系数据库执行插入、删除和修改操作时，就要检查数据库是否满足上述三类完整性规则。

(1) 当执行插入操作时，首先检查实体完整性规则，即插入行在主码属性上的值是否已经存在，若存在，可以执行插入操作，否则不执行插入操作。然后再检查参照完整性规则，如果是向被参照关系插入，不需要考虑参照完整性规则；如果是向参照关系插入，插入行在外码属性上的值是否已经在相应被参照关系的主码属性值中存在。若存在，可以执行插入操作；否则不执行插入操作，或将插入行在外码属性上的值改为空值后再执行插入操作(假定该外码允许取空值)。最后检查用户定义的完整性规则，检查要被插入的关系中是否定义了用户定义完整性规则，如果定义了，检查插入行在相应属性上的值是否遵守用户定义的完整性规则。若遵守，可以执行插入操作，否则不执行插入操作。

(2) 当执行删除操作时，一般只需要检查参照完整性规则。如果是删除被参照关系中的行，检查被删除行在主码属性上的值是否正在被相应的参照关系的外码引用，若没有被引用，可以执行删除操作；若正在被引用，有三种可能的做法：不执行删除操作(拒绝删除)，或将参照关系中相应行在外码属性上的值改为空值后再执行删除操作(空值删除)，或将参照关系中相应行一起删除(级联删除)。

(3) 当执行更新操作时，因为更新操作可看成是先执行删除操作，再执行插入操作，因此是上述两种情况的综合。

7.4 关系代数

关系代数是一种抽象的查询语言，是关系数据操纵语言的一种传统表达方式，它是用对关系的运算来表达查询的。任何一种运算都是将一定的运算符作用于一定的运算对象上，得到预期的运算结果，所以运算对象、运算符、运算结果是运算的三大要素。关系代数的运算对象是关系，运算结果也是关系。关系代数用到的运算符包括四类：集合运算符、专门的关系运算符、比较运算符和逻辑运算符，其中比较运算符和逻辑运算符是用来辅助专门的关系运算符进行操作的。如表 7-6 所示。

表 7-6　关系代数运算符

运　算　符		含　义	运　算　符		含　义
集合运算符	∪	并	比较运算符	>	大于
	−	差		≥	大于等于
	∩	交		<	小于
	×	广义笛卡儿乘积		≤	小于等于
				=	等于
				≠	不等于
专门的关系运算符	σ	选择	逻辑运算符	﹁	非
	π	投影		∧	与
	⋈	连接		∨	或
	÷	除			

关系代数的运算按运算符的不同可分为传统的集合运算和专门的关系运算两类。其中传统的集合运算将关系看成元组的集合，其运算是从关系的"水平"方向，即行的角度来

进行。而专门的关系运算不仅涉及行而且涉及列。

7.4.1　传统的集合运算

传统的集合运算是二目运算，包括并、差、交、广义笛卡儿乘积四种运算。

定义 7-6　同一关系模式(关系框架)填以不同的值所生成的诸关系称为同类关系。

例如图 7-2 所示的关系 R 和关系 S 是同类关系。

R:				S:		
A	B	C		A	B	C
a	2	c		a	4	d
a	4	d		a	6	d
b	4	c		b	4	c

图 7-2　同类关系 R，S

1．并(Union)

设有同类关系 R 和 S，则它们的并记为 R∪S，仍然是 R 和 S 的同类关系，由属于 R 或属于 S 的元组组成，但必须除去重复的元组：

$$R∪S = \{ t | t∈R \lor t∈S \}$$

其中 t 为元组。

2．差(Difference)

设有同类关系 R 和 S，则它们的差记为 R−S，仍然是 R 和 S 的同类关系，由属于 R 但不属于 S 的元组组成：

$$R−S = \{ t | t∈R \land t∉S \}$$

3．交(Intersection)

设有同类关系 R 和 S，则它们的交记为 R∩S，仍然是 R 和 S 的同类关系，由既属于 R 又属于 S 的元组组成：

$$R∩S = \{ t | t∈R \land t∈S \}$$

求两个同类关系的交运算可以用两次差运算所取代，即 R∩S = R− (R−S)。用文氏图来表示，如图 7-3 所示，其正确性是显而易见的。

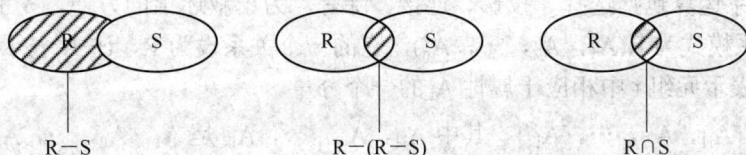

R−S　　　　　　　　R−(R−S)　　　　　　　　R∩S

图 7-3　文氏图

4．广义笛卡儿乘积(Extended Cartesian Product)

设 R 为 m 元关系，S 为 n 元关系，则 R 和 S 的广义笛卡儿乘积 R×S 是一个(m+n)元关系，其中任一元组的前 m 个分量是 R 的一个元组，后 n 个分量是 S 的一个元组。R×S 是所有具备这种条件的元组的集合。实际进行组合时，可从 R 的第一个元组开始，依次与 S 的所有元组组合，然后对 R 的其它元组进行同样的操作，即可得到 R×S 的全部元组。若关系 R 有 K_1 个元组，关系 S 有 K_2 个元组，则 R 和 S 的笛卡尔乘积 R×S 有 $K_1×K_2$ 个元组。记为：

$$R×S = \{ \widehat{t_r t_s} \mid t_r \in R \wedge t_s \in S \}$$

例 7-6　针对图 7-2 的关系 R 和 S，则 R 和 S 的并、差、交以及广义的笛卡儿乘积见图 7-4 所示。

A	B	C
a	2	c
a	4	d
b	4	c
a	6	d

(a)

A	B	C
a	2	c

(b)

A	B	C
a	4	d
b	4	c

(c)

A	B	C	A	B	C
a	2	c	a	4	d
a	2	c	a	6	d
a	2	c	b	4	c
a	4	d	a	4	d
a	4	d	a	6	d
a	4	d	b	4	c
b	4	c	a	4	d
b	4	c	a	6	d
b	4	c	b	4	c

(d)

图 7-4　关系的并、差、交、广义笛卡儿乘积
(a) R∪S；(b) R−S；(c) R∩S；(d) R×S

7.4.2　专门的关系运算

专门的关系运算包括选择、投影、连接、除等。为了叙述上的方便，先引入几个记号。

(1) 设关系模式为 $R(A_1, A_2, \cdots, A_n)$，它的一个关系设为 R，$t \in R$ 表示 t 是 R 的一个元组，$t[A_i]$ 则表示元组 t 中相应于属性 A_i 的一个分量。

(2) 若 $A=\{A_{i1}, A_{i2}, \cdots, A_{ik}\}$，其中 $A_{i1}, A_{i2}, \cdots, A_{ik}$ 是 $A_1, A_2, \cdots, A_n$ 中的一部分，则 A 称为属性列或域列。$t[A]=(t[A_{i1}], t[A_{i2}], \cdots, t[A_{ik}])$ 表示元组 t 在属性列 A 上诸分量的集合。

(3) R 是 n 元关系，S 是 m 元关系，$t_r \in R$，$t_s \in S$，$\widehat{t_r t_s}$ 称为元组的连接，它是一个(n+m)列的元组，前 n 个分量为 R 中的一个 n 元组，后 m 个分量为 S 中的一个 m 元组。

(4) 给定一个关系 R(X，Y)，X 和 Y 为属性组，当 t[X]=x 时，x 在 R 中的象集定义为

$$Y_x=\{t[Y]\,|\,t\in R,\ t[X]=x\}$$

它表示 R 中属性组 X 上值为 x 的诸元组在 Y 上分量的集合。

1. 选择(Selection)

选择是在关系 R 中选择满足给定条件的诸元组，记作

$$\sigma_F(R)=\{\,t\,|\,t\in R\wedge F(t)='真'\}$$

其中 F 表示选择条件，它是一个逻辑表达式，取逻辑值"真"或"假"。

逻辑表达式 F 由逻辑运算符 ┐、∧、∨ 连接各算术表达式组成。算术表达式的基本形式为

$$X_1\theta Y_1$$

其中 θ 表示比较运算符，它可以是＞、≥、＜、≤、＝或≠。X_1、Y_1 等是属性名，或为常量，或为简单函数；属性名也可以用它的序号来代替。

选择运算实际上是从关系 R 中选取使逻辑表达式 F 为真的元组。这是从行的角度进行的运算，运算结果是关系 R 中"行的子集"。

设有一个学生－课程数据库，包括学生关系 Student、课程关系 Course 和选修关系 SC，如图 7-5 所示。以后的许多例子将对这三个关系进行运算。

Student

学号Sno	姓名Sname	性别sex	年龄age	所在系dept
02001	刘红	女	18	CS
02002	李勇	男	19	IS
02003	王芳	女	19	MA
02004	张力	男	20	IS

(a)

Course

课程号Cno	课程名Cname	先行课pno	学分credit
1	数据库	5	4
2	高等数学		6
3	信息系统	1	3
4	操作系统	6	4
5	数据结构	7	4
6	数据处理		2
7	PASCAL语言	6	4

(b)

SC

学号Sno	课程号Cno	成绩Grade
02001	1	90
02001	2	87
02001	3	92
02002	2	90
02002	3	82

(c)

图 7-5 学生—课程数据库

例 7-7 查询信息系(IS 系)全体学生。

关系代数表达式为

$$\sigma_{dept='IS'}(Student) \qquad 或 \qquad \sigma_{5='IS'}(Student)$$

其中下角标"5"为 dept 的属性序号。结果如图 7-6(a)所示。

例 7-8 查询年龄小于 20 岁的学生。

关系代数表达式为

$$\sigma_{age<20}(Student) \qquad 或 \qquad \sigma_{4<20}(Student)$$

结果如图 7-6(b)所示。

Sno	Sname	sex	age	dept
02002	李勇	男	19	IS
02004	张力	男	20	IS

(a)

Sno	Sname	sex	age	dept
02001	刘红	女	18	CS
02002	李勇	男	19	IS
02003	王芳	女	19	MA

(b)

图 7-6 选择运算举例

2. 投影(Projection)

关系 R 上的投影是从 R 中选择出若干属性列组成新的关系。记作

$$\pi_A(R)= \{t[A] \mid t \in R \}$$

其中 A 为 R 中的属性列。投影操作是从列的角度进行的运算。

例 7-9 查询学生的姓名和所在系，即求 Student 关系在学生姓名和所在系两个属性上的投影。关系代数表达式为

$$\pi_{Sname, dept}(Student)$$

或

$$\pi_{2, 5}(Student)$$

结果如图 7-7(a)所示。

Sname	dept		dept
刘红	CS		CS
李勇	IS		IS
王芳	MA		MA
张力	IS		

(a)   (b)

图 7-7 投影运算举例

投影之后不仅取消了原关系中的某些列，而且还可能取消某些元组，因为取消了某些属性列后，就可能出现重复行，应取消这些完全相同的行。

例 7-10 查询学生关系 Student 中都有哪些系，即查询 Student 在所在系属性上的投影。关系代数表达式为

$$\pi_{dept}(Student) \qquad 或 \qquad \pi_5(Student)$$

结果如图 7-7(b)所示。Student 关系原来有四个元组，而投影结果取消了重复的 IS 元组，因此只有三个元组。

3. 连接(Join)

连接也称为 θ 连接，它是从两个关系的笛卡儿乘积中选取属性间满足一定条件的元组。记作

$$R \underset{A\theta B}{\bowtie} S = \{ \widehat{t_r t_s} \mid t_r \in R \wedge t_s \in S \wedge t_r[A]\theta t_s[B] \}$$

其中 A 和 B 分别为 R 和 S 上度数相等且可比的属性组，θ 是比较运算符。连接运算从 R 和 S 的广义笛卡儿乘积 R×S 中选取(R 关系)在 A 属性组上的值与(S 关系)在 B 属性组上的值满足比较运算 θ 的元组。

连接运算中有两种最为重要也最为常用的连接，一种是等值连接(Equi-join)，另一种是自然连接(Natural join)。

1) 等值连接

连接运算中，θ 可以是比较运算符 >、≥、<、≤、=、≠ 中的任何一种。当 θ 为 "＝" 的连接运算称为等值连接。它是从关系 R 与 S 的广义笛卡儿乘积中选取 A，B 属性值相等的那些元组，即等值连接为

$$R \underset{A=B}{\bowtie} S = \{ \widehat{t_r t_s} \mid t_r \in R \wedge t_s \in S \wedge t_r[A] = t_s[B] \}$$

2) 自然连接

自然连接是一种特殊的等值连接，它要求两个关系中进行比较的分量必须是相同的属性组，并且要在结果中把重复的属性去掉。即若 R 和 S 具有相同的属性组 B，则自然连接可记作

$$R \bowtie S = \{ \widehat{t_r t_s} \mid t_r \in R \wedge t_s \in S \wedge t_r[B] = t_s[B] \}$$

一般的连接操作是从行的角度进行运算，但自然连接还需要取消重复列，所以是同时从行和列的角度进行运算。

由以上定义可知，连接运算是一种有选择的笛卡儿乘积，其选择条件是 θ 运算。因此 θ 连接能用关系的笛卡儿乘积和选择的合成形式表示为

$$R \underset{A\theta B}{\bowtie} S = \sigma_{A\theta B}(R \times S)$$

自然连接运算是对关系 R 和 S 的笛卡尔乘积进行选择运算，只保留同名属性值相等的那些元组，然后再对其进行投影运算去掉重复的同名属性。则两个关系 R 和 S 的自然连接计算过程如下：

(1) 计算 R×S；

(2) 设 A_1，A_2，…，A_k 是 R 和 S 的公共属性，挑选 R×S 中满足 $R.A_1=S.A_1$，…，$R.A_k=S.A_k$ 的那些元组；

(3) 去掉 $S.A_1$，…，$S.A_k$ 这些列。

例 7-11　图 7-8 中(a)和(b)分别为关系 R 和关系 S，则图 7-8(c)为 $R \underset{C<E}{\bowtie} S$ 的结果，图 7-8(d)为等值连接 $R \underset{R.B=S.B}{\bowtie} S$ 的结果，图 7-8(e)为自然连接 $R \bowtie S$ 的结果。

R

A	B	C
a_1	b_1	5
a_1	b_2	6
a_2	b_3	8
a_2	b_4	12

(a)

S

B	E
b_1	3
b_2	7
b_3	10
b_3	2
b_5	2

(b)

$R \underset{C<E}{\bowtie} S$

A	R.B	C	S.B	E
a_1	b_1	5	b_2	7
a_1	b_1	5	b_3	10
a_1	b_2	6	b_2	7
a_1	b_2	6	b_3	10
a_2	b_3	8	b_3	10

(c)

A	R.B	C	S.B	E
a_1	b_1	5	b_1	3
a_1	b_2	6	b_2	7
a_2	b_3	8	b_3	10
a_2	b_3	8	b_3	2

(d)

A	B	C	E
a_1	b_1	5	3
a_1	b_2	6	7
a_2	b_3	8	10
a_2	b_3	8	2

(e)

图 7-8　连接运算举例

4. 除(Division)

给定关系 R(X，Y)和 S(Y，Z)，其中 X，Y，Z 为属性组，R 中的 Y 与 S 中的 Y 可以有不同的属性名，但必须出自相同的域。R 与 S 的除运算得到一个新的关系 P(X)，P 是 R 中满足下列条件的元组在 X 属性列上的投影：元组在 X 上分量值 x 的象集 Y_x 包含 S 在 Y 上投影的集合。记作

$$R \div S = \{ t_r[X] \mid t_r \in R \wedge \pi_Y(S) \subseteq Y_x \}$$

其中 Y_x 为 x 在 R 中的象集，$x = t_r[X]$。

除操作是同时从行和列角度进行运算。

R÷S 可分解为若干个基本的关系代数操作，具体计算过程如下：

(1) 求出 R 中 X 的各个分量的象集 Y_x；

(2) 求出 S 在 Y 上投影的集合 $\pi_Y(S)$；

(3) 比较 Y_x 和 $\pi_Y(S)$，选取满足 $\pi_Y(S) \subseteq Y_x$ 的分量，记为 X'；

(4) R÷S = { X' }。

例 7-12　设关系 R，S 分别如图 7-9 中的(a)和(b)所示，R÷S 的结果如图 7-9(c)所示。

在关系 R 中，A 可以取四个值 $\{a_1, a_2, a_3, a_4\}$。其中：

a_1 的象集为 $\{(b_1, c_2), (b_2, c_3), (b_2, c_1)\}$；

a_2 的象集为 $\{(b_3, c_7), (b_2, c_3)\}$；

a_3 的象集为 $\{(b_4, c_6)\}$；

a_4 的象集为 $\{(b_6, c_6)\}$；

S 在(B，C)上的投影为 $\{(b_1, c_2), (b_2, c_1)\}$，$(b_2, c_3)$。

显然只有 a_1 的象集包含了 S 在(B，C)属性组上的投影，所以 R÷S = $\{a_1\}$。

R

A	B	C
a_1	b_1	c_2
a_2	b_3	c_7
a_3	b_4	c_6
a_1	b_2	c_3
a_4	b_6	c_6
a_2	b_2	c_3
a_1	b_2	c_1

(a)

S

B	C	D
b_1	c_2	d_1
b_2	c_1	d_1
b_2	c_3	d_2

(b)

$R \div S$

A
a_1

(c)

图 7-9　除运算

下面再以学生—课程数据库为例，给出几个综合应用多种关系代数运算进行查询的例子。

例 7-13　查询至少选修 1 号课程和 3 号课程的学生号码。

首先建立一个临时关系 K：

Cno
1
3

然后求：$\pi_{Sno, Cno}(SC) \div K$

结果为 {02001}。

例 7-14　查询选修了 2 号课程的学生的学号。

$\pi_{Sno}(\sigma_{Cno='2'}(SC)) = \{02001，02002\}$

例 7-15　查询至少选修了一门其直接先行课为 5 号课程的学生姓名。

$\pi_{Sname}(\sigma_{Pno='5'}(Course) \bowtie SC \bowtie \pi_{Sno, Sname}(Student))$

或　　$\pi_{Sname}(\pi_{Sno}(\sigma_{Pno='5'}(Course) \bowtie SC) \bowtie \pi_{Sno, Sname}(Student))$

例 7-16　查询选修了全部课程的学生学号和姓名。

$\pi_{Sno, Cno}(SC) \div \pi_{Cno}(Course) \bowtie \pi_{Sno, Sname}(Student)$

本节介绍了 8 种关系代数运算，其中并、差、笛卡儿乘积、投影和选择 5 种运算为基本运算，其它 3 种运算，即交、连接和除均可以用这 5 种基本运算来表达。引进它们并不增加语言的能力，但可以简化表达。

7.5　关系数据库标准语言 SQL

7.5.1　SQL 概述

1. SQL 简介

SQL(Structured Query Language)语言是 1974 年由 Boyce 和 Chamberlin 提出的，1975 年至 1979 年，IBM 公司 San Jose Research Laboratory 研制了关系数据库管理系统的原型 System R 并实现了这种语言。由于它功能丰富，语言简洁倍受用户及计算机工业界欢迎，被众多计算机公司和软件公司所采用。经各公司的不断修改、扩充和完善，SQL 语言最终发展成为关系数据库的标准语言。

1986 年 10 月美国国家标准局(ANSI，American National Standard Institute)颁布了 SQL 语言的美国标准，该标准也称为 SQL86。1987 年 6 月 SQL86 被国际标准化组织(ISO，International Organization for Standardization)采纳为国际标准。此后 ANSI 不断修改和完善 SQL 标准，并于 1989 年 4 月颁布增强了完整性特征的 SQL—89 标准，1992 年公布了 SQL—92 标准，也称 SQL2。从 SQL—89 到 SQL—92 其内容在许多方面得到扩充。1999 年又发布了 SQL—99，也即 SQL3，它是在 SQL2 的基础上扩展了许多新的特性，如递归、触发器以及对象等。

SQL 成为国际标准语言以后，各个数据库厂家纷纷推出各自的 SQL 软件或与 SQL 的接口软件。这就有可能使大多数数据库均用 SQL 作为共同的数据库语言和标准接口，使不同数据库系统之间的互操作有了共同的基础。而且对数据库以外的领域也产生了很大影响，有不少软件产品将 SQL 语言的数据查询功能与图形功能、软件工程工具、软件开发工具、人工智能程序结合起来。SQL 已成为关系数据库领域中一个主流语言。

2. SQL 特点

SQL 语言之所以能够为用户和业界所接受，并成为国际标准，因为它是一个综合的、通用的、功能极强同时又简洁易学的语言。SQL 语言集数据查询、数据操纵、数据定义和数据控制功能于一体，充分体现了关系数据库语言的特点和优点。其主要特点包括：

1) 综合统一

数据库的主要功能是通过数据库支持的数据语言来实现的。SQL 语言集数据定义语言 DDL、数据操纵语言 DML、数据控制语言 DCL 的功能于一体，语言风格统一，可以独立完成数据库生命周期中的全部活动。另外，在关系模型中，实体和实体间的联系均用关系表示，这种数据结构的单一性带来了数据操作符的统一性，查找、插入、删除、更新等每一种操作都只需一种操作符。

2) 高度非过程化

用 SQL 语言进行数据库操作时，用户只需提出"做什么"，而不必指明"怎么做"。因此，用户无需了解数据存取路径，存取路径的选择以及 SQL 语句的操作过程由系统自动完成。这不但大大减轻了用户负担，而且有利于提高数据独立性。

3) 面向集合的操作方式

非关系数据模型采用的是面向记录的操作方式，操作对象是一条记录。例如查询所有平均成绩在 80 分以上的学生姓名，用户必须一条一条地把满足条件的学生记录找出来(通常要说明具体处理过程，即按照哪条路径，如何循环等)。而 SQL 语言采用集合操作方式，不仅操作对象、查找结果可以是元组的集合，而且一次插入、删除、更新操作的对象也可以是元组的集合。

4) 以同一种语法结构提供两种使用方式

SQL 语言既是自含式语言，又是嵌入式语言。作为自含式语言，它能够独立地用于联机交互的使用方式，用户可以在终端键盘上直接键入 SQL 命令对数据库进行操作；作为嵌入式语言，SQL 语句能够嵌入到高级语言(例如 C，COBOL，PL/1 等)程序中，供程序员设计程序时使用。在两种不同的使用方式下，SQL 语言的语法结构基本上是一致的。这种以统一的语法结构提供两种不同的使用方法的做法，提供了极大的灵活性与方便性。

5) 语言简洁，易学易用

SQL 语言功能极强，由于设计巧妙，语言十分简洁，完成核心功能只用了 9 个动词，如表 7-7 所示。而且 SQL 语言语法简单，接近英语口语，因此容易学习，容易使用。

表 7-7 SQL 语言的动词

SQL 的功能	动　　词
数据查询	SELECT
数据定义	CREATE，DROP，ALTER
数据操纵	INSERT，DELETE，UPDATE
数据控制	GRANT，REVOKE

3．SQL 数据库的体系结构

SQL 语言支持关系数据库三级模式结构，如图 7-10 所示。其中外模式对应于视图(View)和部分基本表(Base Table)，模式对应于基本表，内模式对应于存储文件。

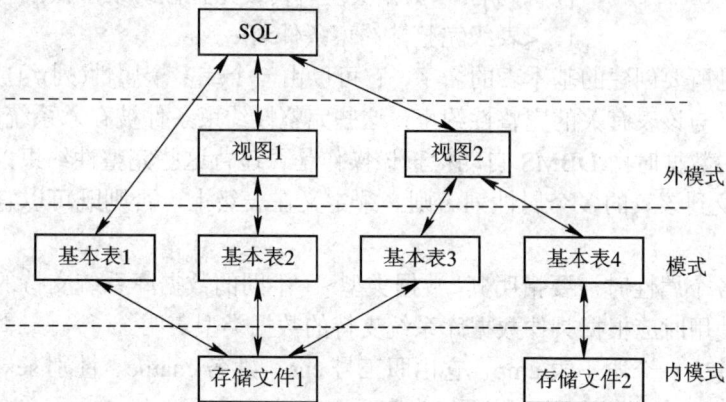

图 7-10　SQL 对关系数据库模式的支持

用户可以用 SQL 语言对基本表和视图进行查询或其它操作，基本表和视图一样，都是关系。基本表是本身独立存在的表；视图是从一个或几个基本表导出的表。视图本身不独立存储在数据库中，即数据库中只存放视图的定义而不存放视图对应的数据，这些数据仍存放在导出视图的基本表中，因此视图是一个虚表。视图在概念上与基本表等同，用户可以在视图上再定义视图。

一个或多个基本表对应一个存储文件，一个基本表可以带若干索引，索引也存放在存储文件中。存储文件的逻辑结构组成了关系数据库的内模式；存储文件的物理结构是任意的，对用户是透明的。

7.5.2 SQL 的数据定义

SQL 语言支持数据库三级模式结构，其模式、外模式和内模式中的基本对象有表、视图和索引。因此 SQL 的数据定义功能包括定义表、视图和索引，如表 7-8 所示。由于视图是基于基本表的虚表，索引是依附于基本表的，因此 SQL 通常不提供修改视图定义和修改索引定义的操作。用户如果想修改视图定义或索引定义，只能先将它们删除掉，然后再重建。不过有些关系数据库产品如 Oracle 允许直接修改视图定义。

表 7-8　SQL 的数据定义语句

操作对象	操　作　方　式		
	创　　建	删　　除	修　　改
表	CREATE TABLE	DROP TABLE	ALTER TABLE
视图	CREATE VIEW	DROP VIEW	
索引	CREATE INDEX	DROW INDEX	

1. 基本表

1) 创建基本表

SQL 语言使用 CREATE TABLE 语句创建基本表，其一般格式为

CREATE TABLE <表名> (<列名> <数据类型>[列级完整性约束条件]

[，<列名> <数据类型>[列级完整性约束条件] …]

[，<表级完整性约束条件>]);

其中，<表名>是所要创建的基本表的名字，它可以由一个或多个属性(列)组成。建表的同时通常还可以定义与该表有关的完整性约束，这些完整性约束条件被存入系统的数据字典中，当用户操作表中数据时由 DBMS 自动检查该操作是否违背这些完整性约束条件。如果完整性约束条件涉及到该表的多个属性列，则必须定义在表级上，否则既可以定义在列级也可以定义在表级。

定义表的各个属性时需要指明其<数据类型>。不同的数据库系统支持的数据类型不完全相同，实际使用时应根据具体数据库系统支持的数据类型声明。

例 7-17　建立一个职工表 emp，它由职工号 eno、姓名 ename、性别 sex、年龄 age、部门 dept 五个属性组成，其中职工号不能为空且取值惟一。

```
CREATE TABLE emp
        (eno CHAR(5) NOT NULL UNIQUE,
        ename CHAR(8),
        sex CHAR(1),
        age INT,
        dept CHAR(16));
```

执行上面的 CREATE TABLE 语句后，就在数据库中建立了一个新的空的职工表 emp，并将有关职工表的定义及有关约束条件存放在数据字典中。

SQL 支持空值的概念，空值是不知道的值，任何列可以有空值，除非在 CREATE TABLE 语句列的定义中指定了 NOT NULL。例如在表 emp 中 eno 列就不能出现空值，而其它列则允许有空值。

2) 修改基本表

随着应用环境和应用需求的变化,有时需要修改已建立好的基本表,SQL 语言用 ALTER TABLE 语句修改基本表，其一般格式为

　　　ALTER TABLE <表名>
　　　　　[ADD <新列名> <数据类型>[完整性约束]]
　　　　　[DROP <完整性约束名>]
　　　　　[MODIFY <列名> <数据类型>];

其中，<表名>是要修改的基本表，ADD 子句用于增加新列和新的完整性约束条件，DROP 子句用于删除指定的完整性约束条件，MODIFY 子句用于修改原有的列定义。

　　例 7-18　向 emp 表增加职工工作时间 come 列，其数据类型为日期型。

　　　　　ALTER TABLE emp ADD come DATE;

不论基本表中原来是否已有数据，新增加的列一律为空值。

SQL 没有提供删除属性列的语句，用户只能间接实现这一功能，即先将原表中要保留的列及其值复制到一个新表中，然后删除原表，再将新表重新命名为原表名。

　　3)　删除基本表

当某个基本表不再需要时，可以使用 SQL 语句 DROP TABLE 进行删除，其一般格式为

　　　　　DROP TABLE <表名>;

　　例 7-19　删除 emp 表。

　　　　　DROP TABLE emp;

基本表一旦被删除，表中的数据和在此表上建立的索引都将自动被删除掉，而建立在此表上的视图虽仍然保留，但已无法引用。因此，执行删除基本表操作一定要格外小心。

　　2.　索引

建立索引是加快表的查询速度的有效手段。用户可以根据应用环境的需要，在基本表上建立一个或多个索引，以提供多种存取路径，加快查找速度。一般说来，建立与删除索引由数据库管理员 DBA 或表的属主(即建立表的人)负责完成。系统在存取数据时会自动选择合适的索引作为存取路径，用户不必也不能选择索引。

　　1)　建立索引

在 SQL 语言中，建立索引使用 CREATE INDEX 语句，其一般格式为

　　　　　CREATE [UNIQUE] [CLUSTER] INDEX <索引名>
　　　　　　　ON <表名>(<列名>[<次序>][，<列名>[<次序>]]…);

其中，<表名>是要建索引的基本表的名字。索引可以建立在该表的一列或多列上，各列名之间用逗号分隔。每个<列名>后面还可以用<次序>指定索引值的排列次序，可选 ASC(升序)或 DESC(降序)，缺省值为 ASC。

UNIQUE 表明此索引的每一个索引值只对应惟一的数据记录。

CLUSTER 表示要建立的索引是聚簇索引。所谓聚簇索引是指索引项的顺序与表中记录的物理顺序一致的索引组织。用户可以在最频繁查询的列上建立聚簇索引以提高查询速度。显然，在一个基本表上最多只能建立一个聚簇索引。建立聚簇索引后，更新索引列数据时，往往导致表中记录的物理顺序的变更，代价较大，因此对于经常更新的列不宜建立聚簇索引。

　　例 7-20　为职工表 emp 建立索引，按职工号升序和姓名降序建惟一索引。

　　　　　CREATE UNIQUE INDEX no_index ON emp(eno ASC, ename DESC);

2) 删除索引

索引一经建立，就由系统使用和维护它，不需用户干预。建立索引是为了减少查询操作的时间，但如果数据增、删、改频繁，系统会花费许多时间来维护索引。这时，可以删除一些不必要的索引。

在 SQL 语言中，删除索引使用 DROP INDEX 语句，其一般格式为

   DROP INDEX <索引名>;

例 7-21 删除 emp 表上的 no_index 索引。

   DROP INDEX no_index;

删除索引时，系统会同时从数据字典中删去有关该索引的描述。

7.5.3　SQL 的数据查询

数据库查询是数据库的核心操作。SQL 语言提供了 SELECT 语句进行数据库的查询，该语句具有灵活的使用方式和丰富的功能。其一般格式为

   SELECT [ALL | DISTINCT] <目标列表达式> [, <目标列表达式>] …
   FROM <表名或视图名> [, <表名或视图名>] …
   [WHERE <条件表达式>]
   [GROUP BY <列名 1> [HAVING <条件表达式>]]
   [ORDER BY <列名 2> [ASC | DESC]]

整个语句的含义是：根据 WHERE 子句的条件表达式，从 FROM 子句指定的基本表或视图中找出满足条件的元组，再按 SELECT 子句中的目标列表达式，选出元组中的属性值形成结果表。如果有 GROUP 子句，则将结果按<列名 1>的值进行分组，该属性列值相等的元组为一个组，每个组产生结果表中的一个元组，通常会在每组中作用集函数。如果 GROUP 子句带 HAVING 短语，则只有满足指定条件的组才予输出。如果有 ORDER 子句，则结果表还要按<列名 2>的值的升序或降序排序。

SELECT 语句既可以完成简单的单表查询，也可以完成复杂的连接查询和嵌套查询。下面以图 7-5 中的学生—课程数据库为例说明 SELECT 语句的各种用法。

学生—课程数据库中包括 3 个基本表：

学生表：Student(Sno，Sname，sex，age，dept)。

Student 由学号(Sno)、姓名(Sname)、性别(sex)、年龄(age)、所在系(dept)5 个属性组成，其中 Sno 为主码。

课程表：Course(Cno，Cname，pno，credit)。

Course 由课程号(Cno)、课程名(Cname)、先修课号(pno)、学分(credit)4 个属性组成，其中 Cno 为主码。

学生选课表：SC(Sno，Cno，Grade)。

SC 由学号(Sno)、课程号(Cno)、成绩(Grade)3 个属性组成，主码为(Sno，Cno)。

1. 简单查询

简单查询仅涉及数据库中的一个表。

1) 查询表中的若干列

例 7-22 查询全体学生的姓名、学号、所在系。

SELECT Sname，Sno，dept

FROM Student；

<目标列表达式>中各个列的先后顺序可以与表中的顺序不一致，用户可以根据应用的需要改变列的显示顺序。若要查询 FROM 后面指定的表的全部属性，可以用*来表示，如查询全体学生的的详细记录，其 SELECT 语句可以写成

SELECT ＊

FROM Student；

2) 查询经过计算的值

例 7-23 查询全体学生的姓名及其出生年份。

SELECT Sname，2003 - age

FROM Student；

SELECT 后面可以是字段名，可以是字段和常数组成的算术表达式，也可以是字符串常数。

3) 消除取值重复的行

例 7-24 查询选修了课程的学生学号(查询结果可能包含重复行)。

SELECT DISTINCT Sno

FROM SC；

4) 查询满足条件的元组

通过 WHERE 子句实现条件查询，WHERE 子句常用的查询条件如表 7-9 所示。

表 7-9 常用的查询条件

查询条件	谓 词
比 较	=、>、<、>=、<=、!=、<>、!>、!<；NOT+上述比较运算符
确定范围	BETWEEN AND，NOT BETWEEN AND
确定集合	IN，NOT IN
字符匹配	LIKE，NOT LIKE
空 值	IS NULL，IS NOT NULL
多重条件	AND，OR

例 7-25 查询计算机系全体学生的名单。

SELECT Sname

FROM Student

WHERE dept='CS'；

例 7-26 求年龄在 20 岁到 22 岁之间的学生姓名和年龄。

SELECT Sname，age

FROM Student

WHERE age BETWEEN 20 AND 22；

例 7-27 查询信息系(IS)、数学系(MA)和计算机科学系(CS)学生的姓名和性别。

SELECT Sname，age

FROM Student

WHERE dept IN('IS'，'MA'，'CS')；

例 7-28　查询所有姓刘的学生的信息。

　　　　SELECT　*
　　　　FROM Student
　　　　WHERE Sname LIKE '刘%';

LIKE 谓词的一般形式为

　　　　<列名> [NOT] LIKE '<匹配串>'

这里<匹配串>可以是一个完整的字符串，也可以含有通配符%和_。其中%代表任意长度(长度可以为 0)的字符串；_代表任意单个字符。

例 7-29　查询名字中第 2 个字为"阳"字的学生的信息。

　　　　SELECT　*
　　　　FROM Student
　　　　WHERE Sname LIKE'_ _阳%';

这里一个汉字要占两个字符的位置，所以匹配串"阳"之前有两个_。

例 7-30　查询缺少成绩的学生的学号和相应的课程号。

　　　　SELECT Sno，Cno
　　　　FROM SC
　　　　WHERE Grade IS NULL;

注意：这里的"IS"不能用等号(=)代替。

例 7-31　查询计算机系年龄在 20 岁以下的学生姓名。

　　　　SELECT Sname
　　　　FROM Student
　　　　WHERE dept='CS' AND age<20;

5) 对查询结果排序

例 7-32　查询选修了 3 号课程的学生的学号及其成绩，查询结果按分数的降序排列。

　　　　SELECT Sno，Grade
　　　　FROM SC
　　　　WHERE Cno='3'
　　　　ORDER BY Grade DESC;

对于空值，若按升序排，含空值的元组将最后显示；若按降序排，含空值的元组将最先显示。

6) 使用集函数

为了进一步方便用户，增强检索功能，SQL 提供了许多集函数，主要有：

　　　　COUNT([DISTINCT | ALL] *)　　　　统计元组个数；
　　　　COUNT([DISTINCT | ALL] <列名>)　　统计一列中值的个数；
　　　　SUM([DISTINCT | ALL] <列名>)　　　计算一列值的总和(此列必须是数值型)；
　　　　AVG([DISTINCT | ALL] <列名>)　　　计算一列值的平均值(此列必须是数值型)；
　　　　MAX([DISTINCT | ALL] <列名>)　　　求一列值中的最大值；
　　　　MIN([DISTINCT | ALL] <列名>)　　　求一列值中的最小值。

如果指定 DISTINCT 短语，则表示在计算时要取消指定列中的重复值。如果不指定DISTINCT 短语或指定 ALL 短语(ALL 为缺省值)，则表示不取消重复值。

例 7-33　计算 1 号课程的学生平均成绩。

　　　SELECT AVG(Grade)

　　　FROM SC

　　　WHERE Cno='1';

7) 对查询结果分组

GROUP BY 子句将查询结果表按某一列或多列值分组，值相等的为一组。对查询结果分组的目的是为了细化集函数的作用对象。如果未对查询结果分组，集函数将作用于整个查询结果，如例 7-33，分组后集函数将作用于每一个组，即每一组都有一个函数值。

例 7-34　查询选修了 3 门以上课程的学生学号。

　　　SELECT Sno

　　　FROM SC

　　　GROUP BY Sno HAVING COUNT(*)>'3';

这里先用 GROUP BY 子句按 Sno 进行分组，再用集函数 COUNT 对每一组计数。HAVING 短语指定选择组的条件，只有满足条件(即元组个数>3，表示此学生选修的课超过 3 门)的组才会被选出来。

WHERE 子句与 HAVING 短语的区别在于作用对象不同。WHERE 子句作用于基本表或视图，从中选择满足条件的元组；HAVING 短语作用于组，从中选择满足条件的组。

2. 连接查询

若一个查询同时涉及两个以上的表，则称之为连接查询。连接查询是关系数据库中最主要的查询，包括等值连接、自然连接、非等值连接、自身连接和复合条件连接查询。

1) 等值与非等值连接查询

连接查询中用来连接两个表的条件称为连接条件或连接谓词，其一般格式为

　　　[<表名 1>.]<列名 1> <比较运算符> [<表名 2>.]<列名 2>

其中比较运算符有：=、>、<、>=、<=、!=。此外连接谓词还可以使用下面形式：

　　　[<表名 1>.]<列名 1> BETWEEN [<表名 2>.]<列名 2> AND [<表名 2>.]<列名 3>

当连接运算符为 "=" 时，称为等值连接；使用其它运算符称为非等值连接。连接谓词中的列名称为连接字段。连接条件中的各连接字段类型必须是可比的。

例 7-35　查询每个学生及其选修课程的情况。

　　　SELECT Student.*，SC.*

　　　FROM Student，SC

　　　WHERE Student.Sno=SC.Sno;

若在等值连接中把目标列中重复的属性列去掉则为自然连接。上例可用自然连接完成如下：

　　　SELECT Student.Sno，Sname，sex，age，dept，Cno，Grade

　　　FROM Student，SC

　　　WHERE Student.Sno=SC.Sno;

2) 自身连接

连接操作不仅可以在两个表之间进行，也可以是一个表与其自己进行连接，即自身连接。

例 7-36 查询每一门课的间接先修课(即先修课的先修课)。

在 Course 关系中，只有每门课的直接先修课信息，而没有先修课的先修课。要得到这个信息，必须先对一门课找到其先修课，再按此先修课的课程号，查找它的先修课程。这就要将 Course 表与其自身连接。

为清楚起见，可以为 Course 表取两个别名，一个是 FIRST，另一个是 SECOND。

FIRST 表(Course 表)				SECOND 表(Course 表)			
Cno	Cname	pno	credit	Cno	Cname	pno	credit
1	数据库	5	4	1	数据库	5	4
2	高等数学		6	2	高等数学		6
3	信息系统	1	3	3	信息系统	1	3
4	操作系统	6	4	4	操作系统	6	4
5	数据结构	7	4	5	数据结构	7	4
6	数据处理	2		6	数据处理	2	
7	PASCAL 语言	6	4	7	PASCAL 语言	6	4

完成该查询的 SQL 语句为

  SELECT FIRST.Cno，SECOND.pno

  FROM Course FIRST，Course SECOND

  WHERE FIRST.pno=SECOND.Cno;

3) 复合条件连接

复合条件连接是指 WHERE 子句中有多个连接条件。

例 7-37 查询选修 3 号课程且成绩在 80 分以上的所有学生。

  SELECT Student.Sno，Sname

  FROM Student，SC

  WHERE Student.Sno=SC.Sno AND Cno='3' AND Grade>80;

连接操作除了可以是两表连接，一个表与其自身连接外，还可以是两个以上的表进行连接，后者通常称为多表连接。

例 7-38 查询每个学生的学号、姓名、选修的课程名及成绩。

  SELECT Student.Sno，Sname，Cname，Grade

  FROM Student，SC，Course

  WHERE Student.Sno=SC.Sno AND SC.Cno=Course.Cno;

3. 嵌套查询

在 SQL 语言中，一个 SELECT—FROM—WHERE 语句称为一个查询块。将一个查询块嵌套在另一个查询块的 WHERE 子句或 HAVING 短语的条件中的查询称为嵌套查询。外层的查询块称为外层查询或父查询，内层的查询块称为内层查询或子查询。SQL 允许多层嵌套查询。

嵌套查询一般的求解方法是由里向外处理，即每个子查询在上一级查询处理之前求解，子查询的结果用于建立其父查询的查找条件。嵌套查询使我们可以用多个简单查询构成复杂的查询，从而增强 SQL 的查询能力。以层层嵌套的方式来构造程序正是 SQL 中"结构化"的含义所在。

1) 带有 IN 谓词的子查询

例 7-39　查询与"刘红"在同一个系学习的学生的学号、姓名和系。

```
SELECT Sno，Sname，dept
FROM Student
WHERE dept IN
        (SELECT dept
        FROM Student
        WHERE Sname='刘红');
```

例 7-40　查询选修了课程名为"数据库"的学生姓名。

```
SELECT Sname
FROM Student
WHERE Sno  IN
        (SELECT Sno
        FROM SC
        WHERE Cno IN
                (SELECT Cno
                FROM Course
                WHERE Cname='数据库'));
```

本查询同样可以用连接查询实现。可见，实现同一个查询可以有多种方法。

例 7-39 和例 7-40 中的各个子查询都只执行一次，其结果用于父查询。子查询的查询条件不依赖于父查询，这类子查询称为不相关子查询。不相关子查询是最简单的一类子查询。

在例 7-39 中，由于一个学生只可能在一个系学习，也就是说内查询的结果是一个值，因此可以用"="代替"IN"。对于能够确切知道内层查询返回的是单值，则可以用比较运算符。

2) 带有[NOT] EXISTS 谓词的子查询

EXISTS 代表存在量词，带有[NOT] EXISTS 谓词的子查询不返回任何数据，只产生逻辑真值"true"或逻辑假值"false"。使用存在量词 EXISTS 后，若内层查询结果非空，则外层的 WHERE 子句返回真值，否则返回假值；使用存在量词 NOT EXISTS 后，若内层查询结果为空，则外层的 WHERE 子句返回真值，否则返回假值。

例 7-41　查询所有选修了 1 号课程的学生姓名。

```
SELECT Sname
FROM Student
WHERE EXISTS
        (SELECT *
        FROM SC
        WHERE Sno= Student.Sno AND Cno='1');
```

本查询涉及 Student 和 SC 两个关系。依次在 Student 中取每个元组的 Sno 值，用此值去检查 SC 关系，若 SC 中存在这样的元组，其 Sno 值等于此 Student.Sno 值，并且其 Cno='1'，则取此 Student.Sname 送入结果关系。

可以看出，这类查询与前面讲解的不相关子查询不同，即子查询的查询条件依赖于外层父查询的某个属性值(在本例中是 Student 的 Sno 值)，这类查询称为相关子查询。求解相关子查询不能像求解不相关子查询那样，一次将子查询求解出来，然后求解父查询。内层查询由于与外层查询有关，因此必须反复求值。

由 EXISTS 引出的子查询，其目标列表达式通常都用 *，因为带 EXISTS 的子查询只返回真值或假值，给出列名无实际意义。

4．集合查询

多个 SELECT 语句的结果可进行集合操作。SQL 提供了用得最多的并操作 UNION，没有直接提供交操作和差操作，但我们可以使用其它的方法来实现其操作。

例 7-42　查询选修了 1 号课程或者选修了 2 号课程的学生。

```
SELECT Sno
FROM SC
WHERE Cno='1'
UNION
SELECT Sno
FROM SC
WHERE Cno='2';
```

7.5.4　SQL 的数据更新

SQL 中数据更新包括插入、修改和删除数据三条语句。

1．插入数据

SQL 的数据插入语句 INSERT 有两种格式：

1) 插入一个元组

　　INSERT　INTO <表名> [(<列名 1> [，<列名 2>] …)]

　　　　VALUES(<常量 1> [，<常量 2>] …);

2) 插入子查询结果

　　INSERT　INTO <表名> [(<列名 1> [，<列名 2>] …)]

　　　　子查询;

第一种格式把一个新记录插入指定的表中；第二种格式把子查询的结果插入指定的表中。INTO 子句中没有出现的列，在这些列上的值取空值。在表的定义中说明了 NOT NULL 的属性列上不能取空值，否则会出错。若插入语句中没有指明任何列名，则新记录必须在每个列上均有值。

例 7-43　将一个新学生记录('02005'，'张平'，'男'，20，'CS')插入 Student 表中(单个记录插入)。

　　　　INSERT INTO Student

　　　　　　VALUES('02005'，'张平'，'男'，20，'CS');

例 7-44　对每一个系，求学生的平均年龄，并把结果存入数据库(多记录插入)。

首先在数据库中建立一个新表，用于存放系名和学生的平均年龄。

CREATE TABLE deptage(dept CHAR(15)，avgage INT)；

然后对 Student 表按系分组求平均年龄，再把系名和平均年龄存入新表中。

INSERT INTO deptage(dept，avgage)

SELECT dept，AVG(age)

FROM Student

GROUP BY dept；

2．修改数据

修改数据语句的一般格式为

UPDATE <表名>

SET <列名>=<表达式> [，<列名>=<表达式>] ...

[WHERE <条件>]；

其功能是修改指定表中满足 WHERE 子句条件的元组，把这些元组按 SET 子句中的表达式值修改相应列上的值。如果省略 WHERE 子句，则表示要修改表中的所有元组。

例 7-45　将学生 02001 的年龄改为 22 岁。

UPDATE Student

SET age=22

WHERE Sno='02001'；

子查询也可以嵌套在 UPDATE 语句中，用以构造修改的条件。

例 7-46　将计算机科学系全体学生的成绩置零。

UPDATE SC

SET Grade=0

WHERE 'CS'=(SELECT dept

FROM Student

WHERE Student.Sno=SC.Sno)；

3．删除数据

删除数据语句的一般格式为

DELETE FROM <表名>

[WHERE <条件>]；

其功能是从指定的表中删除满足条件的所有元组。如果省略 WHERE 子句，表示删除表中全部元组，但表的定义仍在数据字典中。即 DELETE 语句删除的是表中的数据，而不是关于表的定义。

例 7-47　删除学号为 02001 的学生记录。

DELETE FROM Student

WHERE Sno='02001'；

子查询同样也可以嵌套在 DELETE 语句中，用以构造删除的条件。

例 7-48　删除计算机科学系所有学生的选课记录。

DELETE FROM SC

WHERE 'CS'=(SELECT dept

FROM Student

WHERE Student.Sno=SC.Sno)；

数据的更新(包括插入、删除和修改)操作，可能会引起完整性被破坏的问题，比如02001学生记录被删除后，但在 SC 表中仍存在该学生的选课记录。支持关系模型的系统应该自动地检查，对破坏完整性的操作拒绝执行或予以处理。

7.5.5　视图

视图是从一个或几个基本表(或视图)导出的表，它与基本表不同，是一个虚表。数据库中只存放视图的定义，而不存放视图对应的数据，这些数据仍存放在原来的基本表中。一旦基本表中的数据发生变化，从视图中查询得出的数据也就随之改变了。

视图一经定义，就可以和基本表一样被查询和删除，也可以在一个视图之上再定义新的视图，但对视图的更新(插入、删除、修改)操作则有一定的限制。

1.定义视图

1) 建立视图

SQL 语言用 CREATE VIEW 命令建立视图，其一般格式为

  CREATE VIEW <视图名> [(<列名> [，<列名>] …)]

  AS <子查询>

  [WITH CHECK OPTION]；

其中，子查询可以是不含有 ORDER BY 子句和 DISTINCT 短语的任意的 SELECT 语句。可选项 WITH CHECK OPTION 表示当对视图进行 UPDATE、INSERT 和 DELETE 操作时，保证修改、插入或删除的行满足视图定义中的谓词条件(即子查询中的条件表达式)。

如果 CREATE VIEW 语句仅指定了视图名，省略了组成视图的各个属性列名，则隐含该视图由子查询中 SELECT 子句目标列中的诸字段组成。但在下列三种情况下必须明确指定组成视图的所有列名：

(1) 其中某个目标列不是单纯的属性名，而是集函数或列表达式。

(2) 多表连接时选出了几个同名列作为视图的字段。

(3) 需要在视图中为某个列启用新的更合适的名字。

需要说明的是，组成视图的属性列名必须依照上面的原则，或者全部省略或者全部指定。

例 7-49　建立计算机科学系学生的视图，要求进行修改和插入操作时仍需保证该视图只有计算机科学系的学生。

    CREATE VIEW CS_Student

     AS SELECT Sno，Sname，sex，age

      FROM Student

      WHERE dept='CS'

      WITH CHECK OPTION；

本例中省略了视图 CS_Student 中的列名，隐含了该视图由子查询中 SELECT 子句中的目标列名 Sno、Sname、sex、age 组成；由于有可选项 WITH CHECK OPTION 子句，以后

对该视图进行插入和修改操作时，DBMS 会自动加上 dept='CS'的条件。

实际上，DBMS 执行 CREATE VIEW 语句的结果只是把对视图的定义存入数据字典，并不执行其中的 SELECT 语句。只有在对视图查询时，才按视图的定义从基本表中将数据查出。

若一个视图是从单个基本表导出的，并且只是去掉了基本表的某些行和某些列，但保留了码，这类视图称为行列子集视图。CS_Student 视图就是一个行列子集视图。对行列子集视图的使用与基本表一样。

视图不仅可以建立在单个基本表上，也可以建立在多个基本表上。

例 7-50　建立计算机系选修 2 号课程的学生的视图。

```
CREATE VIEW CS_S1(Sno，Sname，Grade)
    AS    SELECT Student.Sno，Sname，Grade
          FROM Student，SC
          WHERE Student.Sno=SC.Sno AND dept='CS' AND SC.Cno='2';
```

视图不仅可以建立在一个或多个基本表上，也可以建立在一个或多个已定义好的视图上，或同时建立在基本表与视图上。

例 7-51　建立计算机系选修了 2 号课程且成绩在 90 分以上的学生的视图。

```
CREATE VIEW CS_S2
    AS    SELECT Sno，Sname，Grade
          FROM SC_S1
          WHERE Grade >= 90;
```

另外，还可以用带有集函数和 GROUP BY 子句的查询来定义视图，这种视图称为分组视图。

例 7-52　将学生的学号及他的平均成绩定义为一个视图。

```
CREATE VIEW S_G(Sno，Gavg)
    AS    SELECT Sno，AVG(Grade)
          FROM SC
          GROUP BY Sno;
```

S_G 是一个分组视图。

2）删除视图

视图建立好后，若导出此视图的基本表被删除了，该视图将失效，但一般不会被自动删除。删除视图通常需要显式地使用 GROP VIEW 语句进行删除。该语句的格式为

```
    DROP VIEW <视图名>；
```

一个视图被删除后，由该视图导出的其它视图也将失效，用户应该使用 DROP VIEW 语句将它们一一删除。

例 7-53　删除视图 CS_S1。

```
    DROP VIEW CS_S1；
```

执行此语句后，CS_S1 视图的定义将从数据字典中删除。由 CS_S1 视图导出的视图 CS_S2 的定义虽仍在数据字典中，但该视图已无法使用了，因此应该同时删除。

2. 查询视图

通过视图进行查询，首先要进行有效性检查，检查查询涉及的表、视图等是否存在，如果存在，则从数据字典中取出查询涉及的视图的定义，把定义中的子查询和用户对视图的查询结合起来，转换成对基本表的查询，然后再执行这个经过修正的查询。这一转换过程称为视图消解，即视图消解是把对视图的查询转换为对基本表的查询的过程。

例 7-54 在计算机系学生的视图中找出年龄小于 20 岁的学生。

```
SELECT Sno，age
FROM CS_Student
WHERE age<20;
```

本例转换为对基本表的查询语句为

```
SELECT Sno，age
FROM Student
WHERE dept='CS' AND age<20;
```

3. 更新视图

更新视图是指通过视图来插入、删除和修改数据。由于视图是不实际存储数据的虚表，因此对视图的更新，最终要转换为对基本表的更新。

为防止用户在通过视图对数据进行增加、删除和修改时，对不属于视图范围内的基本表数据进行操作，可在定义视图时加上 WITH CHECK OPTION 子句，这样，在视图上更新数据时，DBMS 会检查视图定义中的条件，若不满足条件，则拒绝执行该操作。

例 7-55 将计算机系学生视图 CS_Student 中学号为 02001 的学生姓名改为"张涵"。

```
UPDATE CS_Student
SET Sname='张涵'
WHERE Sno='02001';
```

DBMS 将其转换为对基本表的修改语句为

```
UPDATE Student
SET Sname='张涵'
WHERE Sno='02001' AND dept='CS';
```

例 7-56 向计算机系学生视图 CS_Student 中插入一个新的学生记录，其中学号为"02008"，姓名为"赵萍"，性别为"女"，年龄为 20 岁。

```
INSERT INTO CS_Student
    VALUES('02008', '赵萍', '女', 20);
```

DBMS 将其转换为对基本表的插入语句为

```
INSERT INTO Student
    VALUES('02008', '赵萍', '女', 20, 'CS');
```

这里系统自动将系名"CS"放入 VALUES 子句中。

例 7-57 删除计算机系学生视图 CS_Student 中学号为"02008"的记录。

```
DELETE FROM CS_Student
    WHERE Sno='02008';
```

DBMS 将其转换为对基本表的删除语句为

　　　DELETE FROM Student

　　　　　　WHERE Sno='02008' AND dept='CS';

　　在关系数据库中，并不是所有的视图都可以更新，因为有些视图的更新不能惟一地有意义地转换成对相应基本表的更新。例如前面定义的视图 S_G 是由 "学号" 和 "平均成绩" 两个属性列组成的，其中平均成绩一项是由 Student 表中对元组分组后计算平均值得来的。如果想把视图 S_G 中学号为 "02001" 学生的平均成绩改为 90 分，SQL 语句如下：

　　　UPDATE S_G

　　　SET Gavg=90

　　　WHERE Sno='02001';

　　但这个对视图的更新无法转换成对基本表 SC 的更新，因为系统无法修改各科成绩，以使平均成绩成为 90。所以 S_G 视图是不可更新的。

　　一般地，行列子集视图是可更新的。除行列子集视图外，有些视图理论上是可更新的，但它们的确切特征还是尚待研究的课题。还有些视图从理论上是不可更新的。

　　目前各个关系数据库系统一般都只允许对行列子集视图进行更新，而且各个系统对视图的更新还有更进一步的规定，由于各系统实现方法上的差异，这些规定也不尽相同。

　　应该指出的是，不可更新的视图与不允许更新的视图是两个不同的概念。前者指理论上已证明其是不可更新的视图；后者指实际系统中不支持其更新，但它本身有可能是可更新的视图。

　　4. 视图的作用

　　视图是关系数据库系统提供给用户以多种角度观察数据库中数据的重要机制。视图是定义在基本表之上的，对视图的一切操作最终要转换成对基本表的操作，合理地定义和使用视图能够带来许多好处。

　　1) 视图能够简化用户的操作

　　视图机制使用户可以将注意力集中在所关心的数据上。通过定义视图，使用户看见的数据库看起来简单、清晰，并且可以简化用户的数据查询操作。例如，那些定义了若干张表连接的视图，就将表与表之间的连接操作对用户隐蔽起来了，用户只需对一个虚表进行简单查询，而这个虚表是怎样得来的，用户不需了解。

　　2) 视图使用户能以多种角度看待同一数据

　　视图机制能使不同的用户以不同的方式看待同一数据，当许多不同种类的用户共享同一个数据库时，这种灵活性是非常重要的。

　　3) 视图对重构数据库提供了一定程度的逻辑独立性

　　数据的逻辑独立性是指当数据库重构造时，如增加新的关系或对原有关系增加新的字段等，用户和用户程序不会受影响。在关系数据库中，数据库的重构造往往是不可避免的，例如将学生关系

　　　Student(Sno，Sname，sex，age，dept)

分为

　　　SX(Sno，Sname，age)和 SY(Sno，sex，dept)

两个关系，这时原表 Student 为 SX 表和 SY 表的自然连接结果。如果建立一个视图 Student：

```
CREATE VIEW Student(Sno，Sname，sex，age，dept)
    AS  SELECT SX.Sno，SX.Sname，SY.sex，SX.age，SY.dept
        FROM SX，XY
        WHERE SX.Sno=SY.Sno；
```

这样尽管数据库的逻辑结构改变了，但应用程序不必修改，因为新建立的视图定义了用户原来的关系，使用户的外模式保持不变，用户的应用程序通过视图仍然能够查找数据。

4）视图能够对机密数据提供安全保护

有了视图机制，就可以在设计数据库应用系统时，对不同的用户定义不同的视图，使机密数据不出现在不应看到这些数据的用户视图上，这样就由视图机制自动提供了对机密数据的安全保护功能。例如，Student 表涉及 3 个系的学生数据，可以在其上定义 3 个视图，每个视图只包含 1 个系的学生数据，并只允许每个系的学生查询自己所在系的学生视图。

7.5.6　SQL 的数据控制语句

由 DBMS 提供统一的数据控制功能是数据库系统的特点之一。SQL 中数据控制功能包括事务管理功能和数据保护功能，即数据库的恢复、并发控制、安全性和完整性。SQL 语言定义的完整性功能主要体现在 CREATE TABLE 和 ALTER TABLE 语句中，这里主要讨论 SQL 语言的安全控制功能。

数据库管理系统保证数据安全的主要措施是进行存取控制，即规定不同用户对于不同数据对象所允许执行的操作，并控制各用户只能存取他有权存取的数据。不同的用户对不同的数据应具有不同的操作权限。

1．授权

SQL 语言用 GRANT 语句向用户授予访问数据的权限，GRANT 语句的一般格式为

```
GRANT <权限> [，<权限>] …
    [ON <对象类型> <对象名>]
    TO <用户> [，<用户>] …
    [WITH GRANT OPTION]；
```

其语义是：将对指定操作对象的指定操作权限授予指定的用户。

对不同类型的操作对象有不同的操作权限，常见的操作权限如表 7-10 所示。

表 7-10　不同对象类型允许的操作权限

对　象	对象类型	操　作　权　限
属性列	TABLE	SELECT，INSERT，UPDATE，DELETE，ALL PRIVILEGES
视图	TABLE	SELECT，INSERT，UPDATE，DELETE，ALL PRIVILEGES
基本表	TABLE	SELECT，INSERT，UPDATE，DELETE，ALTER，INDEX，ALL PRIVILEGES
数据库	DATABASE	CREATETAB

对属性列和视图的操作权限有：查询、插入、修改、删除以及这 4 种权限的总和(ALL PRIVILEGES)。

对基本表的操作权限有：查询、插入、修改、删除、修改表(ALTER)、建立索引(INDEX)以及这 6 种权限的总和。

对数据库可以有建立表(CREATETAB)的权限，该权限属于 DBA，可由 DBA 授予普通用户，普通用户拥有此权限后可以建立基本表，基本表的属主(Owner)拥有对该表的一切操作权限。

接受权限的用户可以是一个或多个具体用户，也可以是全体用户(PUBLIC)。

如果指定了 WITH GRANT OPTION 子句，则获得某种权限的用户还可以把这种权限再授予其他用户；否则，获得某种权限的用户只能使用该权限，不能转授该权限。

例 7-58 把查询 Student 表和 Course 表的权限授予用户 U1 和 U2。

GRANT SELECT ON TABLE Student, Course TO U1, U2；

例 7-59 把查询 SC 表和修改成绩的权限授予用户 U3。

GRANT SELECT, UPDATE(Grade) ON TABLE SC TO U3；

这里实际上要授予 U3 用户的是对基本表 SC 的 SELECT 权限和对属性列 Grade 的 UPDATE 权限。授予关于属性列的权限时必须明确指出相应属性列名。

例 7-60 把对表 Student 的 INSERT 权限授予用户 U4，并允许将此权限再授予其它用户。

GRANT INSERT ON TABLE Student TO U4 WITH GRANT OPTION；

执行此 SQL 语句后，U4 不仅拥有了对表 Student 的 INSERT 权限，还可以转授此权限，如 U4 可以将此权限授予 U5：

GRANT INSERT ON TABLE Student TO U5；

例 7-61 DBA 把在数据库 Stu 中建立表的权限授予用户 U6。

GRANT CREATETAB ON DATABASE Stu TO U6；

2. 收回授权

授予的权限可以由 DBA 或其它授权者用 REVOKE 语句收回，REVOKE 语句的一般格式为

REVOKE <权限> [，<权限>] …

　　　　[ON <对象类型> <对象名>]

　　　　FROM <用户> [，<用户>] … ；

例 7-62 收回所有用户对表 Student 的查询权限。

REVOKE SELECT ON TABLE Student FROM PUBLIC；

例 7-63 把用户 U4 对表 Student 的 INSERT 权限收回。

REVOKE INSERT ON TABLE Student FROM U4；

在例 7-60 中，U4 将对表 Student 的 INSERT 权限授予了 U5，执行例 7-63 中的 REVOKE 语句后，DBMS 在收回 U4 对表 Student 的 INSERT 权限的同时，还会自动收回 U5 对表 Student 的 INSERT 权限，即收回权限的操作会级联下去的。

SQL 提供了非常灵活的授权机制。DBA 拥有对数据库中所有对象的所有权限，并可以

根据应用的需要将不同的权限授予不同的用户。用户对自己建立的基本表和视图拥有全部的操作权限，并且可以用 GRANT 语句把其中某些权限授予其它用户。所有授予出去的权限在必要的时候都可以用 REVOKE 语句收回。

习　题

1. 名词解释：关系，元组，属性，关系模式，关系数据库，候选码，主码，外码。
2. 关系数据语言可进行哪几种操作？
3. 试述关系数据语言的特点和分类。
4. 关系应具备哪些性质？
5. 试述关系模型的完整性规则。在参照完整性中，为什么外码的取值可以为空？什么情况下才可以为空？
6. 试述等值连接与自然连接的区别和联系。
7. 关系代数的基本运算有哪些？如何用这些基本运算来表示其它运算？
8. 针对图 7-5 的学生—课程数据库，试用关系代数完成如下查询：
   (1) 求选修了"数据库"课程的学生学号；
   (2) 求选修了全部课程的学生学号；
   (3) 求选修了"操作系统"课程的学生学号，姓名及成绩。
   (4) 求学生"李勇"选修的课程号，课程名及成绩。
9. 试述 SQL 语言的特点。
10. 设有一个 SPJ 数据库，包括 S，P，J，SPJ 四个关系模式：

   S(SNO，SNAME，CITY)；

   P(PNO，PNAME，COLOR，WEIGHT)；

   J(JNO，JNAME，CITY)；

   SPJ(SNO，PNO，JNO，QTY)；

供应商表 S 由供应商代码(SNO)、供应商姓名(SNAME)、供应商所在城市(CITY)组成；零件表 P 由零件代码(PNO)、零件名(PNAME)、颜色(COLOR)、重量(WEIGHT)组成；工程项目表 J 由工程项目代码(JNO)、工程项目名(JNAME)、工程项目所在城市(CITY)组成；供应情况表 SPJ 由供应商代码(SNO)、零件代码(PNO)、工程项目代码(JNO)、供应数量(QTY)组成，表示某供应商供应某种零件给某工程项目的数量为 QTY。

今有若干数据如下：

S 表

SNO	SNAME	CITY
S1	东方	北京
S2	天河	天津
S3	精益	北京
S4	为民	上海
S5	泰盛	天津

P 表

PNO	PNAME	COLOR	WEIGHT
P1	螺母	红	12
P2	螺栓	绿	17
P3	螺丝刀	蓝	14
P4	螺丝刀	红	14
P5	齿轮	蓝	35

J 表		
JNO	JNAME	CITY
J1	三建	北京
J2	一汽	长春
J3	弹簧厂	天津
J4	造船厂	天津
J5	机车厂	唐山
J6	无线电厂	南京

SPJ 表			
SNO	PNO	JNO	QTY
S1	P1	J1	200
S1	P1	J3	100
S2	P3	J1	400
S2	P3	J2	200
S2	P3	J4	500
S3	P1	J1	200
S4	P4	J5	700

请用 SQL 语言建立这四个表。

11. 针对上题的四个表,请用 SQL 语言完成以下各项操作:

(1) 找出所有供应商的姓名和所在城市;

(2) 找出所有零件的名称、颜色、重量;

(3) 找出使用供应商 S1 所供零件的工程号码;

(4) 找出工程项目 J2 使用的各种零件的名称及其数量;

(5) 找出上海厂商供应的所有零件号码;

(6) 找出使用上海产的零件的工程名称;

(7) 把全部红色零件的颜色改成蓝色;

(8) 从供应商关系中删除 S2 的记录,并从供应情况关系中删除相应的记录;

(9) 将(S2,J6,P4,500)插入供应情况关系。

12. 什么是基本表?什么是视图?两者的区别和联系是什么?

13. 试述视图的优点。

14. 所有的视图是否都可以更新?为什么?

15. 针对题 10 建立的表,用 SQL 语言完成:把查询 SPJ 表和修改 QTY 属性的权限授给用户张勇。

第 8 章　关系规范化理论与数据库设计

数据库设计是数据库应用领域中的主要研究课题。数据库设计的任务是针对一个给定的应用环境，即在确定的硬件环境和操作系统及数据库管理系统等软件环境下，创建一个性能良好的数据库模式、建立数据库及其应用环境，使之能有效地存储和管理数据，满足各类用户的应用需求(信息要求和处理要求)。

数据库设计需要理论作为指南，关系数据库的规范化理论就是数据库设计的一种理论指南。规范化理论研究的是关系模式中各属性之间的依赖关系及其对关系模式性能的影响，探讨"好"的关系模式应该具备的性质，以及如何设计"好"的关系模式。规范化理论虽然最初是针对关系模式的设计而提出的，然而它不但对于关系模型数据库的设计，而且对于其它模型数据库的设计也都有重要的指导意义。

8.1　函　数　依　赖

建立一个关系数据库系统，首先要考虑怎样建立数据模式，即应该构造几个关系模式，每个关系模式中需要包含哪些属性等，这是数据库设计的问题。关系规范化主要讨论的就是建立关系模式的指导原则，所以有人把规范化理论称为设计数据库的理论。

数据依赖是通过一个关系中属性间值的依赖与否体现出来的数据间的相互关系，它是现实世界属性间相互联系的抽象，是数据内在的性质，是语义的体现。现在人们已经提出了许多种类型的数据依赖，其中最重要的是函数依赖(FD, Functional Dependency)和多值依赖(MVD, Multivalued Dependency)。这里只讨论函数依赖，有关多值依赖的概念，有兴趣的读者可以参阅有关书籍。

函数依赖极为普遍地存在于现实生活中。比如描述一个学生的关系，可以有学号(SNO)，姓名(SNAME)和系名(SDEPT)等几个属性。由于一个学号只对应一个学生，一个学生只在一个系学习，因而当"学号"值确定以后，姓名和该生所在系的值也就被惟一的确定了。就象自变量 x 确定以后，相应的函数值 f(x) 也就惟一地确定了一样，称 SNO 函数决定 SNAME 和 SDEPT，或者说 SNAME 和 SDEPT 函数依赖于 SNO，记为

$$SNO \rightarrow SNAME \qquad SNO \rightarrow SDEPT$$

用形式化的方式表示，关系模式 R 可以记为

$$R<U, F>$$

其中 U 表示一组属性的集合，F 表示属性组 U 上的一组数据依赖集合。对于上述的学生关系，可有

$$U = \{SNO, SNAME, SDEPT\}$$
$$F = \{SNO \rightarrow SNAME, SNO \rightarrow SDEPT\}$$

对于关系模式 R<U, F>，当且仅当 U 上的一个关系 r 满足 F 时，称 r 为关系模式 R<U, F>的一个关系。

定义 8-1　设 R(U)是属性集 U 上的关系模式，X，Y 是 U 的子集。若对于 R(U)的任意一个可能的关系 r，r 中不可能存在两个元组在 X 上的属性值相等，而在 Y 上的属性值不等，则称 X 函数确定 Y 或 Y 函数依赖于 X，记为 X→Y。

注意，函数依赖不是指关系模式 R 的某个或某些关系满足的约束条件，而是指 R 的一切关系均需要满足的约束条件。

函数依赖是语义范畴的概念，我们只能根据语义来确定函数依赖。例如在没有同名的情况下，NAME→AGE，而在有同名的情况下，这个函数依赖就不成立了。

下面介绍一些术语和记号：

① 若 X→Y，则 X 叫做决定因素。

② 若 X→Y，Y→X，则记为 X←→Y。

③ 若 Y 不函数依赖于 X，则记为 X↛Y。

④ 若 X→Y，但 Y⊆X，则称 X→Y 是平凡的函数依赖。

⑤ 若 X→Y，但 Y⊄X，则称 X→Y 是非平凡的函数依赖。若不特别声明，下面总是指非平凡的函数依赖。

函数依赖可分为三类：完全函数依赖，部分函数依赖和传递函数依赖。这三类函数依赖定义如下：

(1) 完全函数依赖。

定义 8-2　在 R(U)中，如果 X→Y，并且对于 X 的任何一个真子集 X'，都有 X'↛Y，则称 Y 对 X 完全函数依赖，记为 $X \xrightarrow{f} Y$。$\xrightarrow{f}$ 可简写为→。

例 8-1　在关系 S(SNO, SNAME, SDEPT)中，SNO→SNAME，SNO→SDEPT。用图解表示如图 8-1 所示。

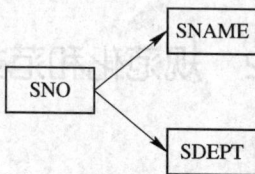

图 8-1

若关系中没有同姓名的学生，则用 SNO 可以惟一确定 SNAME，用 SNAME 也可惟一确定 SNO，形成了两者的相互依赖关系，可以记作 SNO←→SNAME。

(2) 部分函数依赖。

定义 8-3　在 R(U)中，如果 X→Y，并且对于 X 的某个真子集 X'，有 X'→Y，则称 Y 对 X 部分函数依赖，记为 $X \xrightarrow{p} Y$。

只有当 X 为属性组时，才有可能发生部分函数依赖的情况。因为如果 X 为单个属性，其子集 X' 就是 X 本身。

例 8-2　若在关系 SC(SNO，CNO，GRADE)中增加一个属性 CLASS(学生所在班级)，则在新关系

$$SCNEW(SNO，CNO，GRADE，CLASS)$$

中有

$$(SNO，CNO) \rightarrow GRADE$$

$$SNO \rightarrow CLASS$$

$$(SNO，CNO) \overset{p}{\rightarrow} CLASS$$

用图解表示，如图 8-2 所示。请读者注意图中两个箭头的不同出发点。

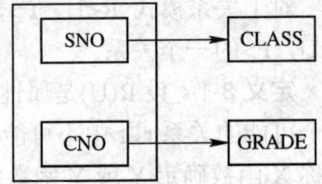

图 8-2

(3) 传递函数依赖。

定义 8-4　在 R(U)中，如果 $X \rightarrow Y$，$(Y \not\subseteq X)$，$Y \rightarrow Z$，但 $Y \not\rightarrow X$，则称 Z 对 X 传递函数依赖，记为 $X \overset{t}{\rightarrow} Z$。

请注意上述定义中的条件 $Y \not\rightarrow X$。如果不加上这一限制，当 $X \rightarrow Y$ 时允许 $Y \rightarrow X$，则 $X \leftarrow \rightarrow Y$，而在 $X \leftarrow \rightarrow Y$ 的条件下，$Y \rightarrow Z$ 就等于 $X \rightarrow Z$，这样 X 就直接决定 Z，而不是通过 Y 的"传递"决定 Z 了。

例 8-3　在关系 S(SNO，SNAME，SDEPT)中，增加一个属性 SDMN(系主任)，则在新关系

$$SNEW(SNO，SNAME，SDEPT，SDMN)$$

中有

$$SNO \rightarrow SNAME，SNO \rightarrow SDEPT$$

又因为

$$SDEPT \rightarrow SDMN$$

所以

$$SNO \overset{t}{\rightarrow} SDMN$$

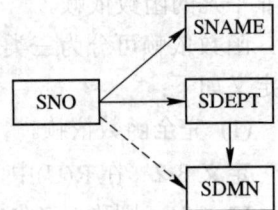

图 8-3

图 8-3 是它的图解，图中的虚线箭头表示传递依赖。

8.2　规范化和范式

8.2.1　引例

在定义各种范式之前，先看一个例子。

例 8-4　假设现有学生关系 S(SNO，SN，CLS，MON，CNO，GRD)，其中 SNO 是学号，SN 是学生姓名，CLS 是学生所在班级，MON 是班主任，CNO 是学生所选的课程号，GRD 是学生选课的成绩等级。图 8-4 表示了这个关系的现有元组。

不难看出，如果把这一关系付诸实用，会有较多的问题。例如：

(1) 插入异常。所谓异常，就是说"不好办"。例如当某学生尚未选课前，虽然已知他的学号、姓名与班级，仍无法将他的信息插入关系 S，这是因为 S 的主码是(SNO，CNO)，CNO 为"空"值时，插入是禁止的。

(2) 删除异常。假定学生周明不再选修 C1 课程了，本应删去 C1，但 C1 是主码的一部分，要删，必须将整个元组一起删去，这样，有关周明的其它信息就丢失了。若想保留周明的其它信息，就只好不删。

(3) 冗余量大。一个学生通常要选多门课，SNO，SN，CLS 与 MON 都重复多次，占用存储空间多。

SNO	SN	CLS	MON	CNO	GRD
S1	张英	计算机	万中	C1	A
S1	张英	计算机	万中	C2	A
S2	李川	计算机	万中	C1	B
S2	李川	计算机	万中	C2	A
S2	李川	计算机	万中	C3	C
S3	周明	计算机	万中	C1	B
S4	王兵	计算机	万中	C2	A
S4	王兵	计算机	万中	C3	C
S5	丁芳	机械	方方	C3	A
S5	丁芳	机械	方方	C4	B

图 8-4　关系 S

(4) 修改复杂。如果学生更改了姓名，他的所有元组都要修改 SN。又如某班改换了班主任，属于该班的学生都要修改 MON 的内容。一不小心就可能此改彼漏，破坏数据的完整性(即造成数据不一致)。

产生上述问题的原因，直观的说，是因为关系中"包罗万象"，内容太杂了。从属性间函数依赖的关系看，由于关系中除完全函数依赖外，还存在着部分函数依赖和传递函数依赖。下面从消除后两种函数依赖关系入手，尝试解决上述问题。

(1) 将原关系分解成两个新关系，以消除 SN，CLS 和 MON 对主码(SNO，CNO)的部分依赖。新产生的关系是

　　　　S1(SNO，SN，CLS，MON)

　　　　SC(SNO，CNO，GRD)

图 8-5 是从图 8-4 中导出的两个新关系的内容。

SNO	SN	CLS	MON
S1	张英	计算机	万中
S2	李川	计算机	万中
S3	周明	计算机	万中
S4	王兵	计算机	万中
S5	丁芳	机械	方方

(a)

SNO	CNO	GRD
S1	C1	A
S1	C2	A
S2	C1	B
S2	C2	A
S2	C3	C
S3	C1	B
S4	C2	A
S4	C3	C
S5	C3	A
S5	C4	B

(b)

图　8-5

(a) S1；(b) SC

与原关系比较，消除了许多冗余信息，减少了修改量，同时也减少了插入和删除异常。

但新关系 S1 仍然存在以下问题：

(1) 班主任的姓名要重复存储(有冗余数据)，类似"更换班主任"这样的修改，仍需改动较多的元组。

(2) 仍有插入、删除、修改等异常。例如，若学生丁芳转到计算机班，如果修改她的CLS、MON 两项，便会失去"机械班主任为方方"的信息，造成修改异常。又如，新增加一个电子班，班主任也已确定，但在该班招收学生之前，这些信息不能插入 S1。

为了解决上述问题，可再作一次分解。

(2) 第二次分解，消除 MON 对 SNO 的传递函数依赖。此时关系 SC 不变，仅将 S1 分解成以下两个关系：

S2(SNO，SN，CLS)

CL(CLS，MON)

图 8-6 是根据图 8-5(a)导出的 S2 与 CL 的内容。

SNO	SN	CLS
S1	张英	计算机
S2	李川	计算机
S3	周明	计算机
S4	王兵	计算机
S5	丁芳	机械

CLS	MON
计算机	万中
机械	方方

(a)　　　　　　　　　　　(b)

图　8-6

(a) S2；(b) CL

通过上述两次分解，先后消除了属性间的部分函数依赖和传递函数依赖，最初的 S 关系分解为 S2、CL、SC 三个关系。上述的各种问题，基本上都得到了解决。

8.2.2　第一范式(1NF)及规范化

规范化的理论是 E.F.Codd 首先提出的。他认为，一个关系数据库中的关系，都应满足一定的规范，才能构造出好的数据模式，Codd 把应满足的规范分成几级，每一级称为一个范式(Normal Form)。例如满足最低要求，叫第一范式(1NF)；在 1NF 基础上又满足一些要求的叫第二范式(2NF)；第二范式中，有些关系能满足更多的要求，就属于第三范式(3NF)。后来 Codd 和 Boyce 又共同提出了一个新范式：BC 范式(BCNF)。以后又有人提出第四范式(4NF)和第五范式(5NF)。范式的等级越高，应满足的条件也越严。

所谓"第几范式"，是表示关系的某一种级别，所以经常称某一关系模式 R 为第几范式。但现在人们把范式这个概念理解成符合某一种级别的关系模式的集合，则 R 为第几范式就可以写成 $R \in x$NF。

对于各种范式之间的联系有

$$5NF \subset 4NF \subset BCNF \subset 3NF \subset 2NF \subset 1NF$$

成立，如图 8-7 所示。

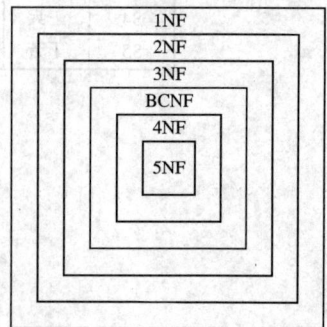

图 8-7　各种范式之间的关系

一个低一级范式的关系模式，通过模式分解可以转换为若干个高一级范式的关系模式的集合，这个过程就叫规范化。

关系，作为一张二维表，对它有一个最起码的要求：每一个分量必须是不可分的数据项。满足了这个条件的关系模式就属于第一范式(1NF)。这一限制是在关系的基本性质中提出的，任何关系都必须遵守。

第一范式是对关系的最低要求，由于第一范式和第二范式在应用中有许多缺点，实际的数据库系统一般都使用第三范式以上的关系，但也不是范式等级越高越好。下面分别讨论这些范式。

8.2.3　第二范式(2NF)与第三范式(3NF)

定义 8-5　若关系模式 $R \in 1NF$，且它的每一个非主属性都完全函数依赖于码，则 $R \in 2NF$。

2NF 就是不允许关系模式的属性之间有这样的函数依赖 $X \rightarrow Y$，其中 X 是码的真子集，Y 是非主属性。即不允许有非主属性对码的部分函数依赖。

定义 8-6　若关系模式 $R \in 2NF$，且它的每一个非主属性都不传递函数依赖于码，则 $R \in 3NF$。

3NF 就是不允许关系模式的属性之间有这样的函数依赖 $X \rightarrow Y$，其中 X 不包含码，Y 是非主属性。X 不包含码有两种情况，一种情况 X 是码的真子集，这是 2NF 所不允许的；另一种情况 X 不是码的真子集，这是 3NF 所不允许的。即 3NF 不允许有非主属性对码的部分函数依赖和传递函数依赖。

从以上定义可知，2NF 关系可从 1NF 关系中消除非主属性对码的部分函数依赖后获得，3NF 关系可从 2NF 关系中消除非主属性对码的传递函数依赖后获得。

现在按照上述定义来考察引例中的几个关系，了解它们各属于哪一种范式。

例 8-5　求关系 S(SNO，SN，CLS，MON，CNO，GRD)的范式等级。

为了分析方便，写出关系的表示式后，可以在主属性下方划一横线，并用箭头标出属性之间的依赖关系。

分析：

$$S(\underline{SNO,\ CNO},\ SN,\ CLS,\ MON,\ GRD)$$

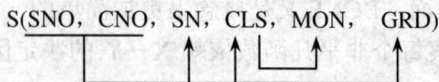

(1) 各分量都是原子的。

(2) 存在部分函数依赖，如(SNO，CNO) $\xrightarrow{p}$ SN。

结论：$S \in 1NF$。

例 8-6　求关系 S1(SNO，SN，CLS，MON)的范式等级。

分析：

$$S1(\underline{SNO},\ SN,\ CLS,\ MON)$$

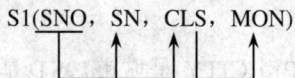

(1) 分量全是原子的。

(2) 主关键字为单个属性，不可能存在部分函数依赖。

(3) 存在传递函数依赖，如 SNO $\xrightarrow{t}$ MON(因为 SNO→CLS，CLS→MON)。

结论：S1∈2NF。

例 8-7 求关系 S2，CL 与 SC 的范式等级。

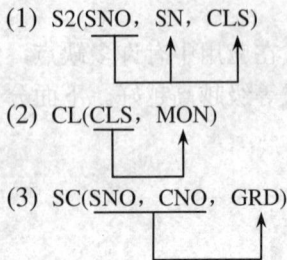

(1) S2(SNO，SN，CLS)

(2) CL(CLS，MON)

(3) SC(SNO，CNO，GRD)

显然，上述三个关系都只有完全函数依赖，不存在部分函数依赖或传递函数依赖，故均属于 3NF。

8.2.4　BC 范式(BCNF)

BCNF(Boyce Codd Normal Form)是由 Boyce 和 Codd 提出的，该范式比上述的 3NF 又进了一步，通常认为 BCNF 是修正的第三范式，有时也称为扩充的第三范式。

定义 8-7　若关系模式 R∈1NF，且对于每一个非平凡的函数依赖 X→Y，X 必包含码，则 R∈BCNF。

也就是说，关系模式 R(U)中，若每一个决定因素都包含码，则 R(U)∈BCNF。

由 BCNF 的定义可以得到结论，一个满足 BCNF 的关系模式有：

(1) 所有非主属性对每一个码都是完全函数依赖。

(2) 所有主属性对每一个不包含它的码，也是完全函数依赖。

(3) 没有任何属性完全函数依赖于非码的任何一组属性。

BCNF 是第三范式的进一步规范化，即限制条件更严格。3NF 不允许有 X 不包含码，Y 是非主属性的非平凡函数依赖 X→Y。BCNF 则不管 Y 是主属性还是非主属性，只要 X 不包含码，就不允许有 X→Y 这样的非平凡函数依赖。因此，若 R∈BCNF，则必然 R∈3NF，若 R∈3NF，未必 R 属于 BCNF。然而，BCNF 又是概念上更加简单的一种范式，判断一个关系模式是否属于 BCNF，只要考察每个非平凡函数依赖 X→Y 的决定因素 X 是否包含码就行了。

例如我们在前面见过的关系模式

　　　　S2(SNO，SN，CLS)

　　　　CL(CLS，MON)

　　　　SC(SNO，CNO，GRD)

它们都属于 3NF，并且每一个决定因素都是码，所以它们也都属于 BCNF。但并不是每一个属于 3NF 的关系模式都属于 BCNF。

例 8-8　有一关系模式 CSZ(CITY，ST，ZIP)，CITY 是城市，ST 是街道，ZIP 是邮政编码，其属性组上的函数依赖集为

　　　　　　F = {(CITY，ST)→ZIP，ZIP→CITY }

即城市、街道决定邮政编码，邮政编码决定城市。可用
图 8-8 表示如下。

容易看出，(CITY，ST)和(ST，ZIP)是两个候选码，
CITY，ST，ZIP 都是主属性，没有非主属性，自然 CSZ
∈3NF。但函数依赖 ZIP→CITY 的决定因素 ZIP 不包含
码，所以 CSZ∉ BCNF。

对于不是 BCNF 的关系模式，仍然存在不合适的地
方。关系模式 CSZ 就存在着种种"毛病"，例如，若无

图 8-8　CSZ 中的函数依赖

街道信息，则一个邮政编码是哪个城市中的邮政编码的信息无法存在数据库中。若将 CSZ
分解为两个关系模式：

> ZC(ZIP，CITY)
> SZ(ST，ZIP)

就没有在非平凡的函数依赖的决定因素中不包含码的情况，两者都是 BCNF 的关系模式。

从以上讨论和例 8-4 的引例可以看出，关系模式的规范化过程，就是通过关系的投影分
解逐步提高关系范式等级的过程。从 1NF 到 BCNF，其过程如图 8-9 所示。

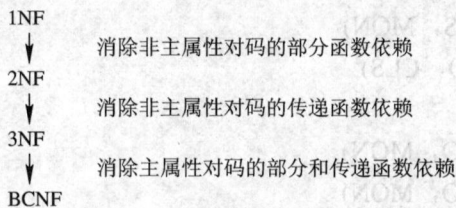

1NF
↓　　消除非主属性对码的部分函数依赖
2NF
↓　　消除非主属性对码的传递函数依赖
3NF
↓　　消除主属性对码的部分和传递函数依赖
BCNF

图 8-9　各种范式及规范化过程

3NF 和 BCNF 是在函数依赖的条件下对模式分解所能达到的分离程度的测度。一个模
式中的关系模式如果都属于 BCNF，那么在函数依赖范畴内，它已实现了彻底的分离，已消
除了插入和删除的异常。3NF 的"不彻底"性表现在可能存在主属性对码的部分依赖和传
递依赖。

把低一级的关系模式分解为若干个高一级的关系模式，这种分解不是惟一的。下面进
一步讨论关系模式的分解，即分解后的关系模式与原关系模式的等价问题。

8.2.5　关系模式的分解

分解可以使各关系模式达到某种程度的分离，让一个关系模式描述一个概念、一个实
体或者实体间的一种联系，即所谓"一事一地"的设计原则，若多于一个概念就把它"分
离"出去。分解是提高关系范式等级的重要方法。从例 8-4 的引例中，读者已看到分解所起
的作用。

那么，如何对关系模式进行分解呢？在这一小节中，我们将通过一个实例说明模式分
解的一般方法和对分解质量的要求。

例8-9 已知关系 S(SNO,CLS,MON)∈2NF,图8-10(a)显示了它包含的内容,图8-10(b)给出了属性间的依赖关系。

试将 S 分解为两个 3NF 的新关系。

SNO	CLS	MON
S1	计算机	万中
S2	计算机	万中
S3	电子	万中
S4	电子	万中
S5	机械	方方
S6	机械	方方
S7	机械	方方

(a)

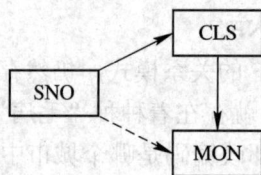

(b)

图 8-10 关系 S 及属性间的联系

这里有三种不同的分解法,即

(1) S ⟨ S-C(SNO, CLS)
       C-M(CLS, MON)

(2) S ⟨ S-C(SNO, CLS)
       S-M(SNO, MON)

(3) S ⟨ S-M(SNO, MON)
       C-M(CLS, MON)

三种方案得出的新关系,全是 BCNF,但分解的质量却大有差异。以下结合对分解质量的要求,对这三种方案作一比较。

(1) 分解必须是无损的,既不应在分解中丢失信息。

在上例中,第(3)种方案就不能保证无损分解。图 8-11 显示了这一方案得出的两个关系。由于计算机班和电子班的班主任是同一个人,分解后将无法分辩 S1~S4 各属于哪一个班。

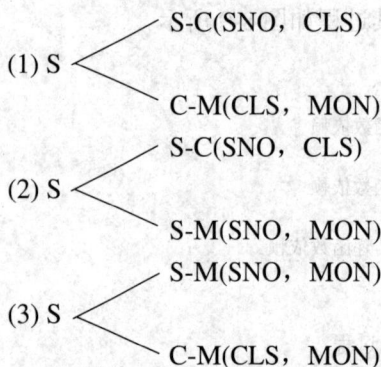

SNO	MON
S1	万中
S2	万中
S3	万中
S4	万中
S5	方方
S6	方方
S7	方方

(a)

CLS	MON
计算机	万中
电子	万中
机械	万中

(b)

图 8-11 第(3)种方案得出的关系 S-M 和 C-M

(a) S-M; (b) C-M

(2) 分解后的新关系应相互独立，对一个关系内容的更改，不会影响另一个关系。

试比较以上的(1)、(2)两种方案。设 S4 从电子班转到机械班。按第(1)种方案，仅修改 S-C 就可以了；而按第(2)种方案，就要同时修改 S-C 与 S-M 两个关系。

在插入的时候，(1)、(2)两种方案的情况也不相同。假定增加了一个新班，并有了班主任。按第(1)种方案，可以直接在 C-M 中插入一个新元组；而按第(2)种方案，则必须等这个班已有了学生，才能将 CLS 与 MON 的信息分别插入 S-C 与 S-M 两个关系。

产生以上这些差别的原因，可以结合图 8-10(b)来说明。在图中的三个属性之间，SNO→CLS，CLS→MON 都是完全函数依赖，而 SNO→MON 则为传递函数依赖。方案(1)建立的两个新关系分别使用了两个原有的完全函数依赖关系，方案(2)和方案(3)都只有一个新关系使用了完全函数依赖，另一个新关系使用的传递函数依赖，对于未用到的那个完全函数依赖关系，只能靠推导才能得到。这就是方案(1)优于其它方案的原因。可见，借助于图 8-10(b)的属性依赖图解，可以帮助选择正确的分解方案。

从上例可知，对关系模式的分解，不能仅着眼于提高它的范式等级，还应遵守无损分解和分解后的新关系相互独立等原则。只有兼顾到各方面的要求，才能保证分解的质量。

还需要注意的是，有些模式在理论中存在冗余或异常，实际应用中不一定有多少影响。例如有些关系模式在运行中只有查询操作，没有插入和删除等操作，就不必担心发生"异常"。

总之，处理模式分解必须从实际出发，并不是范式等级越高越好。分解得过细，即使对消除更新异常有些好处，但查询时需要更多的连接操作，很可能是得不偿失的。

8.3　数据库设计概述

数据库设计是指数据库应用系统的设计，数据库应用系统是含有数据库的信息系统的通称。数据库应用系统的设计是对于一个给定的应用环境(包括硬件环境和软件环境)，如何来表达用户的要求，构造最优的数据库模式，建立数据库及围绕数据库展开的应用系统，使之能够有效地收集、存储、操作和管理数据，满足各类用户的应用需求(信息需求和处理需求)。

对一般的用户来说，数据库管理系统(DBMS)已经随机器配置，不需要自行设计。所谓应用系统的设计，实际上就是"数据库 + 应用程序"的设计，而中心问题则是数据库的设计。具体地说，数据库设计包括结构特性的设计和行为特性的设计两方面的内容。结构特性的设计是指确定数据库的数据模型。数据模型反映了现实世界的数据及数据间的联系，要求在满足应用需求的前提下，尽可能减少冗余，实现数据共享。行为特性的设计是指确定数据库应用的行为和动作，应用的行为体现在应用程序中，所以行为特性的设计主要是应用程序的设计。

数据库设计工作量大而且过程比较复杂，既是一项数据库工程，也是一项庞大的软件工程，数据库设计的各阶段可以和软件工程的各阶段对应起来，软件工程的某些方法和工具同样可以适用于数据库工程。数据库工程与传统的软件工程的区别在于：软件工程中比较强调行为特性的设计；在数据库工程中，由于数据库模型是一个相对稳定的并为所有用户共享的数据基础，所以在数据库工程中更强调对于结构特性的设计，并与行为特性的设计结合起来。

为了使数据库设计更合理更有效，需要有效的指导原则，这种指导原则称做数据库设计方法学。数据库规范设计方法中比较著名的有新奥尔良(New Orleans)方法，它将数据库设计过程分为 4 个阶段：需求分析(分析用户要求)、概念结构设计(信息分析与定义)、逻辑结构设计(设计实现)和物理结构设计(物理数据库设计)。其后，S.B.Yao 等人又将数据库设计分为 5 个步骤。又有 I.R.Palmer 等人主张把数据库设计当成一步接一步的过程，并采用一些辅助手段实现每一过程。

按照规范设计的方法，考虑数据库及其应用系统开发全过程，将数据库设计分为以下 6 个阶段(如图 8-12 所示)。

- 需求分析；
- 概念结构设计；
- 逻辑结构设计；
- 物理结构设计；
- 数据库实施；
- 数据库运行与维护。

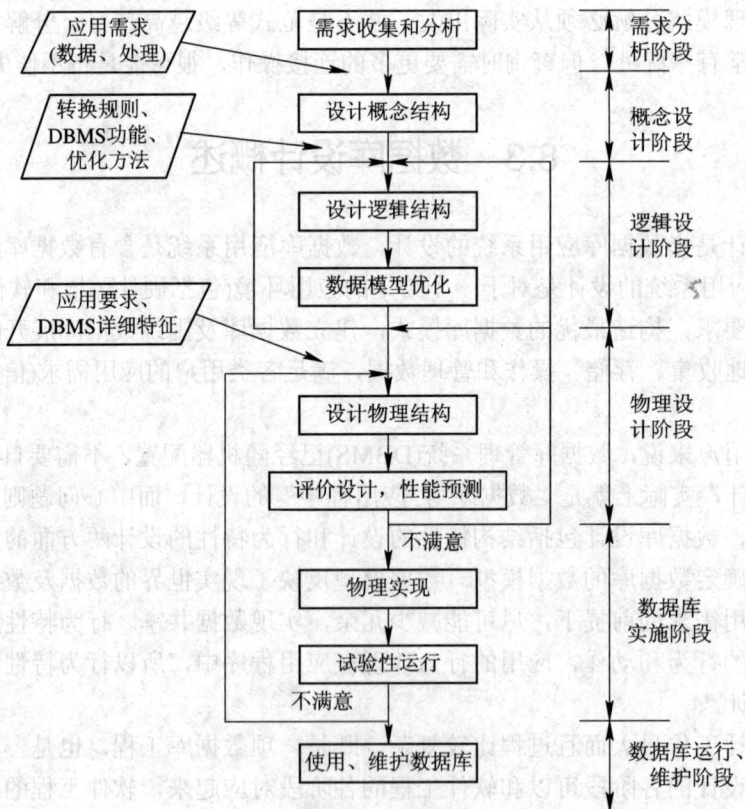

图 8-12 数据库设计步骤

　　数据库设计开始之前，首先必须选定参加设计的人员，包括系统分析人员、数据库设计人员和程序员、用户和数据库管理员。系统分析和数据库设计人员是数据库设计的核心人员，他们将自始至终参与数据库设计，他们的水平决定了数据库系统的质量。用户和数据库管理员在数据库设计中也是举足轻重的，他们主要参加需求分析和数据库的运行维护，他们的积极参与不但能加快数据库设计，而且也是决定数据库设计的质量的重要因素。程序员则在系统实施阶段参与进来，分别负责编制程序和准备软硬件环境。

1. 需求分析阶段

　　在进行数据库设计时，首先必须准确了解与分析用户需求(包括数据与处理)。需求分析是整个设计过程的基础，作为地基的需求分析是否做得充分与准确，决定了在其上构建数据库大厦的速度与质量，需求分析做得不好，甚至会导致整个数据库设计返工重做。该阶段的工作是收集和分析用户对系统的要求，确定系统的工作范围，并产生"数据流图"和"数据字典"。

2. 概念结构设计阶段

　　根据对系统的要求，提出能够反映各个用户要求的局部概念模型，然后将局部概念模型综合为总的概念模型。应该指出，概念模型仅是用户活动的客观反映，并不涉及用什么样的数据模型来实现它的问题，即概念模型独立于具体的 DBMS。因此在这一阶段，应该把注意力集中在弄清系统要求上面，暂不要考虑怎样去实现，以免分散精力。

　　实体—联系方法是设计概念模型的主要方法，在该阶段结束时应该产生系统的基本 E - R 图。

3. 逻辑结构设计阶段

　　这一阶段首先要选择一种适当的数据模型，然后将系统的概念模型转换为所需的数据模型。通常一种 DBMS 只支持某一种数据模型(如关系、网状或层次模型)，所以 DBMS 一旦确定，数据模型的类型也就定了。此时逻辑设计的任务，仅是把概念模型转换为系统的 DBMS 所支持的数据模型。

　　逻辑结构设计一般分为初始设计和优化设计两步。优化设计要用到规范化理论和 LRA 方法。

4. 物理结构设计阶段

　　该设计阶段内容包括：确定存储结构；建立存取路径；分配存储空间等。这些工作主要由 DBMS 在操作系统支持下自动完成，只有少量工作可由用户选择或干预。例如，有些 DBMS 允许用户在一定范围内选择主文件和索引文件的结构，决定在哪些属性码上建立索引，建什么样的(单码或组合码)索引等。在存储分配上，用户可以指定存储介质，如磁盘、磁带等。

5. 数据库实施阶段

　　在数据库实施阶段，设计人员运用 DBMS 提供的数据语言及其宿主语言，根据逻辑设计和物理设计的结果建立数据库，编制和调试应用程序，组织数据入库，并进行试运行。应用程序须按照不同用户的要求分别考虑和设计，需要时可以先在逻辑模式上定义适合于用户需要的外模式。

6. 数据库运行和维护阶段

数据库应用系统经过试运行后即可投入正式运行。在数据库系统运行过程中必须不断地对其进行评价、调整与修改。

设计一个完善的数据库应用系统是不可能一蹴而就的，它往往是上述六个阶段的不断反复。

需要指出的是，这个设计步骤既是数据库设计的过程，也包括了数据库应用系统的设计过程。在设计过程中把数据库的设计和对数据库中数据处理的设计紧密结合起来，将这两个方面的需求分析、抽象、设计、实现在各个阶段同时进行，相互参照，相互补充，以完善两方面的设计。

下面就以图 8-12 的设计过程为主线，讨论数据库设计各个阶段的设计内容、设计方法和工具。

8.4　需 求 分 析

需求分析简单地说就是分析用户的要求。需求分析是设计数据库的起点，需求分析的结果是否准确地反映了用户的实际要求，将直接影响到后面各个阶段的设计，并影响到设计结果是否合理和实用。所以，准确而无遗漏地弄清用户对系统的要求，是系统设计取得成功的重要前提。

8.4.1　需求分析的任务

需求分析的任务是对现实世界要处理的对象(组织、部门、企业等)进行详细调查，在了解现行系统的概况，确定新系统功能的过程中，收集支持系统目标的基础数据及其处理方法。需求分析是在用户调查的基础上，通过分析，逐步明确用户对系统的需求，包括数据需求和围绕这些数据的业务处理需求。

调查的重点是"数据"和"处理"，通过调查、收集与分析，获得用户对数据库的如下要求：

(1) 信息要求。指用户需要从数据库中获得信息的内容与性质。由信息要求可以导出数据要求，即在数据库中需要存储哪些数据。

(2) 处理要求。指用户要完成什么处理功能，对处理的响应时间有什么要求，处理方式是批处理还是联机处理。

(3) 安全性与完整性要求。

确定用户的最终需求是一件很困难的事，这是因为一方面用户缺少计算机知识，开始时无法确定计算机究竟能为自己做什么，不能做什么，因而往往不能准确地表达自己的需求，所提出的需求往往不断地变化。另一方面，设计人员缺少用户的专业知识，不易理解用户的真正需求，甚至误解用户的需求。因此设计人员必须不断深入地与用户交流，才能逐步确定用户的实际需求。

8.4.2　需求分析的方法

进行需求分析首先是调查清楚用户的实际要求，与用户达成共识，然后分析与表达这些需求。

调查用户需求的具体步骤是：

(1) 调查组织机构情况。包括了解该组织的部门组成情况、各部门的职责等，为分析信息流程做准备。

(2) 调查各部门的业务活动情况。包括了解各个部门输入和使用什么数据，如何加工处理这些数据，输出什么信息，输出到什么部门，输出结果的格式是什么，这是调查的重点。

(3) 在熟悉了业务活动的基础上，协助用户明确对新系统的各种要求，包括信息要求、处理要求、安全性与完整性要求，这是调查的又一个重点。

(4) 确定新系统的边界。对前面调查的结果进行初步分析，确定哪些功能由计算机完成或将来准备让计算机完成，哪些活动由人工完成。由计算机完成的功能就是新系统应该实现的功能。

在调查过程中，可以根据不同的问题和条件，使用不同的调查方法。常用的调查方法有：

(1) 跟班作业。通过亲身参加业务工作来了解业务活动的情况。这种方法可以比较准确地理解用户的需求，但比较耗费时间。

(2) 开调查会。通过与用户座谈来了解业务活动情况及用户需求。

(3) 请专人介绍。

(4) 询问。对某些调查中的问题，可以找专人询问。

(5) 设计调查表请用户填写。如果调查表设计得合理，这种方法很有效，也易于为用户接受。

(6) 查阅记录。查阅与原系统有关的数据记录。

做需求调查时，往往需要同时采用上述多种方法。但无论使用何种调查方法，都必须有用户的积极参与和配合。

调查了解了用户的需求以后，还需要进一步分析和表达用户的需求。在众多的分析方法中，结构化分析(SA，Structured Analysis)方法是一种简单实用的方法。SA 方法从最上层的系统组织机构入手，采用自顶向下、逐层分解的方式分析系统。SA 方法把任何一个系统都可以抽象为图 8-13 那样的数据流图(DFD，Data Flow Diagram)形式。

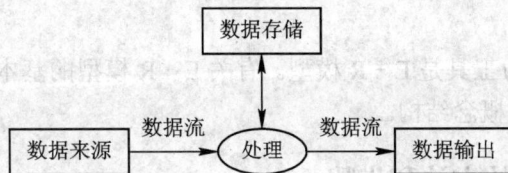

图 8-13　系统高层的数据流图

图 8-13 给出的只是最高层次抽象的数据流图，要反映更详细的内容，可将处理功能分解为若干子功能，每个子功能还可以继续分解，直到把系统工作过程表示清楚为止。在处

理功能逐步分解的同时，它们所用的数据也逐级分解，形成若干层次的数据流图。

数据流图表达了数据和处理过程的关系。在 SA 方法中，处理过程的处理逻辑常常借助判定表或判定树来描述。系统中的数据则借助数据字典(DD，Data Dictionary)来描述。

数据字典是系统中各类数据描述的集合，是进行详细的数据收集和数据分析所获得的主要成果。数据字典在数据库设计中占有很重要的地位。数据字典通常包括数据项、数据结构、数据流、数据存储和处理过程五种成分的描述。其中数据项是数据的最小组成单位，若干个数据项可以组成一个数据结构，数据字典通过对数据项和数据结构的定义来描述数据流、数据存储的逻辑内容。数据字典是在需求分析阶段建立，在数据库设计过程中不断修改、充实、完善。

需求分析阶段的文档是系统需求说明书，系统需求说明书主要包括数据流图、数据字典的雏形、各类数据的统计表格、系统功能结构图，并加以必要的说明编辑而成。系统需求说明书将作为数据库设计全过程的重要依据文件。

8.5　概念结构设计

将需求分析得到的用户需求抽象为信息结构即概念模型的过程就是概念结构设计。它是整个数据库设计的关键。

8.5.1　概念结构

在需求分析阶段所得到的应用需求应该首先抽象为信息世界的结构，才能更好地、更准确地用某一 DBMS 实现这些需求。

概念结构的主要特点是：

(1) 能真实、充分地反映现实世界，包括事物和事物之间的联系，能满足用户对数据的处理要求。概念结构是对现实世界的一个真实模型。

(2) 易于理解。从而可以用它和不熟悉计算机的用户交换意见，用户的积极参与是数据库设计成功的关键。

(3) 易于更改。当应用环境和应用要求改变时，容易对概念模型修改和扩充。

(4) 易于向关系、网状、层次等各种数据模型转换。

概念结构是各种数据模型的共同基础，它比数据模型更独立于机器、更抽象，从而更加稳定。

描述概念模型的有力工具是 E - R 模型。有关 E - R 模型的基本概念已在前面介绍。下面将用 E - R 模型来描述概念结构。

8.5.2　概念结构设计的方法和步骤

设计概念结构通常采用的策略是自底向上的方法，即首先定义各局部应用的概念结构，然后将它们集成起来，得到全局概念结构，如图 8-14 所示。

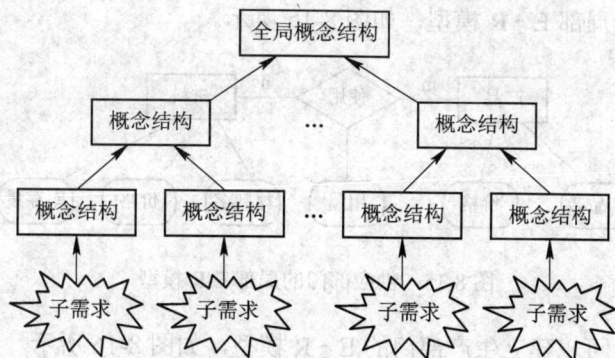

图 8-14　自底向上策略

自底向上设计概念结构通常分为两步：第一步是设计各局部应用的局部视图；第二步是集成各局部视图，得到全局的概念结构。

1. 局部 E - R 模型的设计

概念结构设计的第一步就是对需求分析阶段收集到的数据进行分类、组织，形成实体、实体的属性、标识实体的码，确定实体之间的联系类型(1 : 1，1 : n，m : n)，设计分 E - R 图。具体做法是：

(1) 选择局部应用。根据某个系统的具体情况，在多层的数据流图中选择一个适当层次的数据流图，作为设计分 E - R 图的出发点。让这组图中每一部分对应一个局部应用。

由于高层的数据流图只能反映系统的概貌，而中层的数据流图能较好地反映系统中各局部应用的子系统组成，因此人们往往以中层的数据流图作为设计分 E - R 图的依据。

(2) 逐一设计分 E - R 图。选择好局部应用之后，就要对每个局部应用逐一设计分 E - R 图，亦称局部 E - R 图。

在前面选好的某一层次的数据流图中，每个局部应用都对应了一组数据流图，局部应用涉及的数据都已经收集在数据字典中了。现在就是要将这些数据从数据字典中抽取出来，参照数据流图，标定局部应用中的实体、实体的属性、标识实体的码，确定实体之间的联系及其类型。

这里最关键的步骤是确定实体和属性。就是说，首先要决定在每一个应用中包含哪些实体，这些实体又包含哪些属性。事实上，在现实世界中具体的应用环境常常对实体和属性已经作了大体的自然的划分。在数据字典中，"数据结构"、"数据流"和"数据存储"都是若干属性有意义的聚合，就可以作为实体对待。实体确定后，再确定实体之间的联系。这样就可建立起对应于每一个应用的局部 E - R 模型，然后再进行必要的调整。

假设某工厂要设计一个查询系统。主管生产的部门要掌握产品的性能、各种零件的用料和每种产品的零件组成情况，并需据此编制工厂的生产计划；主管供应的部门需要了解产品的价格、各种产品的用料情况以及这些材料的价格与库存量，并需根据这些资料提出材料的订购计划。下面以供应部门的供应查询为例，可以把"产品"、"材料"确定为实体，前者应有"产品名"和"价格"两个属性，后者有"材料名"、"价格"和"库存量"三个属性。实体确定后，再确定实体之间的联系。在本例中，"产品"与"材料"是通过"使用"互相联系的，故可把"使用"定为联系，而"用量"是它的属性。把这些用 E - R 图来表示，就可得到供应部门的局部 E－R 模型，如图 8-15 所示。

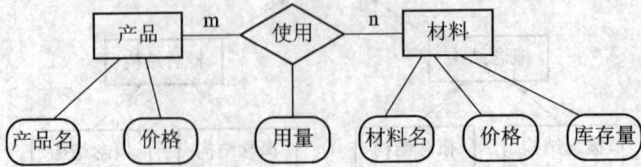

图 8-15　供应部门的局部 E-R 模型

用类似的方法，可以建立生产部门的 E－R 模型，如图 8-16 所示。

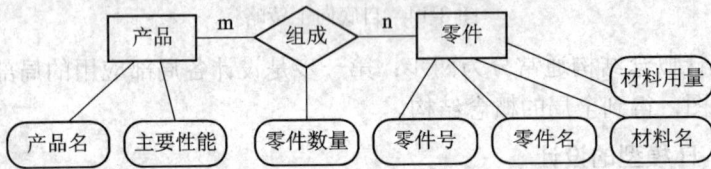

图 8-16　生产部门的局部 E－R 模型

应该说明，实体和属性的划分并无绝对的标准。一般说来，凡不需要对它进行再描述的事物，均作为属性对待。举例说，假定材料不只存放在一个仓库，只须在图 8-15 的"材料"实体下再增加一个属性"仓库号"就可以了，这时的库存量也相应的改成每一仓库所拥有的材料数量。但如果需要把仓库本身的信息(例如"仓库号"、"面积"、"地点"等)也存入数据库以备查询，就应将"仓库"作为一个新的实体加入图中，把图 8-15 修改成如图 8-17 的样子。

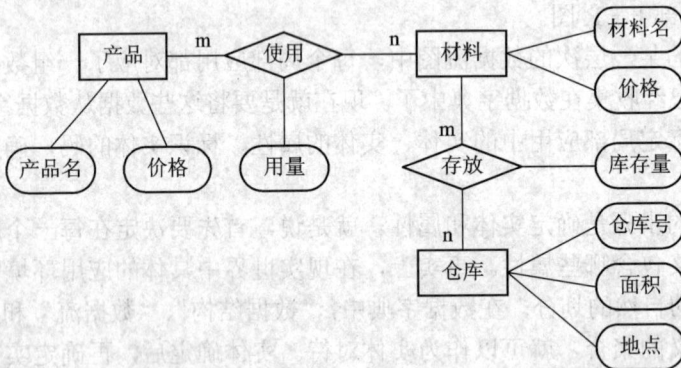

图 8-17　更改后的供应部门局部 E－R 模型

局部 E－R 模型建立后，应对照每一个应用进行检查，确保模型能满足数据流图对数据处理的需要。

2.　全局 E－R 模型的设计

各子系统的分 E－R 模型设计好以后，下一步就是要将各个应用的分 E－R 模型综合成系统总的概念模型(总 E－R 模型)。一般说来，综合可以有两种方式：

(1) 多个分 E-R 图一次集成;

(2) 逐步集成,用累加的方式一次集成两个分 E-R 图。

第一种方式比较复杂,做起来难度较大;第二种方式每次只集成两个分 E-R 图,可以降低复杂度。无论采用哪种方式,每次集成局部 E-R 图时都需要分两步走:第一步合并,解决各分 E-R 图之间的冲突,将各分 E-R 图合并起来生成初步 E-R 图;第二步修改和重构,消除不必要的冗余,生成基本 E-R 图。

1) 合并分 E-R 图,生成初步 E-R 图

各个局部应用所面向的问题不同,且通常是由不同的设计人员进行局部 E-R 图设计,这就导致各个分 E-R 图之间必定会存在许多不一致的地方,称之为冲突。因此合并分 E-R 图时并不能简单地将各个分 E-R 图画到一起,而是必须着力消除各个分 E-R 图中的不一致,以形成一个能为全系统中所有用户共同理解和接受的统一的概念模型。合理消除各分 E-R 图的冲突是合并分 E-R 图的主要工作与关键所在。

各分 E-R 图之间的冲突主要有三类:属性冲突、命名冲突和结构冲突。

(1) 属性冲突:包括属性值的类型、取值范围、取值单位的不同。

(2) 命名冲突:包括实体名、联系名、属性名之间异名同义,或同名异义等。

(3) 结构冲突:例如同一对象在一个局部 E-R 图中作为实体,而在另一个局部 E-R 图中作为属性,同一实体在不同的 E-R 图中属性个数和类型不同等。

属性冲突和命名冲突通常用讨论、协商等行政手段解决;结构冲突则要认真分析后用技术手段解决,例如把实体变换为属性或属性变换为实体,使同一对象具有相同的抽象,又如,取同一实体在各局部 E-R 图中属性的并作为集成后该实体的属性集,并对属性的取值类型进行协调统一。

在进行综合时,除相同的实体应该合并外,还可在属于不同分 E-R 图的实体间添加新的联系。图 8-18 显示了将图 8-15 和图 8-16 综合得到的 E-R 图。图中"材料"与"零件"两个实体之间的联系("消耗"),就是综合后添加的。产品的属性也从分 E-R 图中的两项增加为三项。

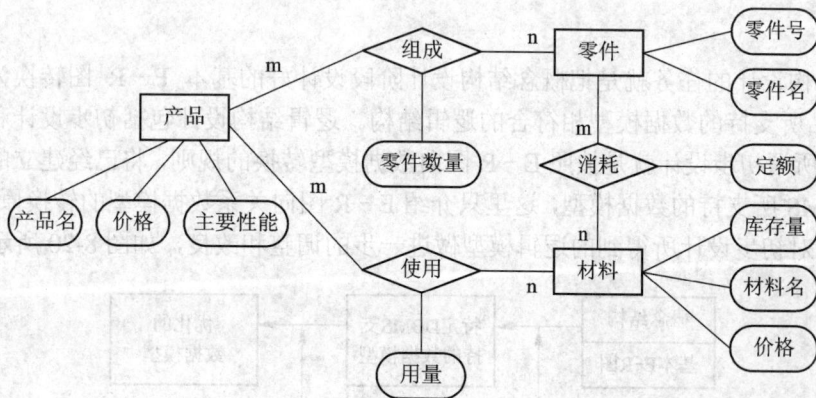

图 8-18 综合后的初步 E-R 图

但是,这样综合得出的 E-R 图仅是初步的,很可能存在冗余的数据和实体间的冗余联系,需要进一步的修改。

2) 消除不必要的冗余，设计基本 E－R 图

在初步 E－R 图中，可能存在一些冗余的数据和实体间冗余的联系。所谓冗余的数据是指可由基本数据导出的数据，冗余的联系是指可由其它联系导出的联系。冗余数据和冗余联系的存在，不仅将占用更多的存储空间，而且会增加数据维护工作，甚至可能在修改数据时破坏数据的完整性，应当予以消除。消除了冗余后的初步 E－R 图称为基本 E－R 图。

仍以图 8-18 为例，产品对各种材料的"用量"，实际上是根据产品包含的"零件数量"和零件的材料消耗"定额"推导出来的。也就是说，与"用量"相比，"零件数量"与"定额"是更基本的数据，因为"用量"可以由它们推导求得。如果保留"零件数量"与"定额"，就可以消除"用量"。进一步说，"用量"又是产品与材料间的联系("使用")的属性，"用量"省去了，"使用"这个联系也可随之取消。这样，图 8-18 就可改进为图 8-19，这就是包括生产和供应两个部门在内的系统的基本概念模型，或称为系统的基本 E－R 图。

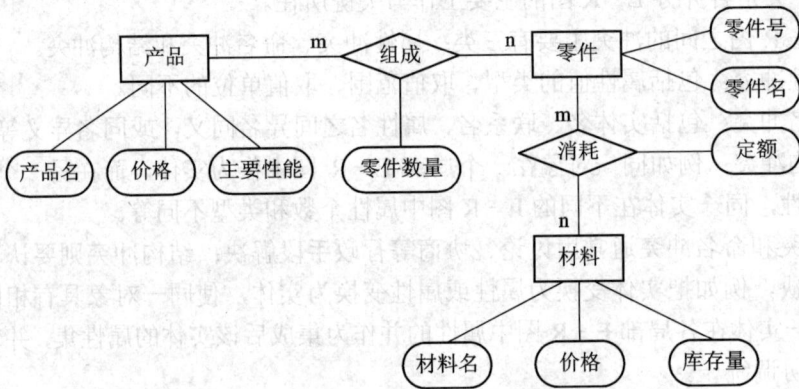

图 8-19 系统的基本 E－R 图

8.6 逻辑结构设计

逻辑结构设计的任务就是把概念结构设计阶段设计好的基本 E－R 图转换为与选用的 DBMS 产品所支持的数据模型相符合的逻辑结构。逻辑结构设计包括初步设计和优化设计两个步骤。所谓初步设计就是按照 E－R 图向数据模型转换的规则，将已经建立的概念模型转换为 DBMS 所支持的数据模型，这里只介绍 E－R 图向关系数据模型的转换原则与方法；优化设计是对初步设计所得到的逻辑模型做进一步的调整和改良，如图 8-20 所示。

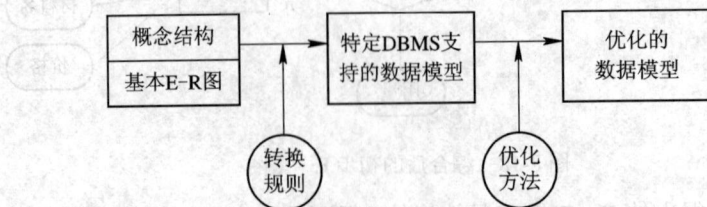

图 8-20 逻辑结构设计的过程

8.6.1　E－R 图向关系模型的转换

E－R 图向关系模型转换要解决的问题是如何将实体和实体间的联系转换为关系模式，以及如何确定这些关系模式的属性和码。

关系模型的逻辑结构是一组关系模式的集合。E－R 图则是由实体、实体的属性和实体之间的联系三个要素组成的。所以将 E－R 图转换为关系模型实际上就是要将实体、实体的属性和实体之间的联系转换为关系模式，这种转换一般遵循如下原则：

(1) 一个实体转换为一个关系模式。实体的属性就是关系的属性，实体的码就是关系的码。

(2) 一个 1∶1 联系可以转换为一个独立的关系模式，也可以与任意一端对应的关系模式合并。如果转换为一个独立的关系模式，则与该联系相连的各实体的码以及联系本身的属性均转换为关系的属性，每个实体的码均是该关系的候选码。如果与某一端实体对应的关系模式合并，则需要在该关系模式的属性中加入另一个关系模式的码和联系本身的属性。

(3) 一个 1∶n 联系可以转换为一个独立的关系模式，也可以与 n 端对应的关系模式合并。如果转换为一个独立的关系模式，则与该联系相连的各实体的码以及联系本身的属性均转换为关系的属性，而关系的码为 n 端实体的码。

(4) 一个 m∶n 联系转换为一个关系模式。与该联系相连的各实体的码以及联系本身的属性均转换为关系的属性，而关系的码为各实体码的组合。

(5) 三个或三个以上实体间的一个多元联系可以转换为一个关系模式。与该多元联系相连的各实体的码以及联系本身的属性均转换为关系的属性，而关系的码为各实体码的组合。

(6) 具有相同码的关系模式可合并。

下面结合图 8-19 的 E－R 图，把它转换为关系模型。关系的码用下横线标出。

实体名：产品

对应的关系模式：产品(产品名，价格，主要性能)

实体名：零件

对应的关系模式：零件(零件号，零件名)

实体名：材料

对应的关系模式：材料(材料名，价格，库存量)

联系名：组成

所联系的实体及其主码：

　　　　产品(主码为"产品名")和零件(主码为"零件号")

对应的关系模式：产品零件一览表(产品名，零件名，零件数量)

联系名：消耗

所联系的实体及其主码：

　　　　零件(主码为"零件号")和材料(主码为"材料名")

对应的关系模式：零件用料表(零件号，材料名，定额)

8.6.2　数据模型的优化

数据库逻辑设计的结果不是惟一的。为了进一步提高数据库应用系统的性能，还应该根据应用需要适当地修改、调整数据模型的结构，这就是数据模型的优化。关系数据模型的优化通常以规范化理论为指导，具体方法为

(1) 确定数据依赖。

(2) 对于各个关系模式之间的数据依赖进行极小化处理，消除冗余的联系。

(3) 按照数据依赖的理论对关系模式逐一进行分析，考察是否存在部分函数依赖、传递函数依赖等，确定各关系模式分别属于第几范式。

(4) 按照需求分析阶段得到的处理要求，分析这些模式对于这样的应用环境是否合适，确定是否要对某些模式进行合并或分解。

必须注意的是，并不是规范化程度越高的关系就越优。例如，当查询经常涉及到两个或多个关系模式的属性时，系统经常进行连接运算。连接运算的代价是相当高的，可以说关系模型低效的主要原因就是连接运算引起的。这时可以考虑将这几个关系合并成一个关系。因此在这种情况下，第二范式甚至第一范式也许是合适的。对于一个具体的应用来说，到底规范化到什么程度，需要权衡响应时间和潜在问题两者的利弊决定。

(5) 对关系模式进行必要的分解，提高数据操作的效率和存储空间的利用率。常用的两种分解方法是水平分解和垂直分解。

例如，某大学记载学生情况的关系，包括大专生、本科生与研究生三大类学生。如果多数查询一次只涉及其中的一类学生，就应把整个学生关系"水平分割"为大专生、本科生、研究生三个关系，以便提高系统的查询效率。

再如，设有记载职工情况的关系：

　　　　　　EMP(工号，姓名，性别，年龄，职务，工资，工龄，住址，电话)

如果经常查询的仅是前六项，后三项使用较少，就可将该关系"垂直分割"为两个关系，即

　　　　　　EMP1(工号，姓名，性别，年龄，职务，工资)

和　　　　　EMP2(工号，工龄，住址，电话)

以便减少访问时传送的数据量，提高查询的效率。

8.7　物理结构设计

数据库在物理设备上的存储结构与存取方法称为数据库的物理结构，它依赖于给定的计算机系统。为一个给定的逻辑数据模型选取一个最适合应用要求的物理结构的过程，就是数据库的物理设计。

数据库的物理设计通常分为两步：

(1) 确定数据库的物理结构，在关系数据库中主要指存取方法和存储结构；

(2) 对物理结构进行评价，评价的重点是时间和空间效率。

如果评价结果满足原设计要求，则可进入到物理实施阶段，否则，就需要重新设计或

修改物理结构，有时甚至要返回逻辑设计阶段修改数据模型。

1. 物理设计的内容和方法

不同的数据库产品所提供的物理环境、存取方法和存储结构有很大差别，能供设计人员使用的设计变量、参数范围也很不相同，因此没有通用的物理设计方法可遵循，只能给出一般的设计内容和原则。通常，关系数据库物理设计的内容主要包括：

1) 存储结构的设计

确定数据库物理结构主要指确定数据的存放位置和存储结构，包括确定关系、索引、日志、备份等的存储安排和存储结构，确定系统配置等。

确定数据的存放位置和存储结构要综合考虑存取时间、存储空间利用率和维护代价三方面的因素。这三个方面常常是相互矛盾的，因此需要进行权衡，选择一个折中方案。

2) 存取方法的设计

存取方法设计为存储在物理设备上的数据提供数据访问的路径。数据库系统是多用户共享的系统，对同一个关系要建立多条存取路径才能满足多用户的多种应用要求。物理设计的任务之一就是要确定选择哪些存取方法，即建立哪些存取路径。

索引是数据库中一种非常重要的数据存取路径，在存取方法设计中要确定建立何种索引，以及在哪些表和属性上建立索引。通常情况下，对数据量很大，又需要做频繁查询的表建立索引，并且选择将索引建立在经常用做查询条件的属性或属性组，以及经常用做连接属性的属性或属性组上。

物理设计的结果是物理设计说明书，包括存储记录格式、存储记录位置分布及存取方法，并给出对硬件和软件系统的约束。

2. 物理设计的评价

数据库物理设计过程中需要对时间效率、空间效率、维护代价和各种用户要求进行权衡，其结果可以产生多种方案，数据库设计人员必须对这些方案进行细致的评价，从中选择一个较优的方案作为数据库的物理结构。

评价物理数据库的方法完全依赖于所选用的 DBMS，主要是从定量估算各种方案的存储空间、存取时间和维护代价入手，对估算结果进行权衡、比较，选择出一个较优的合理的物理结构。如果该结构不符合用户需求，则需要修改设计。

8.8　数据库的实施和维护

1. 数据库的实施

完成数据库的物理设计之后，设计人员就要用 RDBMS 提供的数据定义语言和其它实用程序将数据库逻辑设计和物理设计结果严格描述出来，成为 DBMS 可以接受的源代码，再经过调试产生目标模式。然后就可以组织数据入库了，这就是数据库实施阶段。

数据库实施阶段包括两项重要的工作，一项是数据的载入，另一项是应用程序的编码和调试。

一般数据库系统中，数据量都很大，而且数据来源于部门中的各个不同的单位，数据的组织方式、结构和格式都与新设计的数据库系统有相当的差距，组织数据录入就要将各类源数据从各个局部应用中抽取出来，输入计算机，再分类转换，最后综合成符合新设计的数据库结构的形式，输入数据库。因此，这样的数据转换、组织入库的工作是相当费力费时的。

数据库应用程序的设计应该与数据库设计同时进行，因此在组织数据入库的同时还要调试应用程序。应用程序的设计、编码和调试的方法、步骤将在软件工程中讲解，这里就不详述了。

2．数据库的试运行

在原有系统的一小部分数据输入数据库后，就可以开始对数据库系统进行联合调试，这又称为数据库的试运行。

这一阶段要实际运行数据库应用程序，执行对数据库的各种操作，测试应用程序的功能是否满足设计要求。如果不满足，则要对应用程序部分进行修改、调试，直到达到设计要求为止。

在数据库试运行时，还要测试系统的性能指标，分析其是否达到设计目标。如果测试的结果与设计目标不符，则要返回物理设计阶段，重新调整物理结构，修改系统参数。某些情况下甚至要返回逻辑设计阶段，修改逻辑结构。

这里特别要强调两点，第一，上面已经讲到组织数据入库是十分费时费力的工作。如果试运行后还要修改数据库的设计，则还要重新组织数据入库。因此应分期分批地组织数据入库，先输入小批量数据做调试用，待试运行基本合格后，再大批量输入数据，逐步增加数据量，逐步完成运行评价。

第二，在数据库试运行阶段，由于系统还不稳定，硬软件故障随时都可能发生。系统的操作人员对新系统还不熟悉，误操作也不可避免，因此应首先调试运行 DBMS 的恢复功能，做好数据库的转储和恢复工作。一旦故障发生，能使数据库尽快恢复，尽量减少对数据库的破坏。

3．数据库的运行和维护

数据库试运行合格后，数据库开发工作就基本完成，可以投入正式运行了。但是，由于应用环境在不断变化，数据库运行过程中物理存储也会不断变化，因此，对数据库设计进行评价、调整、修改等维护工作是一个长期的任务，也是设计工作的继续和提高。

在数据库运行阶段，对数据库经常性的维护工作主要是由 DBA 完成的，它包括：

(1) 数据库的转储和恢复；

(2) 数据库的安全性、完整性控制；

(3) 数据库性能的监督、分析和改造；

(4) 数据库的重组织与重构造。

只要数据库存在一天，对数据库的维护工作就会继续一天。如果应用变化太大，通过对数据库的重构造也无济于事，说明此数据库应用系统的生命周期已经结束，应该设计新的数据库应用系统了。

习　题

1. 名词解释：函数依赖，部分函数依赖，完全函数依赖，传递函数依赖，1NF，2NF，3NF，BCNF。

2. 设有关系 P(A，B，C，D，E)，且有函数依赖集合 F={A→B，A→C，C→D，D→E}，今若分解关系 P 为 P1(A，B，C)和 P2(C，D，E)，试确定 P1 和 P2 的范式等级。

3. 设有关系 SPJ(S#，SN，SA，P#，PN，PT，PC，J#，JN，QTY，COST)
其中，S#为供应商号，SN 为供应商名，SA 为供应商地址，P#为产品号，PN 为产品名，PT 为产品型号，PC 为产品单价，J#为工程号，JN 为工程名，QTY 和 COST 为某供应商供应的每个工程每个型号产品的数量及其金额。试将 SPJ 无损分解成满足 3NF 的新关系。

4. 数据库应用系统的设计分为哪几个阶段？

5. 需求分析阶段的设计目标是什么？调查的内容是什么？

6. 数据字典的内容和作用是什么？

7. 怎样将 E－R 图转换成关系模型？

8. 请设计一个图书馆数据库，此数据库中对每个借阅者保存读者信息，包括读者号，姓名，地址，性别，年龄，单位。对每本书存有书号，书名，作者，出版社。对每本被借出的书存有读者号，借出日期和应还日期。要求：给出 E－R 图，再将其转换为关系模型。

第 9 章　数据库管理系统简介

　　目前我国流行的数据库管理系统绝大多数是关系型数据库管理系统，一般可分为如下三类：一类是以 PC 机、微型机系统为运行环境的数据库管理系统，例如 xBASE 类的产品 dBASE、FoxBASE、FoxPro 等，由于这类系统主要作为支持一般事务处理需要的数据库环境，强调使用的方便性和操作的简便性，所以有人称之为桌面型数据库管理系统；另一类是以 Oracle 为代表的数据库管理系统，这类系统还有 IBM DB2、SYBASE 等，这些系统更强调系统在理论上和实践上的完备性，具有巨大的数据存储和管理能力，提供了比桌面型系统更全面的数据保护和恢复功能，它更有利于支持全局性的及关键性的数据管理工作，所以也被称为主流数据库管理系统。第三类是以 Microsoft SQL Server 为代表的界于以上两类之间的数据库管理系统。

　　以下简要地阐述这些数据库管理系统及其相关产品的功能和特色，仅供参考。以 FoxPro 为代表的桌面型数据库管理系统不在这里介绍。

9.1　Oracle 数据库系统

9.1.1　Oracle 数据库系统简介

　　Oracle 数据库系统是美国 Oracle 公司的产品。该公司于 1979 年推出了世界上第一个商业化的关系型数据库管理系统；1983 年重新改写 Oracle 内核；1984 年推出运行在 PC 机上的 Oracle；1986 年推出 Oracle 第 5 版；1988 年公布 Oracle 第 6 版；1992 年公布 Oracle 第 7 版；1997 年公布 Oracle 第 8 版；1998 年公布的 Oracle 8i，是一个面向 Internet 计算环境的数据库系统。

　　最近推出的 Oracle 9i 是业界第一个完整的、简单的用于互联网的新一代智能化的、协作各种应用的软件基础构架。Oracle 9i 实际上是指 Oracle 9i 数据库、Oracle 9i Application server 和 Oracle 9i Developer Suite 的完整集成。

9.1.2　Oracle 的主要产品及其功能

　　Oracle 产品主要包括数据库服务器、开发工具和连接产品三类。

1. Oracle 数据库服务器功能及其特色

　　Oracle 数据库服务器包括标准服务器和许多可选的服务器选件，选件用于扩展标准服务器的功能，以适应特殊的应用需求。

(1) 标准服务器主要具有下列特色：

① 多进程多线索的体系结构。Oracle 第 6 版以前是 1 个用户 1 个进程的体系结构，系统资源占用多，进程切换开销大，影响了系统整体性能。从 Oracle 7 起对进程结构作了改进，采用了多进程多线索体系结构。

② 高性能核心技术。Oracle 的并发控制机制更加精致，包括了无限制行级封锁、无竞争查询、多线索的顺序号产生机制。在共享内存缓冲区中增加了共享的 SQL Cache，存放编译后的 SQL 语句，使用户可共享执行内存中同一 SQL 的拷贝，以提高效率。

③ 高可用性。Oracle 提供了联机备份、联机恢复、镜像等多种机制保障系统，具有高可用性和容错功能。

④ SQL 的实现。Oracle 扩展了 ANSI/ISO SQL89 标准。完整性约束符合 ANSI/ISO 标准的申明实体完整性和参照完整性约束，提供基于角色的安全性。

(2) 并行服务器选件(paralle server option)和并行查询选件(paralle query option)。针对机群和 MPP 并行计算机平台，Oracle 提供了并行服务器选件实现磁盘共享。Oracle 还为 SMP、机群和 MPP 平台提供了并行查询选件，以实现并行查询、并行数据装载等操作。

(3) 分布式选件(distributed option)。Oracle 通过分布式选件提供分布式数据库功能。Oracle 分布式选件提供了多场地的分布式查询功能和多场地更新功能，具有位置透明性和场地自治性，提供全局数据库名，支持远地过程调用。Oracle 分布式选件的自动表副本(快照)，可以把常用数据透明地复制到多个结点。Oracle 根据主表自动刷新它的只读副本(快照)，刷新间隔可由用户定义，如 1 小时、1 天或 1 周。

(4) 过程化选件(procedural option)。利用 Oracle 提供的过化程选件，用户可以根据自己的应用需求定义存储过程、函数、过程包和数据库触发器。存储过程、函数、过程包或数据库触发器一经定义，将存放在数据库服务器端，与数据库内部对象一样，可供所有授权的用户使用。

2. Oracle 的工具产品及其功能

为方便用户开发数据库应用程序，Oracle 提供了众多工具供用户选择使用。主要有：

(1) Developer/2000。它是 Oracle 的一个较新的应用开发工具集，包括 Oracle Forms，Oracle Reprots，Oracle Graphics 和 Oracle Books 等多种工具，用以实现高生产率、大型事务处理及客户/服务器结构的应用系统。Developer/2000 具有高度的可移植性、支持多种数据源、多种图形用户界面、多媒体数据、多民族语言及 CASE 等协同应用系统。

① Oracle Forms 是快速生成基于屏幕的复杂应用的工具，所生成的应用程序具有查询和操纵数据的功能，可以显示多媒体信息，具有 GUI 界面(图形用户界面)。

② Oracle Reports 是快速生成报表的工具，可以用来生成多种类型的报表，如普通报表、主从式报表、矩阵式报表等。还可以对报表进行美化，例如，上色，加背景等。所生成的报表中可以包括多媒体信息。

③ Oracle Graphics 是快速生成图形应用的工具。即根据数据库中的数据描绘直方图、饼图、线图等。

④ Oracle Book 用于生成联机文档。

(2) Designer/2000。它是 Oracle 提供的 CASE 工具，能够帮助用户对复杂系统进行建模、分析和设计。用户在数据库概要设计完成之后，即可以利用 Designer/2000 来帮助绘制 E-R 图、功能分层图、数据流图和方阵图，自动生成数据字典、数据库表、应用代码和文档。它由 BPR、Modellers、Generators 等组成。

① BPR 工具用于过程建模，即帮助用户进行复杂系统的建模。

② Modellers 工具用于系统设计与建模。它既可以基于 BPR 模型，也可以直接生成新的模型。Modellers 提供了一组丰富灵活并遵从工业标准的图形化工具，帮助用户在数据库概要设计完成之后，绘制 E-R 图、功能分层图、数据流图和方阵图。

③ Generators 工具是一个应用生成器。它可以根据用户建立的模型，自动生成数据字典、数据库表、应用代码和文档。所生成的应用与 Developer/2000 生成的应用风格一致。

(3) Discoverer/2000。它是一个 OLAP 工具，主要用于支持数据仓库应用。它可以对历史性数据进行数据挖掘，以找到发展趋势；对不同层次的概况数据进行分析，以便发现有关业务的详细信息。Discoverer/2000 是一种开放式工具，可以在所有的环境中工作。通过 Discoverer/2000，又可以以将存放在其它系统中的关键数据转移到 Oracle 中。

(4) Oracle Office。它是用于办公自动化的，能完成企业范围内的消息接收与发送。日程安排、日历管理、目录管理以及拼写检查。

(5) SQL DBA。SQL DBA 是一个易于使用的菜单驱动的 DBA 实用工具，可供用户进行动态性能监视、远程 DB 管理等。

(6) Oracle 预编译器。Oracle 预编译器允许在高级程序设计语言如 C，COBOL，FORTRAN，PASCAL，PL/1 中通过嵌入 SQL 语句、PL/SQL 语句访问数据库。

(7) Oracle 调用接口。Oracle 调用接口 OCI 允许高级程序设计语言程序通过嵌入函数访问数据库。

3. Oracle 的连接产品及其功能

(1) SQL* Net。它是一个负责客户机与服务器之间网络通信的产品，它使得客户计算机上的 Oracle 应用开发工具能够访问远程的 Oracle 数据库服务器中的数据。它允许客户机和服务器是异构计算机与操作系统，并支持 TCP/IP 等多种网络通信协议。

(2) Oracle 多协议转换器。Oracle 7 支持所有主要的网络协议；允许异种网络的多协议交换；提供协议透明性；拥有启动的可选网络路由选择等。

(3) Oracle 开放式网关(open gateway)。Oracle 开放式网关技术能把多种数据源集成为一个整体，使得应用程序不做任何修改就可以运行在非 Oracle 数据源上(即访问非 Oracle 数据库中的数据)。开放式网关包括透明网关和过程化网关。利用透明网关，Oracle 应用程序可以直接访问 IBM DB2 和 SQL/DS，DEC RMS 和 RDB、tandam nonstop SQL、HP Turboimage 等数据源。如果需要访问其它数据源，则必须通过过程化网关，即用户用 PL/SQL 编程构造网关。

9.1.3 Oracle 数据仓库和 Internet 解决方案

1. Oracle 的数据仓库解决方案

Oracle 的数据仓库解决方案是 Oracle OLAP 产品，主要包括服务器端的 Oracle Express Server 选件与客户端的 Oracle Express Objects 和 Oracle Express Analyzer 工具。

(1) Oracle Express Server。它是一个联机分析处理服务器,基于多维数据模型,支持用户进行多维分析,获取决策信息。为了提高查询与多维分析效率,Oracle Express Server 对数据进行了结构化处理,形成多维数组。同时它还提供了对第三方软件开放的应用编程接口,可与第三方数据库核心产品连接。

(2) Oracle Express Objects。它是可视化工具,可生成 OLAP 应用软件,并通过访问 Oracle Express Server,实现抽取数据和对数据进行多维分析的请求。

(3) Oracle Express Analyzer。它用于扩充使用 Oracle Express Objects 编写的应用软件。此外,Oracle OLAP 产品还包括两个与应用捆绑的系统:分析销售及市场数据的 Oracle Sales Analyzer 和分析财务数据的 Oracle Financial Analyzer。

2. Oracle 的 Internet 解决方案

鉴于数据库是存储与管理信息的最有效的方式,将数据库技术与 Web 技术结合应用于 Internet 会很有前途。Oracle 针对 Internet/Intranet 的产品是 Oracle Webserver。Oracle Webserver 由 Oracle Weblistener,Oracle WebAgent 和 Oracle 7 服务器三部分组成。

(1) Oracle Weblistener。它是一个进程,具有普通 HTTP 服务器的功能,主要用于接收从 Web 浏览器上发出的用户查询请求,并将查询结果(即 HTML 文本)返回给用户。

(2) Oracle WebAgent。它是用公用网关接口(CGI)实现的过程化网关,负责 Web 与 Oracle 7 数据库之间的集成。它由 Oracle Weblistener 启动,通过透明地调用 Oracle 7 服务器中的存储过程从数据库中检索信息,产生 HTML 输出结果并提交给 Oracle Weblistener。

(3) Oracle Webserver2.0。它除了包括 Oracle Webserver 1.0 的功能及相应的开发与管理工具外,还增加了 Java 解释器和 LiveHTML 解释器,使其能支持多种语言。Oracle Webserver 2.0 由 Web Request Broker(WRB),Webserver SDK 和 WebServer 管理工具组成。WRB 是一个多线索多进程的 HTTP 服务器。Webserver SDK 是一个开放的应用开发环境,封装了 WRB 应用编程接口,允许用户使用 Java,LiveHTML,C++等 Web 应用开发工具。

9.2　IBM DB2 数据库系统

9.2.1　IBM DB2 数据库系统简介

IBM DB2 数据库系统是美国 IBM 公司的产品。1973 年位于美国加州圣荷西市的 IBM 研究中心(IBM SanJose Research Center,IBM 艾玛登研究中心(Almaden Research Center)的前身)开始了一个大的关系型数据库系统研究项目 System R,探讨并验证在多用户与大量数据下关系型数据库的实际可行性。System R 对关系型数据库的商业化起了关键性的催化作用,目前,所有的关系型数据库厂家的产品皆是建立在 SQL 的基础上。

1984 到 1992 年,IBM 艾玛登研究中心开始了一项名为 Starburst 的大型研究计划。Starburst 的目的是要针对 IBM 研究人员对 SQL 关系型数据库各种局限的了解,建立新一代的、具延伸性的关系型数据库原型。延伸性指的是在数据库各子系统中实现开放性,使用户能够很容易地把新功能加注到一个 SQL 关系型数据库里,以便支持新一代的应用。Starburst 为新一代商用对象关系型数据库(Object-relational Database)提供了宝贵的经验与技术来源。

9.2.2 DB2 通用数据库的功能和特色

DB2 家族除了包含在各种平台上运行的数据库管理系统内核之外，产品包中还包括了数据复制、数据库系统管理、环球网(Internet)网关支持、在线分析处理、多媒体支持和各种并行处理能力，并为所有平台上的异构数据库访问提供"中间件"(middleware)的解决方案。

DB2 通用数据库(UDB)V7.1 的特色有：

(1) 支持 Internet 应用。通过 DB2，可以方便地实现从任何一个浏览器访问多媒体数据库应用。DB2 UDB V7.1 对 Java 也有着全面的支持，它不仅可以通过 JDBC 支持 Java，同时还可以用 Java 写数据库的存储过程及用户自定义函数。

(2) 支持面向对象和多媒体应用。DB2 是一个对象关系型的数据库，它不仅能有效地处理传统数据类型，还支持对多媒体数据如图像、声音、视频、指纹等复杂结构数据的存取和检索。DB2 把对传统应用与非传统应用的支持与数据库体系结构集成在一起，对关系型数据库进行面向对象扩展，形成新一代对象关系型数据库系统(object relational DBMS)。

DB2 UDB V7.1 提供对面向对象及多媒体应用的支持，主要包括：

① 用户定义类型(UDT)。DB2 允许用户定义新的数据类型，该数据类型称为用户自定义类型(UserDefinedType)。例如，一个用户可以定义两种币值类型：用 CDOLLAR 表示加拿大元，用 USDOLLAR 表示美元。

② 用户定义函数(UDF)。DB2 允许用户用 C、C++等编译语言定义新的函数，新函数称为用户自定义函数(UserDefinedFunction)。UDF 允许在查询中包含强有力的计算过程和检索判定，以便滤除在数据源附近无关的数据。UDF 使用户有能力提供一组函数，它们作用于用户定义的类型，形成面向对象的封装，从而定义该 UDT 的行为语义。

③ 大对象(LOB)。LOB 允许用户在一个数据库中存储特大(若干个 GB)对象。在 DB2 中有二进制 LOB(BLOB)、字符 LOB(CLOB)、双字节字符 LOB(DBCLOB)等几种类型。用 LOB 可以存储多媒体对象，如文档资料、视频信号、映像和声音等。

(3) 支持联机分析处理(OLAP)。DB2 优化器能够使用动态位图索引(dynamic bitMap Index)，即根据需要在相应字段上自动地动态生成位图索引，从维表(dimension table)中挑选出符合条件的记录，再和事实表(fact table)连接，提高了访问多维数据的能力。当连接所涉及的表达到 3 个或 3 个以上时，DB2 可自动判断是否使用星型连接技术(star join)和动态位图索引进行优化。

DB2 在 SQL 中新增加了 ROLLUP 和 CUBE 功能，它们通过星型连接方式在关系型数据库中支持 OLAP，使用立体的结构查看和归纳数据而不是传统的平面结构。

(4) 并行处理能力。DB2 UDB V7.1 无论在 SMP 还是在 MPP 环境下，甚至在 SMP 节点组成的 MPP 环境下，都可充分发挥其并行处理能力。

9.2.3 IBM 的商务智能解决方案

图 9-1 为 IBM 三层数据仓库结构：从第一层 OLTP 业务系统到第二层数据仓库为建仓过程，从第二层到第三层数据集市为按主题分类建立应用的过程。

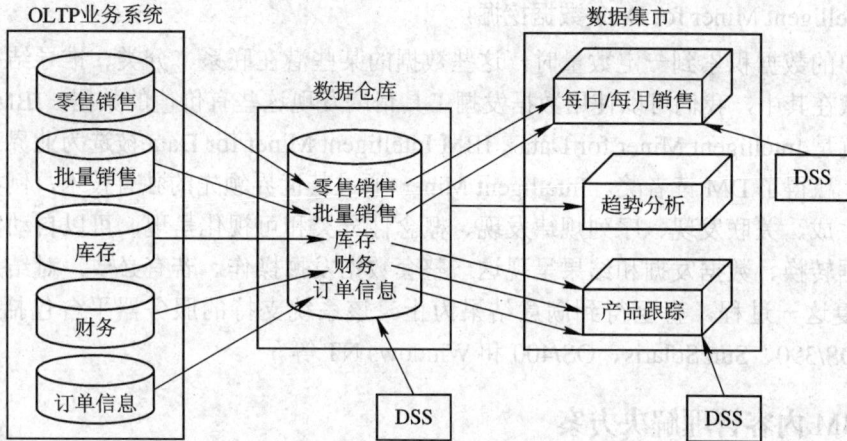

图 9-1 IBM 三层数据仓库结构

商务智能解决方案的基本结构往往包括以下三个部分：数据仓库，用于抽取、整合、分布、存储有用的信息；多维分析模型，全方位了解现状；前台分析工具，提供简单易用的图形化界面给管理人员。

1. DB2 Warehouse Manager(数据仓库管理器)

DB2 Warehouse Manager 是 IBM 数据仓库解决方案的重要组成部分，它主要通过数据仓库中心(WarehouseCenter)提供以下功能：数据访问、数据转换、数据分布、数据存储、数据转换过程的自动化及其管理。

在实施数据仓库解决方案时，一般分两步：

第一步实现数据仓库和多维分析模型，构造商业智能的基础，实现分析应用，包括数据抽取、数据转换、数据分布 3 个阶段，这 3 个阶段通常紧密结合在一起，由一个产品或几个产品配合实现。

第二步实现数据开采，发挥商务智能解决方案的特色。在按主题分类建立应用时，选择 DB2 OLAP Server，而 Intelligent Miner 用于数据挖掘以便帮助决策者预测或发现隐藏的关系，最后，以报表或图形的方式将结果数据呈现给用户。

2. DB2 OLAP Server(DB2 多维服务器)

DB2 OLAP Server 是一种功能强大的工具，同其它 OLAP API 相比，有更多的前端工具和应用程序利用了 Essbase API，使其成为事实上的业界标准。同大多数基于 SQL 的应用程序结合时，DB2 OLAP Server 和 DB2 Warehouse Manager 完全自动地把 OLAP 集成到数据仓库。

3. DB2 OLAP Server Analyzer(前端图形工具)

DB2 OLAP Server Analyzer 产品是一个数据仓库的前端分析工具，利用这个工具用户可以很容易的访问 DB2 OLAP Server 中经过处理的数据，制作各种形式、风格的报表，报表内容可以包括数字、图像、曲线等，使得管理层可以直接、直观地查看企业的经营情况。信息技术人员可以让用户利用分析和报表的功能获得他们所需的信息，而不会失去对信息、数据完整性、系统性能和系统安全的控制。

4．Intelligent Miner for Data(数据挖掘)

当用户的数据积累到一定数量时，这些数据的某些潜在联系、分类、推导结果和待发现价值隐藏在其中，我们可以使用数据发掘工具帮助发现这些有价值的数据，IBM 在这方面的工具就是 Intelligent Miner for Data。IBM Intelligent Miner for Data 被选为业界最佳数据采集工具，赢得了 DM 读者奖。Intelligent Miner 通过其世界领先的独有技术，例如典型数据集自动生成、关联发现、序列规律发现、概念性分类和可视化呈现，可以自动实现数据选择、数据转换、数据发掘和结果呈现这一整套数据发掘操作。若有必要，对结果数据集还可以重复这一过程，直至得到满意结果为止。该系统支持的服务器平台包括 AIX 和 AIX/SP、OS/390、Sun Solaris、OS/400 和 Windows NT 等。

9.2.4　IBM 内容管理解决方案

1．IBM Content Manager On Demand(内容管理器)

IBM OnDemand 解决方案可以完成电子存储、回取、分发、打印和传真，在极短的时间内就可以在显示器上获得与原来提供给客户的一模一样的报表/账单以及其它计算机输出信息。

IBM OnDemand 提供了一个完全面向 COLD(Computer Output to Laser Disc)解决方案，它可以提供功能强大的电子化文档存储、归档、查询、提取、分发、打印以及传真等能力。电信公司的客户服务人员可以通过 OnDemand 快速查询、调阅客户的账单图像，如客户手中的原始账单。而这一切，仅仅在几秒钟内即可完成。OnDemand 存储时对文件进行压缩，平均压缩率为 10：1，即一份 20 MB 的打印文件将缩减为 2 MB 大小的文件并同时含有索引信息，从而有效地节省了 18 MB(90%)的磁盘空间。

2．DigitalLibrary(数字图书馆)

IBM 数字图书馆技术使人们快速而廉价地管理、访问、保护以及传递大量多种多样的资料成为可能。这种数字化工作流程包含了一系列最新信息技术。数字图书馆所收集的信息需要从物理资料转化为计算机可读取的表达方式，这集成了高分辨率的数字扫描和色彩校正技术。同时，授权、识别、压缩和转化等多种技术也应用于数字信息的创建。建立在关系数据库系统上的数字信息的组织、管理、查询技术能够帮助用户便捷地查找到他们想要的信息，所需的资料将按用户期望的格式发送给他们。在安全保护、访问许可和记账服务等完善的权限管理之下，经授权的信息利用 Internet 发布技术，可实现世界范围内的信息传播。

9.3　SYBASE 数据库系统

9.3.1　SYBASE 数据库系统简介

SYBASE 是取 SYstem dataBASE 之意。SYBASE 是美国 SYBASE 公司的产品。1986年正式推出 SYBASE 数据库系统；1991 年底进入中国，1993 年成立 SYBASE 中国有限公

司,1995 年底推出 SYBASE System 11;1999 年 8 月,SYBASE 正式发布了针对企业门户(EP)市场的公司策略,进一步加强了公司在企业数据管理和应用开发、移动和嵌入式计算、Internet 计算环境及数据仓库等领域的领先地位。用户通过 EP 可以对内容和商务建立个性化的无缝的应用集成,并且通过社区与其它人进行交流。企业的 IT 部门可以利用 SYBASE 的 EP 解决方案,通过对现有的操作系统的集成和组织来提交个性化的内容、集成结构化或非结构化的数据和 ERP 等已有的企业业务应用系统。

由于 SYBASE 是新公司,采用了许多先进的技术,使该产品的开发和研制的起点高、结构新、性能好。例如,SYBASE 采用客户/服务器模式实现了网络环境下数据库之间互联、互操作,满足联机事务处理(OLTP)的应用需求。它是第一个在核心层真正实现 C/S 体系结构的分布式 RDBMS 产品,也是第一个把单进程多线索技术用于 RDBMS 的产品,是对当代数据库技术的一大贡献。SYBASE 在新兴的 EP 发展策略中充分利用了已有的核心产品和战略优势,提供了满足电子商务需求的最新解决方案。

9.3.2 SYBASE 数据库系统的功能及其特色

目前,SYBASE 数据库系统定位在 4 个方向,分别在企业解决方案、Internet 应用、商务智能和移动与嵌入计算领域为客户提供先进的技术。本节阐述企业解决方案。

企业解决方案包括企业级数据库,数据复制和数据访问。主要产品有:SYBASE EP,Adaptive Server Enterprise,Adaptive Server Replication,Adaptive Server Connect 及异构数据库互联选件。

1. SYBASE 企业门户

SYBASE 企业门户(SYBASE Enerprise Portal,简称 SYBASE EP)提供了一个平台,用户可以通过一个单一的、个性化的、基于 Web 的接口访问所有企业信息,它可以把现有的业务应用、数据库、实时数据流、业务事件和 Web 内容集成到一个统一的信息窗口中,具有持续可用性和端到端的安全性。它提供个性化的 Web 站点和中间件,能够在 Web 站点和企业的其它资源之间把数据、应用、事件和内容连接在一起。其中的服务内容包括:

(1) 内容管理。为创作、开发、管理和提交提供动态内容;

(2) 应用集成。为独立的数据资源提供接口服务;

(3) 数据访问。提供无缝访问 SYBASE 的或第三方的数据库、事件和消息服务;

(4) 数据移动。实现 SYBASE 和第三方数据库之间的复制;

(5) 开发者服务。为应用和 Web 开发人员提供定制企业门户的工具;

(6) 集中的门户管理。为门户管理提供单一化的集成工具集;

(7) 安全性。提供单点登录,鉴别用户对后台所有数据资源的访问权限;

(8) 搜索。通过概念和关键字搜索后台数据资源。

最近推出的 eMarketLink 选件可满足 DB2 电子商务交易的功能。

2. 企业级数据库服务器

SYBASE 企业级数据库服务器(adaptive server enterprise),在 SYBASE 企业级数据库产品家族中,取代了过去的 SQL Server 的位置。该服务器主要有以下特性:

(1) 高效性。支持 Java、支持扩展标记语言 XML、支持分布事务处理的标准 XA 和

Microsoft DTC。

(2) 可用性。支持服务器间的失败转移和客户端透明的自动失败转移、实时的数据库维护和调整，包括对数据库的监测、管理和维护。

(3) 集成性。通过组件集成服务(CIS)可以集成企业内分布的、异构的数据源，为用户和开发人员提供一个统一的视图。

(4) 增强的锁机制。支持三种类型的锁机制来保证系统的并发性能。这些锁机制包括：数据页锁、数据行锁、所有页锁(All-Page Locking)。

(5) 优化的可预计的混合工作负载。逻辑内存管理器(LMM)让用户分配到的高优先级的数据，保留在没有数量限制的命名缓存中，以提高响应时间。逻辑进程管理器(LPM)允许用户分配 CPU 资源给特定的应用，使低优先级的操作不影响高优先级的操作，确保更好的可预计性能。

(6) 高性能。多线索体系结构提供了强有力的可伸缩性能；簇类索引确保了快速的检索和更新；并行查询降低了响应时间；并行实用程序提高了数据可用性；异步预读取功能大大提高了查询速度；可调的大块 I/O 技术通过减少物理 I/O 来改善性能；分区表增强了并行处理能力；通过自动选择 I/O 策略，优化器为决策支持系统应用的吞吐量提供了重要的改进。

(7) 分布式计算。SYBASE 是在核心层实现存储过程，其触发器具有可编程能力，体现了集中化的数据完整性控制。它的可编程的二阶段提交(2PG)和远程过程调用(RPC)，以及利用 SYBASE 复制服务器不间断地进行多点分布式更新等技术，实现并保证了分布式事务处理完整性。SYBASE Open Client、Open Server 及 Omni SQL Gateway，使 SYBASE 对异构数据源和异种工具有很强的连接能力，能实现在 SYBASE 和非 SYBASE 异构数据库之间进行分布式查询和位置透明的异构数据库连接，从而体现了一种广泛的技术合作和异构集成思想。

(8) 维护数据的可靠性、完整性和有效性。符合 ISO9001 认证；声明性的参照完整性和事务隔离级；群集支持提供高有效性，当本地结点出现故障时支持恢复功能；使用备份服务器可为多达 32 个磁盘或磁带进行高速并行备份和恢复；无人值守的联机备份确保了数据的有效性和一致性；时间点恢复功能可以将数据库恢复到某一个时间点。

(9) 安全性。符合美国国家计算机安全委员会的 C2 级安全性的要求。Adaptive Server Enterprise 使用一个安全控制层来提供统一验证、消息完整性和信息加密。此外，代理授权机制为多层应用系统提供了改进的安全性和审计功能。

3. Open Client/Open Server(开放的客户机/服务器)

Open Client 和 Open Server 中间件构成了 SYBASE 开放式客户机/服务器互联的基础，为不同数据源以及几百种工具和应用提供了一致的开放的接口，简化了与异构系统的互联。

Open Client 是一个客户端通用的应用编程接口，通过它可以透明地访问任何数据源、应用信息或得到系统服务。开发者通过 Open Client 可以透明地、集中解决一些用不同协议间通信和不同数据格式等商业问题。Open Server 是服务器端的应用编程接口，可帮助集成企业的各种数据资源及服务。

4. Replication Server(复制服务器)

Replication Server(复制服务器)，主要用来解决网络上的相同数据多份拷贝及分布更新这一分布处理中的关键难题，它通过其 Log Transfer Manager 监测主结点的数据修改，由复制服务器异步地把提交的事务所做的修改发送到存放数据拷贝的远程结点，并维护最新的数据拷贝。在处理分布更新方面与传统的两阶段提交相比，能明显提高效率和可用性。SYBASE 的复制服务器的一大特点是在网络或某一结点出现故障时，会将待复制的事务存储在队列中，并在故障恢复后自动将队列复制到目标结点，不需人工干预。同时，复制服务器还提供了向 Oracle 和 DB2 数据库复制的能力，通过编程也可以实现向其它异构数据库复制。

5．PowerDesigner(数据库建模工具)

PowerDesigner 是面向对象的数据库建模工具，它提供了四级建模功能：数据流程分析(数据发现)、类图(面向对象的分析、设计和生成)、数据库概念数据建模和物理数据建模。通过 PowerDesigner，复杂的分布式应用可以更快速和方便的开发，从而使企业在新的 Internet 时代具有竞争优势。

6．OmniCONNECT(跨平台数据库联接)

OmniCONNECT 提供在整个企业范围内不同数据库管理系统之间完全透明的数据集成，在不同的 SQL 语言、不同厂商的数据库和数据存储位置之间实现了透明的访问。

7．DirectConnect(访问异构数据源)

DirectConnect 用于同非 SYBASE 数据源建立联系的访问服务器。这一源数据访问服务器使用户可以将其桌面应用同关键的企业数据源集成起来，并保证整个企业信息系统的安全和完整。

9.3.3　SYBASE 的 Internet 应用和商务智能解决方案

SYBASE 的 Internet 应用方向的产品帮助企业通过 Internet 作为业务计算的平台来获取竞争优势。主要产品有数据库服务器、中间层应用服务器、以及强大的快速应用开发工具——PowerBuilder。开发者根据其行业特点利用相应部件建立打包的基于 Web 的应用。

1．Enterprise Application Server(企业应用服务器)

EAServer 将 SYBASE 的 Jaguar CTS 和 PowerDynamo 紧密集成并加以发展，是同时实现 Web 联机事务处理(Web OLTP)和动态信息发布的企业级应用服务器平台。它对各种工业标准提供广泛的支持，符合基于组件的多层体系结构，是一个支持所有主要组件模型的应用服务器产品，并且在它的最新版本中加强了对 PowerBuilder 组件和 Enterprise JavaBeans(EJBs)的深层支持。这样，用户可以运用它提供的非常灵活的开发能力，充分利用多样化的计算环境，建立更加高效的企业 Web 应用系统。

2．快速应用开发工具

(1) PowerBuilder。它是一个基于图形界面的客户/服务器前端应用开发工具，其强大的功能可以帮助用户快速开发复杂应用。PowerBuilder 不仅可以作为 SYBASE 的开发工具，还提供与 Oracle，Informix，DB2 等第三方数据库的接口。PowerBuilder 在建立企业级商务应用程序工具的市场中处于重要地位，目前已在全球超过 40 万个站点上使用。新版 PowerBuilder 不仅能满足开发人员的需要，而且能够满足商务应用体系结构的需要，与

EAServer 紧密集成，具有极强的端到端的应用开发能力。

(2) Power J。它是开发基于 Java 应用程序的快速开发工具。它提供了高生产率、基于组件的开发环境、可扩展的数据库连接和服务器端开发。Power J 使开发者可以容易地使用内置的高级 Java 组件扩展其 Web 服务器的功能，或使用 Java servlets 扩展 NetImpact Dynamo 定制应用服务器。Power J 的主要特性是：支持 Java beans，独特的数据库支持，包括 jConnect for JDBC、Java 服务器开发、Web 和 Java 应用组件的集成测试。

3. SYBASE 的商务智能解决方案

SYBASE 的商务智能方向产品利用集成的数据仓库技术，与合作伙伴应用相结合，为客户提供开发所需的集成数据仓库解决方案。

1) SYBASE Warehouse Studio

SYBASE Warehouse Studio 是一个针对数据仓库应用的集成化的解决方案，它是一套端对端的产品集，在客户分析、市场划分和财务规划方面提供了专门的分析解决方案。Warehouse Studio 的核心产品 Adaptive Server IQ 有一套完整的工具集，包括数据仓库或数据集市的设计，各种数据源的集成转换，信息的可视化分析，以及关键客户数据(元数据)的管理。Warehouse Studio 利用 SYBASE 的中间件技术，集成现有的数据资源并发布到整个企业。

2) SYBASE IQ 和 SYBASE IQ Multiplex

SYBASE IQ 是高性能决策支持和交互式数据集成产品，可满足数据仓库应用中大量交互式的和无定型的查询处理的需要。它提供了一种新型的 Bitwise 索引技术。一般的数据库查询使用基于列的索引方法，例如，B+树索引、hash 索引等，对从大数据量的表中查询少量的数据这种应用，SYBASE IQ 的 Bitwise 索引技术具有更高的效率。

SYBASE IQ Multiplex 是为了提高并发性而设计的。能够通过一个大的 SYBASE IQ 配置来处理高度并发的即兴式与批方式的查询，而效率不会有明显的下降。IQ 的每个 multiplex 配置由多个 SMP 机节点构成，所有节点与同一 IQ 数据库相连以实现数据共享。在这种环境下，无须作数据划分，因而简化了系统的管理。

9.3.4 SYBASE 的移动与嵌入计算解决方案

移动与嵌入计算产品系列将原始数据转换成企业信息并发布到企业的任何地方。移动和嵌入计算无缝地同步企业范围内的数据，从笔记本电脑、手持计算设备、呼机到各种智能设备，SYBASE 为偶尔连接到网络上的用户提供了无处不在的、灵活的交易业务的能力，无论是自服务售货厅、自动销售系统，还是使用手持远程访问设备，移动数据库产品 Adaptive Server Anywhere 和最新的 UltraLite 数据库配置选项以其高性能、可扩展的技术加强了 SYBASE 在这一市场的优势。

移动与嵌入计算产品主要包括 SYBASE SQL Anywhere Studio 和 iAnywhere Wireless Server。

(1) SYBASE SQL Anywhere Studio 包括以下产品：

① Adaptive Server Anywhere。小型、高性能 SQL 数据库，可以单机运行也可以作为数据库服务器运行。

② UltraLite 提交技术。可生成一个根据应用优化的数据库应用运行在嵌入设备中。

③ MobiLink 同步技术。在手持设备和企业数据库服务器之间相互交换数据。

④ SQL Remote 同步技术。基于消息的双向的数据同步软件，它可以在中心数据库和远程移动用户的数据库间进行数据同步。

⑤ PowerDesigner Physical Architect。数据库模型设计工具。

⑥ PowerDynamo。Web 动态页面服务器，可动态发布数据到 Web 服务器中。

⑦ JConnect JDBC 驱动器。

⑧ SYBASE Central。图形化的管理工具，用于对数据库、远程用户和数据复制提供方便的管理。

(2) iAnywhere Wireless Server 提供了一个全面集成的软件平台，通过该平台，企业可方便地将他们的数据及应用扩展到移动及无线设备上。

9.4 MS_SQL SERVER 数据库系统

9.4.1 MS_SQL SERVER 数据库系统简介

MS_SQL SERVER 数据库系统是美国 Microsoft(微软)公司的产品。它是在 SYBASE SQL Server 4 版上发展起来的。MS_SQL Server 6.0 为企业范围的管理，数据复制，评价数据库管理系统性能和可调性提供了有效的工具。而且，它还提供了与 OLE 技术和 Microsoft Visual Basic 编程系统的高度集成，并增强了 T_SQL 语言的语句和系统存储过程等。目前，Microsoft SQL Server 7.0 和 Microsoft SQL Server 2000 已经广泛使用于我国各行各业，包括许多政府部门。

9.4.2 MS_SQL SERVER 数据库系统主要功能及其特色

1. 数据库服务器 MS_SQL_SERVER

MS_SQL SERVER 数据库系统的核心是 Microsoft SQL Server，简称为 MS_SQL Server 或 SQL Server。它有两个重要版本：

① Microsoft SQL Server 7.0。自 SQL Server 7.0 发布以来，由于其优良的性能、可伸缩性、可管理性、可编程性及价值，已使它成为众多客户关系管理(CRM)、商业智能(BI)、企业资源规划(ERP)以及其它商业应用程序供应商和客户的首选数据库。此外，SQL Server 7.0 作为 Internet 数据库已取得巨大成功。

② Microsoft SQL Server 2000。它是在 Microsoft SQL Server 7.0 基础上发展起来的，正在成为 SQL Server 产品革新的基础。Microsoft SQL Server 2000 企业版为下一代电子商务、关键业务和数据仓库应用程序提供了完整的数据库和分析平台。SQL Server 2000 具有支持 XML 和 HTTP，用于分区负载和确保正常运行时间的性能和可用性功能，以及用于自动执行例行任务和降低总拥有成本的高级管理和优化功能。此外，SQL Server 2000 充分利用 Windows 2000 提供的资源，包括支持活动目录服务以及最多 32 个处理器和 64 GB 内存。

2. MS SQL Server 2000 的主要功能及其特色

MS SQL Server 2000 的主要功能及其特色分别阐述如下。

(1) 充分的 Web 支持，主要包括：

① 丰富的 XML 和 Internet 标准支持。在 MS SQL Server 中能够生成和处理 XML 数据。允许对 XML 执行插入、更新和删除操作。为数据库和 Web 开发人员提供简单的 XML 模型(无复杂编程)，允许在利用 XML 功能的同时使用其当前各自的开发技巧。支持 W3C 和正在建立的标准。

② 方便而安全地通过 Web 访问数据。允许从 URL 通过 HTTP 进行访问和查询。利用可扩展筛选机制，将高性能全文检索扩展到带格式的文档。简化英文查询(自然语言查询)Web 解决方案的开发和部署。

③ 功能强大而灵活的，基于 Web 的分析功能。使现有 OLAP 多维数据集甚至能在 Web 上链接和分析。为 Web 数据分析提供数据挖掘工具和算法。与 Commerce Server 2000 集成，支持完整的点击流和 Web 数据分析(也称为商业 Internet 分析法，详细信息请参阅 www.Microsoft.com/sql/bizsol/BIA.htm)。

④ 安全的应用程序管理。提供多实例支持，允许在单个机器上安装多个孤立的 SQL Server。提供复制和分发磁盘镜像，以便创建有效一致的数据库。

(2) 高度可伸缩性和可靠性。MS SQL Server 2000 提供了广泛的可伸缩性和可靠性特性：

① 用于电子商务解决方案的可伸缩性。允许工作负荷跨越多个 SQL Server 2000 安装进行分区。在 SQL Server 分布式数据库配置中，对跨多个服务器的查询提供自动查询优化和支持。充分利用了对称多处理(SMP)硬件。

② 用于商业解决方案的可伸缩性。增加 SMP 支持以便充分利用 Windows 2000 的新功能，支持直接访问高性能的服务器对服务器的互连接。与主要的 ISV 合作，确保在 SQL Server 2000 顶端获得更高的应用程序性能。

③ 用于数据仓库解决方案的可伸缩性。改进在多数复杂报告方案中的性能。支持用有限的重处理分析极大型数据集。允许有数千万成员的维度。允许多维数据集通过透明远程分区伸展到服务器。

④ 最大化的正常运行时间和可靠性。简化故障切换群集配置和管理。允许数据库在多数操作期间保持联机。实现差异和无服务器的快照备份。集成日志传送配置和管理。

(3) 最快投放市场。SQL Server 是建立、部署和管理电子商务、商业和数据仓储解决方案的最快途径。它易于使用，总拥有成本明显比其它同类产品低。其进行的革新包括：

① 集成和可扩展的分析服务。提供最完整、集成和支持 Web 的分析(OLAP)功能，包括数据挖掘能力。允许分析结果自动驱动应用程序，提供自定义汇总能力。

② 简化管理和优化。可通过 Windows 2000 Active Directory 服务集中管理数据库，自动管理和优化行为，简化了在实例和机器之间移动数据库。

③ 增强和简化的 T-SQL 开发和调试。提供集成的 T-SQL 调试程序，通过 T-SQL 模板简化开发过程，允许服务器端的语句跟踪和客户端的数据统计。

④ 灵活和可扩展的数据转换。提供与 MSMQ 的集成，允许通过 FTP 在 Internet 上访问数据，提供增强的 OLE DB 支持以及改进的错误处理和恢复功能。

(4) 充分的数据仓库功能，包括：

① 丰富的 SQL Sererver 2000 SML 功能以及多种其它 Internet 标准支持，如 XPath、XSL 和 XSLT，可充分简化后端系统集成和跨防火墙数据传送。Web 开发人员使用 XML 无需进行关系数据库编程，即可访问数据；而数据库管理员则可借助 Transact-SQL 和存储过程轻松处理 XML 格式的数据。

② 使用 Web 即可灵活地与 SQL Server 2000 数据库及 OLAP 多维数据集连接，而无需另外编程。安全的 HTTP 数据库连接功能甚至可以确保开发新手通过 URL 和直观的用户界面进行数据查询。

③ 使用先进的数据挖掘工具，在最为庞大的数据集中洞察数据趋势并进行预测，从而得到数据的其它值。

④ 使用 Microsoft English Query，快速获取数据。Microsoft English Query 允许用户直接用英语代替结构化查询语言(SQL)或多维表达式(MDX)来提交问题。增强的全文搜索功能使用户可以搜索非结构化文本，诸如 Microsoft Word 文档、Web 页面或 Microsoft Excel 电子表格。

(5) 广泛支持电子商务功能，包括：

① 使用 Commerce Server 2000 和 SQL Server 2000 创建 B2B 和 B2C 网站，分析网站发展趋势并自动实现网站个性化设计。

② 使用 BizTalkTM Server 2000 和 SQL Server 2000 在贸易伙伴之间实现在线交流；广泛的 XML 支持将为现有商务系统提供集成服务和 Web 支持。

9.4.3　SQL Server 2000 多版本支持

为满足不同单位和个人对性能、运行时间和价格的特殊要求，SQL Server 2000 提供多种不同的版本，包括：

(1) SQL Server 2000 企业版。该版本是完整的 SQL Server。可为商业和 Internet 方案提供高级可伸缩性和可靠性的功能，包括分布式分区视图、日志传送和增强的故障切换群集。SQL Server 2000 企业版包括处理具有多维数据集的高级分析(OLAP)功能。同时为全球业务提供了在语言之间进行无缝用户界面变换的能力。

(2) SQL Sever 2000 标准版。它是适合中小型组织的经济型版本，这些企业不需要 SQL Server 2000 企业版中的高级可伸缩性和可用性功能或一些更高级的分析功能。标准版可用于最多具有 4 个 CPU 和 2 GB 内存的对称多处理系统中。

(3) SQL Server 2000 个人版。该版本包括全套管理工具和标准版的大多数功能，并为个人使用而进行了优化。除了在 Microsoft 服务器操作系统上运行之外，个人版也可在非服务器操作系统上运行。当并发用户超过 5 个时，其性能随工作负荷的增加而降低。

(4) SQL Server 2000 开发人员版。该版本允许开发人员在 SQL Server 的顶端生成任意类型的应用程序。它包括企业版的所有功能，但具有特殊的开发和测试最终用户许可协议(EULA)，该协议禁止产品部署(有关完整的详细信息，请参阅 SQL Server 2000 开发人员版 EULA)。

(5) SQL Server 2000 企业评估版。完整的企业版。它具有时间限制及其它约束条件，影响了此版本的使用和部署(有关完整的详细信息，请参阅评估版 EULA)。

(6) SQL Server 2000 桌面引擎(MSDE)。该版本提供 SQL Server 2000 基本的数据库引擎功能。它设有用户界面、管理工具、分析能力、合并复制支持、客户端访问许可证、开发人员库或联机丛书。它还限制数据库的大小和用户工作负荷。它具有 SQL Server 2000 任何版本的最小功能，因此用于理想的嵌入或脱机数据存储。

(7) SQL Server 2000 Windows CE 版。在运行 Windows CE 的设备和工具上使用的 SQL Server 2000 版本。通过编程，可与其它 SQL Server 2000 版本兼容，这样开发人员可利用已有的技巧和应用程序，将关系数据库存储能力扩展到新式设备上。

9.4.4　Microsoft SQL Server 2000 的软、硬件环境

1．使用 Microsoft SQL Server 2000 企业版需要的配置

(1) PC 机具有 Intel 或兼容的 Pentium 166 MHz 或更高配置的处理器。

(2) 带有 Service Pack 5 或更高版本的 Microsoft Windows NT Server 4.0、带有 Service Pack 5 或更高版本的 Windows NT Server 4.0 企业版、Windows 2000 Server、Windows 2000 Advanced Server 或 Windows 2000 Datacenter Server 操作系统。

(3) 最低 64 MB RAM(推荐使用 128 MB 或更大容量的内存)。

(4) 硬盘空间要求：

① 对于数据库服务器，要求有 95 MB～270 MB 的磁盘空间，典型安装需要大约 250 MB 的磁盘空间；

② 对于 Analysis Services，要求有 50 MB 的磁盘空间，典型安装需要 130 MB 的磁盘空间；

③ 对于 Microsoft English Query，要求有 80 MB 的磁盘空间。

(5) Microsoft Internet Explorer 5.0 或更高版本。

(6) CD‐ROM 驱动器。

(7) VGA 或更高分辨率的监视器。

(8) Microsoft 鼠标或兼容设备。

2．使用 Microsoft SQL Server 2000 个人版需要的配置

除以下各项外，其它要求均与企业版相同。

(1) Microsoft Windows 98、Windows Millennium Edition、Windows 2000 专业版、带有 Service Pack 5 或更高版本的 Windows NT Workstation 4.0 操作系统。

(2) 最低 32 MB 的 RAM(推荐使用 64 MB 或更大容量的内存)。

注意：SQL Server 2000 个人版可用于台式机和便携机。个人版中不能提供企业版的全部功能。详细信息请参阅网站 www.Microsoft.com/sql。

3．使用 Microsoft SQL Server 2000 Desktop Engine 需要的配置

除以下各项外，其它要求均与企业版相同。

(1) Microsoft Windows 98、Windows ME、带有 Service pack 5 或更高版本的 Windows NT Workstation 4.0 或 Windows 2000 专业版操作系统。

(2) 最少 32 MB 的 RAM。

(3) 44 MB 的可用硬盘空间。

4．网络支持

Windows 95、Windows 98、Windows ME、Windows NT 4.0 或 Windows 2000 内置网络软件(除非使用 Banyan VINES 或 AppleTalk ADSP，否则不需其它网络软件；由 Windows 网络环境中的 NWLink 协议负责提供 Novell NetWare IPX/SPX 客户端支持)。客户端支持：Windows 95、Windows 98、Windows ME、Windows NT Workstation 4.0、windows 2000 专业版、UNIX、Apple Macintosh 和 OS/2。

习　　题

1．Oracle 系统不但具有高性能的 RDBMS，而且提供了应用开发工具。如果要进行数据库建模，使用的是＿＿＿＿＿＿。

    A．Oracle Discoverer/2000　　　　B．Oracle Office

    C．Oracle Developer/2000　　　　D．Oracle Designer/2000

2．主流数据库管理系统应该更强调系统在理论上和实践上的完备性，具有巨大的数据存储和管理能力，有利于支持全局性的及关键性的数据管理工作。如下列出的数据库管理系统中，＿＿＿＿＿＿目前还不能称为主流数据库管理系统?

    A．Oracle　　　　　　　　　　　B．IBM DB2

    C．FoxPro　　　　　　　　　　　D．SYBASE

第 10 章　软 件 工 程

10.1　软件工程概述

1. 软件与软件危机

软件是由计算机程序演变而形成的一种概念。程序是按既定算法，用某种计算机语言规定的指令或语句编写的指令或语句的集合。软件是程序再加上程序实现和维护程序时所必需的文档的总称。软件是程序和程序设计发展到规模化和商品化后所逐渐形成的概念。

随着计算机技术的迅速发展，计算机软件在计算机系统中占有越来越重要的地位。在软件需求量迅速增加，规模日益增长的情况下，计算机软件的开发和维护过程中遇到了一系列严重问题。如软件开发的复杂度大大上升，导致大型软件的开发费用经常超出预算，完成时间也常常超期，同时，软件可靠性随规模的增长而下降，质量保证也越来越困难，即产生了软件危机。软件危机主要有以下几种表现：

(1) 不能准确估计软件开发的成本与进度；

(2) 用户对"已完成的"软件系统经常不满意；

(3) 软件产品质量往往靠不住；

(4) 软件难以维护；

(5) 软件无完整的文档，无法用以管理和控制软件的开发和维护；

(6) 软件费用急剧上升；

(7) 软件生产效率低，供不应求。

为寻求克服软件危机的途径，人们围绕着实现软件优质高产这个目标，从技术到管理做了大量的努力，逐渐形成了"软件工程学"这一新学科。

2. 软件工程

"软件工程"一词是 1968 年北大西洋公约组织(NATO)在联邦德国召开的一次会议上首次提出的。它的中心思想是把软件当作一种工业产品，而不是某种个体或小作坊的神秘技巧，要求"采用工程化的原理与方法对软件进行计划、开发和维护"。这样做的目的，不仅是为了实现按预期的速度和经费完成软件生产计划，也是为了提高软件的生产率与可靠性。软件工程是从技术(方法和工具)和管理两方面研究如何更好地开发和维护计算机软件的一门新兴学科。

软件工程是一门交叉学科，涉及到计算机科学、管理科学、工程学和数学。凡是计算机科学中的成果均可用于软件工程，但计算机科学着重于理论研究，如自动机理论、形式语言理论、编译原理、数据库原理、操作系统原理、人工智能原理等，而软件工程着重于具体软件系统的研制和建立。软件工程的理论、方法、技术都是建立在计算机科学的基础上，它是用管理学的原理、方法来进行软件生产管理；用工程学的观点来进行费用估算，制定进度和方案；用数学的方法来建立软件可靠性模型以及分析各种算法和性质。

软件工程研究的对象是大型软件系统的开发过程，它研究的内容是生产流程、各生产步骤的目的、任务、方法、技术、工具、文档和产品规格。

软件是一种逻辑产品，与物质产品有很大差别，它看不见，摸不着，具有无形性，是脑力劳动的结晶。它以程序和文档形式存在，通过计算机来体现它的作用，在研制过程中，能见度差，这给开发过程的管理带来极大的困难，进度难以控制，质量难以保证。因此，软件生产的管理也是软件工程的一个重要研究领域，大型软件开发过程的管理是一件非常复杂的事情，因此，管理不当也会导致软件开发的失败。软件生产的管理包括开发人员的层次结构和组织方式、开发进度的控制、软件质量的保证、开发费用的估算和管理、软件开发文档的管理等。

目前，在国际上制定了若干关于软件工程的技术标准，我国也制定了相应的国家标准，如 GB8655《计算机软件开发规范》，GB8567《计算机软件产品开发文件编制指南》，GB1526《信息处理——数据流程图、程序流程图、系统流程图的文件编制符号及约定》等。这些标准的制定对软件工程的发展，对软件生产和文档编制起了很大作用。

3. 软件生存周期

软件生存周期的概念是从工业中产品生存周期的概念借用过来的。一种产品从定货开始，经过设计、制造、调试、使用维护，直到该产品淘汰为止，这就是所谓的产品生存周期。

软件生存周期是从用户提出开发要求开始，直到该软件报废为止的这段时间，可分为 3 个时期：计划期、开发期和运行期。计划期又分为问题定义和可行性研究两个阶段；开发期分为 4 个阶段：需求分析阶段、设计阶段(总体设计、详细设计)、编码阶段和测试阶段；运行期即维护阶段。各阶段的工作按顺序开展，图 10-1 是这种软件生存周期的模型示意图，由于其形状似多级瀑布，常称为"瀑布模型"。

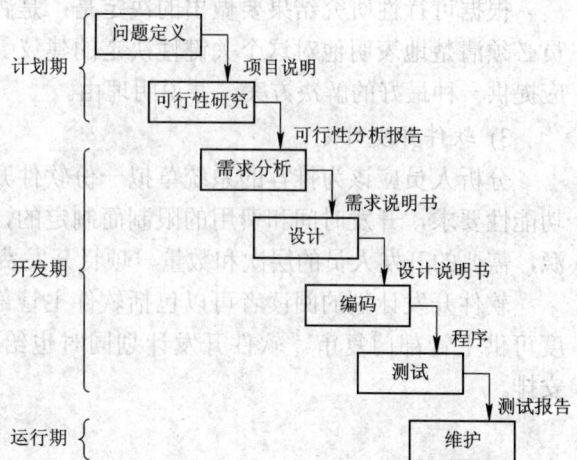

图 10-1 瀑布模型

10.2 问题定义与可行性研究

1. 问题定义

问题定义阶段的任务是要确定软件系统所要解决的任务。分析人员在与用户和部门负责人交流之后，应提出关于问题性质、工程目标和规模的书面报告，即软件系统目标与范围的说明。

为了成功地完成问题定义阶段的任务，需要硬件人员和软件人员的共同参与，这一阶段是软件生存周期中较短的阶段。

2．可行性研究

1）可行性研究的任务

可行性研究的目的在于用最小的代价确定在问题定义阶段确定的系统目标和规模是否现实，所确定的问题是否可以解决，系统方案在经济上、技术上和操作上是否可以接受。

可行性研究着重考虑以下几个方面：

① 经济可行性。估计开发费用以及新系统可能带来的收益，将两者进行权衡，看结果是否可以接受。

② 技术可行性。对要求的功能、性能以及限制条件进行分析，看是否能够做成一个可接受的系统。所考虑的因素通常还应包括开发的风险，是否能够得到需要的软件和硬件资源，以及一个熟练的有能力的开发队伍，另外与系统开发有关的技术是否足以支持系统的研制。技术可行性的估计，需要有经验的人员去完成。

③ 操作可行性。判断系统的操作方式在该用户组织内是否可行。

2）推荐方案

根据可行性研究结果要做出的决定是：是否继续按预定目标进行开发。可行性分析人员必须清楚地表明他对这个关键性决定的建议。如果认为值得继续进行这项开发工程，则应提供一种最好的解决方案，并说明理由。

3）软件开发计划

分析人员应该为推荐的系统草拟一份软件开发计划。软件开发计划是根据用户提出的功能性要求，开发时间和费用的限制而制定的，它要说明该项目需要的硬件资源和软件资源，需要的开发人员的层次和数量，项目开发费用的估算，开发进度的安排等。

软件开发计划的阅读者可以包括软件主管部门、用户和技术人员。所确定的成本与进度可供主管部门复审。软件开发计划同时也给出了整个软件生存周期的基本预算和进度安排。

10.3　软件的需求分析

10.3.1　需求分析概述

软件的需求分析是开发期的第一个阶段。这个阶段的基本任务是：用户和分析人员双方共同来理解系统的需求，并将共同理解形成一份文件，即软件需求说明书。该阶段是面向用户问题的，它主要是对用户的业务活动进行分析，明确在用户的业务环境中软件系统应该"做什么"。

需求分析是一项重要的工作，也是困难的工作。该阶段是用户与软件人员双方讨论协商的阶段，由用户提出问题，软件开发人员给出问题的解答。用户的业务活动和业务环境对软件开发人员来说是不熟悉的,要想在短期内搞清楚是不太可能的;用户只熟悉本身的业务活动和业务环境,不熟悉计算机技术。由于这两方面人员缺乏共同的语言,开发人员往往急于求成,于是在未明确软件系统应该"做什么"的情况下,就开始进行设计、编程,而用户则不清楚软件人员在设计怎样的一个系统,直至系统完成交付用户之后,才发现它不符合要求,但这为时已晚,这类教训国内外都不少见。用户与开发人员无共同语言,很难进行交流,这是需求分析阶段的特点之一。

对于一个大型而复杂的软件系统,用户也很难精确完整地提出它的功能要求,只有经过多次长时间的讨论才逐步精确、完善。有时进入到设计、编码阶段才能明确,更有甚者,到开发后期还在提新的要求。这无疑给软件开发带来困难。这是需求分析阶段的特点之二。

需求分析对整个开发阶段都具有重大的影响,它是软件开发的基础,一旦需求分析出现错误,将导致整个软件开发的失败。如果在需求分析产生一个错误,这个错误发现越晚,则花的代价越高。这是需求分析的特点之三。

需求分析的任务是理解和表达用户的要求。用户的要求包括软件系统的范围、功能、性能、限制和约束。范围是指软件的规模有多大,处理的对象及性质是什么;功能是指能做什么样的加工和处理,如数据录入、查询、统计分析、打印报表等;性能是指处理数据量的多少、系统响应时间、查询速度、数据的精度、系统工作可靠性等;限制和约束是指开发费用、开发周期、可使用的资源等。其中功能要求是基本的,它又包括数据要求和处理要求两个方面。

需求分析是在系统分析员主持下,由用户和软件开发人员参加。参加需求分析的用户人员应有三个层次,即企业负责人,各部门负责人,具体工作人员。他们提供的情况在需求分析阶段都应认真收集和考虑。

需求分析的过程。首先召开调查会与上述三个层次的用户人员讨论,了解收集业务过程和业务环境,然后收集与各业务有关的资料、报表、记录等文字或图表材料,还应到现场去参观了解。这种调查研究应反复进行几次,直到把用户要求的功能、性能都搞清楚为止。然后对用户的要求进行分析、理解,最后用文档形式把用户要求的功能、性能表达出来,也就是编写需求说明书。

需求说明书主要有三个作用:作为用户和软件开发人员之间的合同;作为开发人员进行设计和编程的根据;作为软件开发完成后验收的依据。

编写需求说明书时,应该完整、一致、精确、无二义性,同时又要简明、易懂、易修改。它越精确,以后出现错误、混淆、反复的可能性就越小。如"系统查询等待时间很短"等词语,是含糊不清的描述,验收时无法检查,而"查询等待时间不超过 5 秒"就是精确的描述,验收时就可检查是否达到这个要求。

需求说明书最终要得到用户的认可,所以用户要能看得懂,并且还能发现和指出其中的错误。由于用户往往不是一个人,而是企业中各个部门的若干人,他们可能提出相互冲突的要求,这就需要协调和解决这些冲突,在需求说明书中用户要求的应该是一致的、无二义性的。

需求说明书包括的内容和书写参考格式如下:

一、概述

二、数据描述

- 数据流图
- 数据字典
- 系统接口说明
- 内部接口

三、功能描述

- 功能
- 处理说明
- 设计的限制

四、性能描述

- 性能参数
- 测试种类
- 预期的软件响应
- 应考虑的特殊问题

五、参考文献目录

六、附录

概述是从系统的角度描述软件的目的和任务。

数据描述是对软件系统所必须解决的问题做出的详细说明。

功能描述中描述了为解决用户问题所需要的每一项功能的过程细节。对每一项功能要给出处理说明和在设计时需要考虑的限制条件。

在性能描述中说明系统应达到的性能和应该满足的条件，以及测试的方法和标准，预期的软件响应和可能需要考虑的特殊问题。

参考文献目录中应包括与该软件有关的全部参考文献，其中包括前期的其它文档、技术参考资料、产品目录手册以及标准等。

附录部分包括一些补充资料，如列表数据、算法的详细说明、框图、图表和其它材料。

10.3.2　结构化分析方法

结构化分析(SA，Structured Analysis)方法是一种简单实用、使用很广的方法。SA 方法与设计阶段的 SD 方法联合使用，能够较好地实现一个软件系统的研制。

SA 方法的基本思想和步骤是采用"分解"和"抽象"的基本手段，自顶向下逐层分解，使分解工作有条不紊地进行，使复杂的问题有效地被控制。如图 10-2 所示，系统 A 很复杂，为了理解它，可以将它分解成 1，2，3 几个子系统；如果子系统 1 和 2 仍然很复杂，把它们再分解成 1.1，1.2，…

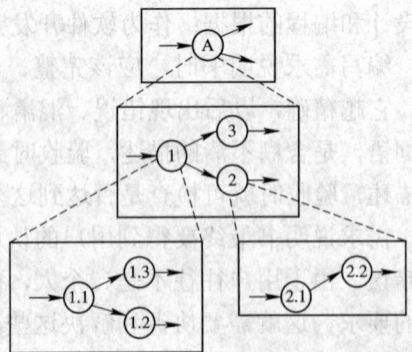

图 10-2　分解和抽象

等子系统,如此继续下去,直到子系统足够简单,能够清楚地被理解和表达为止。

逐层分解体现了抽象的原则,使人们不至于纠缠于具体细节而是有控制地逐步地了解更多的细节,直至最详细的内容。

SA 方法在表达问题时尽可能用图形的方法,因为图形比较形象、直观,容易理解。用 SA 方法来描述软件将要处理的信息时,使用数据流图和数据字典等描述工具。数据流图表示了软件的信息流向和信息的加工,而数据字典是对这些信息和加工进行更详细的描述。还可以使用结构化语言、判定表、判定树对信息加工的加工逻辑进行描述。

使用 SA 方法进行软件需求分析时,可按如下步骤进行:

(1) 建立当前系统的物理模型。即理解当前的现实环境,获得当前系统的物理模型。当前系统的物理模型就是现实环境的真实写照,在理解了当前系统是怎样做的情况下,用数据流图等形式将现实环境表达出来。

(2) 建立当前系统的逻辑模型。通过对物理模型的分析,找到本质性的因素,抽象出当前系统的功能和性能,建立当前系统的逻辑模型。

(3) 建立目标系统的逻辑模型。首先要清楚所建立的目标系统的功能,进一步分析与当前系统逻辑模型的差别,将当前系统的数据流图分成两部分,一部分是与目标系统相同的部分,另一部分是与目标系统不同的即变化的部分。将变化的部分重新分析和设计,建立一个目标系统的逻辑模型。

(4) 为目标系统的逻辑模型作补充。为了对一个软件系统作出完整的说明,需对已得到的结果作一些补充。如说明目标系统的人机边界,即确定系统的范围。还要说明系统逻辑模型中未详细考虑的一些细节问题,如出错处理,系统如何启动和结束,系统输入输出格式,系统性能方面的其它要求(如响应时间、存储容量)等等。

10.3.3　数据流图

数据流图是描述系统中数据流程的图形工具,它标识了一个系统的逻辑输入和逻辑输出以及把逻辑输入转换为逻辑输出所需要的加工。

1．数据流图的组成

数据流图由四种基本成分组成,如图 10-3 所示:

图 10-3　数据流图的基本成分

(1) 数据流——用箭头表示,箭头旁边用文字加以标记;

(2) 加工——用圆圈表示,圆圈内用文字加以标记;

(3) 数据存储——用双线表示,双线旁边用文字加以标记;

(4) 数据的源点和终点——用方框表示,方框内用文字加以标记。

四种基本成分的作用和组成:

(1) 数据流。它是一条流水线,在这条流水线上有一组由一定成分组成的数据在流动。

如图 10-4 中登记表由姓名、性别、出生日期、籍贯、毕业学校、党团员等组成。

数据流的流向由箭头方向指出，可从加工流向加工，也可以从加工流向数据存储或从数据存储流向加工，也可以从源点流向加工或从加工流向终点。每条数据流均有一个合适的名字，表明数据流的含义，但流入或流出数据存储的数据流可以不命名。

(2) 加工。它是对数据进行的操作。每个加工除了命名外，还有一个编号，说明这个加工在层次分解中的位置。

(3) 数据存储。它是数据流在加工过程中产生的临时文件或加工过程中需要查找的信息。数据流反映了系统中流动的数据，表现出动态数据的特征；数据存储反映了系统中静止的数据，表现出静态数据的特征。

(4) 源点和终点。它表示系统中数据的来龙去脉，通常存于系统之外的人和组织之中。源点和终点的表达不必很严格，它只是起到注释作用，补充说明系统与其它外界环境的联系。

图 10-4 中的学生档案管理系统，说明了数据流图是如何由四种基本成分组成。

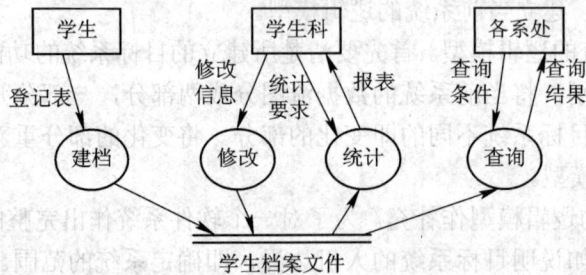

图 10-4　学生档案管理系统数据流图

2．数据流图的结构

一个实际的软件系统是非常复杂的，为了描述它们的信息流向和加工，用一套分层的数据流图来描述，有顶层、中间层、层底之分。

(1) 顶层。决定系统的范围，决定输入输出数据流，它说明系统的边界，把整个系统的功能抽象为一个加工。顶层数据流图只有一张，如图 10-5 所示。

(2) 中间层。顶层之下是若干中间层，某一中间层既是它上一层加工的分解结果，又是它下一层若干加工的抽象，即它又可进一步分解。

图 10-5　顶层数据流图

(3) 层底。若一张数据流图的加工不能进一步分解，这张数据流图就是底层的数据流图。故底层数据流图的加工是由基本加工构成的，所谓基本加工是指不能再进行分解的加工。

3．分层数据流图的画法

画分层数据流图时，应根据分解和抽象的原则自顶向下逐层分解画出。在画各层数据流图时，要注意父图与子图的平衡，各层数据流图及其加工的编号和数据守恒问题。

(1) 父图与子图的平衡。在分层数据流图直接相邻的两层中，上层是下层的父图，下层是上层的子图。一般来说，父图中有几个加工，下层就有几个子图，但子图的个数也可以少于父图中加工个数，即父图中有些加工可能是基本加工，它就没有子图。

父图中某个加工的输入输出数据流应该同相应的子图的输入输出流的数目相同，分层数据流图的这种特性称为父图与子图的平衡。

(2) 子图的编号规则。子图的编号即为父图相应加工的编号；子图中加工的编号由子图号、小数点、局部号构成。顶层只有一张，只有一个加工，不必编号。第一层子图的编号为 0，图中加工的编号为 0.1，0.2，…，通常简化为 1，2，…。对应的子图编号为 1 图，2 图，…，这是第二层数据流图的编号，该层图中加工的编号为 1.1，1.2，…，2.1，2.1，…。这样可以根据子图编号中小数点个数来确定该子图在哪一层上。

(3) 数据守恒。所谓数据守恒是指加工的输入输出数据流是否匹配，即一个加工既有输入数据流又有输出数据流。

4. 完善数据流图

画出了分层数据流图后，应进一步完善，提高数据流图的可理解性。

在对加工进行分解时，应注意分解的均匀性，即分解为大小均匀的几部分，应避免不均匀的分解，即在某一张数据流图中，某些加工已是基本加工，而另一些加工还可以进一步分解为好几层，这时应重新分解。一个加工一次分解为多少个子加工为好？经验证明不超过 7 个为宜。分解过少，可能有较多的层次，分解过多，使人难以理解。一般分解应是自然的，概念上是合理的，清晰的。若一张子图上的所有加工都是不可再分解的基本加工，这时分解过程就可结束了。

10.3.4 数据字典

数据流图描述软件系统的信息流程和加工，但并没有对各个成分进行详细说明，SA 方法使用数据字典对这些成分进行详细说明。数据流图中的数据流名、数据存储名、数据项名、基本加工名的严格定义的集合构成了数据字典。数据字典是 SA 方法重要工具之一，与数据流图配套，缺一不可。数据流图中的非基本加工不必描述，它们是基本加工的抽象，可用基本加工的组合来说明，源点终点也不必在数据字典中描述。因此数据字典中有如下四种条目：数据流、数据存储、数据项和基本加工。

数据字典的作用是建立一组一致的定义，便于用户与分析员之间、用户与程序员之间的通讯，使程序员用一致的数据项和数据存储定义来描述数据库和数据结构，避免了模块接口和系统接口的不一致性。

建立数据字典时要求无冗余，同一件事不能在几处说明，否则引起修改的麻烦。为避免冗余，需要建立一些约定。数据字典可用人工管理，也可用计算机管理。

1. 符号约定

数据字典的描述方法可采用卡片格式。对数据流、数据存储和数据项的描述可采用如下符号：

(1) "+"表示与。例如：登记表=姓名+专业+班级+年龄+性别+籍贯；

(2) "|"表示或。例如：存期= [1 | 2 | 3 | 5]，表示银行存期可有 1 年，2 年，3 年，5 年，而"[ ]"表示选择项。

(3) "{ }"表示重复。例如：发票= {发票行}，表示一张发票有若干行。

2. 数据字典条目的描述

数据字典各条目的详细内容及格式如图 10-6 所示。对于数据流名、数据存储名、数据项名的条目，有若干项是共同的。名字表示该条目的名称；种类表示是数据流、数据存储、数据项或基本加工中的某一种；简述是该条目的作用、含义的简单描述；别名是指该条目名的另一个名字；组成是指该条目由哪些数据成分构成，可用上述的符号约定来描述。各种条目还有自己专有项目，在图中已表示出来了。基本加工条目中还有该基本加工的编号、激发条件、执行频率、加工逻辑等，加工逻辑是指用户对这个加工的逻辑要求，而不是具体怎样实现，不要给出具体变量和控制流程的具体细节，引入这些细节会给用户阅读需求说明书带来困难，另外，过早引入细节就限制了设计人员的自由。

名字	登记表
种类	数据流
简述	学生基本概况
别名	无
组成	姓名＋专业＋班级＋…
数量	每天50张
⋮	
注	

(a)

名字	学生档案文件
种类	数据存储
简述	学生基本情况表
别名	学生档案
组成	学号＋姓名＋专业＋班级＋…
组织	按学号递增排列
⋮	
注	

(b)

名字	姓名
种类	数据项
简述	学生的姓名
别名	无
类型	字符…
长度	8字节
数量	
范围	
注	

(c)

名字	建档
种类	基本加工
编号	
激发条件	收到登记表
执行频率	每天50张
加工逻辑	IF收到登记表 登记学生情况 ENDIF ⋮
注	

(d)

图 10-6　数据字典

(a) 数据流条目；(b) 数据存储条目；(c) 数据项条目；(d) 基本加工条目

3. 加工逻辑的描述

加工逻辑是基本加工条目中的一项重要内容，有三种工具来描述加工逻辑：结构化语言，判定表，判定树。

结构化语言是描述加工逻辑的常用工具，它是介于自然语言和形式语言之间的一种语言，其结构分为内、外两层，外层语法是比较具体的，内层语法比较灵活。外层语法描述操作的控制结构，如顺序、选择和循环等，这些控制结构将加工中的各个操作连起来。内层语法通常由分析员根据系统的具体特点及用户接受能力灵活决定，一般来说，只有祈使句一种，明确地表达"加工"要做什么，加工对象用的名词都是数据字典中定义过的词或自定义的词，动词要避免用"处理"等抽象的词汇，不用形容词和副词，允许引入运算符和关系符。

在描述加工逻辑时，如果有一系列逻辑判断，用结构化语言描述就不直观，也不简捷，这时可用判定表或判定树来描述。判定表是用表格的形式列出在什么条件下作什么处理，一目了然。判定树是以一棵从左向右生长的树型表示来描述在各种条件下要作的事情，树的各个分支表示某种条件，分支的端点表示该分支对应的条件下要作的处理。

例 10-1　"检查订货单"的加工逻辑是如果金额超过 500 元，又未过期，则发出批准单和提货单；如果金额超过 500 元，但过期了，则不发批准单；如果金额低于 500 元，则不论是否过期都发出批准单和提货单，在未过期情况下不需发出通知单。可以用表 10-1 所示的判定表表示这个加工逻辑。

表 10-1　判　定　表

金额状态	>500 且未过期	>500 且已过期	≤500 且未过期	≤500 且已过期
发出批准单	√		√	√
发出提货单	√		√	√
发出通知单				√

例 10-2　针对上例的加工逻辑，也可以用判定树描述如下：

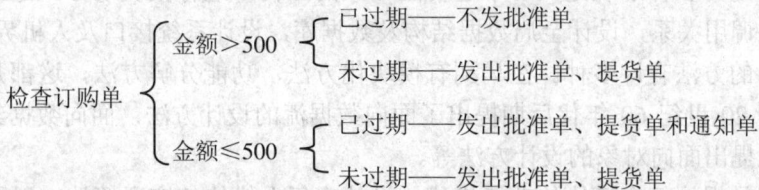

```
                                  ┌ 已过期——不发批准单
                    ┌ 金额>500 ┤
                    │             └ 未过期——发出批准单、提货单
检查订购单 ┤
                    │             ┌ 已过期——发出批准单、提货单和通知单
                    └ 金额≤500 ┤
                                  └ 未过期——发出批准单、提货单
```

4. 数据字典的用途

数据字典作为分析阶段的工具，有助于改进分析人员和用户间的通信，进而消除很多的误解，同时也有助于改进不同的开发人员之间的通信。开发人员如果都能按数据字典描述的数据设计模块，则能避免许多因数据不一致而造成的麻烦。此外，数据字典对于应用系统中的数据库设计也起着重要作用。

10.4　软件的设计

10.4.1　软件设计概述

1. 目标和任务

需求分析阶段是解决软件系统"做什么"的问题，设计阶段是解决软件系统"如何做"的问题，也就是软件系统的功能、性能如何实现，最后应得到软件设计说明书。

设计阶段是较为重要的阶段，设计质量的好坏直接影响到软件系统的可靠性，因此，在设计阶段要达到如下的目标：

(1) 提高可维护性。软件工程按阶段进行，但各阶段相互有影响，由于软件维护费用极高，因此在设计阶段就需要考虑设计一个可维护的软件，它体现在软件可读性、可扩充性和可修改性上。

(2) 提高可理解性。可理解性指结构清晰，层次分明，结构程度高，文档规范化、标准化。对软件人员来说，要易读易理解，对用户来说要易使用。

(3) 提高可靠性。可靠性包含正确性和健壮性两个方面，正确性指软件系统本身没有错误，健壮性指在输入数据不合理或异常时，软件系统还能适应工作，不造成严重的损害。软件的可靠性是一个重要的目标，它涉及到软件系统能否投入工作，使用后效率是否好的问题。

设计阶段分为两步：总体设计和详细设计。

2. 设计方法和步骤

软件设计方法是软件工程中最早发展的领域之一，其工作流程如图 10-7 所示。

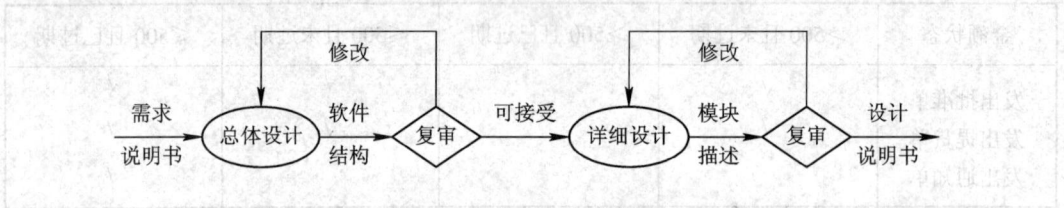

图 10-7　软件设计流程图

总体设计是为软件系统定义一个逻辑上一致的结构：进行模块划分，建立模块层次结构及模块间的调用关系，设计全局数据结构及数据库，设计系统接口及人机界面等。

总体设计的方法有许多种。在早期有模块化方法，功能分解方法，这都是人们一般常用的方法，在 20 世纪 60 年代后期提出了面向数据流的设计方法，面向数据结构的设计方法，近年来又提出面向对象的设计方法等。

详细设计是根据每个模块的功能描述，设计出每个模块的实现算法，以及这些算法的逻辑控制流程，并设计出这些模块所需的局部数据结构。

详细设计的方法主要有结构程序设计方法。详细设计的表示工具有图形工具和语言工具，图形工具有程序流程图、PAD(Problem Analysis Diagram)图、N－S 图，语言工具有伪码和 PDL(Program Design Language)等。

3. 文档

设计阶段结束要交付的文档是设计说明书。设计说明书前面部分在总体设计后完成，后面部分是详细设计后写出。设计说明书有两个作用：对于编程和测试，它提供了一个指南；软件交付使用后，为维护人员提供帮助。

设计说明书的框架和内容如下：

(1) 概述。描述设计工作总的范围，包括系统目标、功能、接口等。

(2) 系统结构。用软件结构图说明本系统的模块划分，扼要说明每个模块的功能，分层次地给出各模块之间的控制关系。

(3) 数据结构及数据库设计。对整个系统使用的数据结构及数据库进行设计，包括概念结构设计、逻辑结构设计、物理设计。用相应的图形和表格把设计结果描述出来。

(4) 接口设计。要进行人机界面设计，说明向用户提供的命令以及系统的返回信息；要进行外部接口设计，说明本系统与外界的所有接口安排，包括软件与硬件之间的接口，本系统与支持软件之间的接口关系。

(5) 模块设计。这是详细设计的结果,根据模块的功能,用详细设计表示工具描述每个模块的流程,描述每个模块用到的数据结构。

4. 设计复审

开发中较早发现错误,可减少错误扩大的机会,考虑周到、计划良好的复审与技术方法一样重要。复审方法有两种:一种是非正式的遍查,由一个通晓全部设计的高级技术人员实施,复查者与设计者一起开会来复查所有技术文档;另一种是正式的结构化审查,要组织一个审查小组,事先查看设计文档,由设计者介绍情况,然后进行评价,使用正式的审查表,正式的错误报告。

10.4.2 软件设计准则

1. 软件结构的准则

软件可以从结构上和过程上进行表示,这种表示上的差别是我们理解总体设计和详细设计的先决条件。软件结构表示软件的系统结构,是一种层次体系,它不考虑时间的先后和执行的顺序,而只给出各软件模块之间的关系和相互作用。从图 10-8 中可看出 M 调用 A、B、C 时,没有指明调用 A、B、C 的次序和条件,即软件结构不提供模块间实现控制关系的操作细节,更不提供模块内部的操作细节。软件过程描述每个模块的操作细节,同时也包括一个模块对下一层模块控制的操作细节。过程的描述就是关于某个模块算法的详细描述,它应该包括处理的顺序、精确的判定位置、重复的操作以及数据组织和结构等。

为了描述软件结构的形态特征,下面介绍几个术语。

深度——软件结构中模块的层数。

宽度——软件结构中模块的总跨度。

扇出数——是一个模块直接下层模块的个数。

扇入数——是一个模块直接上层模块的个数。

图 10-8 软件结构

一个好的软件结构形态准则:顶部宽度最小,中部宽度最大,底部宽度次之;在结构顶部有较高的扇出数,在底部有较高的扇入数。

一个好的软件结构的第二个准则是:模块的作用域应在模块控制域之内,以减弱模块间的耦合性。所谓作用域是指受该模块判定条件影响的所有模块数,也就是直接调用的模块数。控制域是指一个模块本身及所有下层模块构成的集合。如果作用域超出控制域,就要重新划分调整。如图 10-8 所示,B 的作用域为 D、E,B 的控制域为 B、D、E、F、G、H,则 B 的控制域包括了作用域,软件结构的划分是合理的。

2. 模块化准则

把软件划分为一些单独命名和编程的元素,这些元素称为模块。模块划分的目的,一是进行功能分解,把复杂的大的功能划分成简单的小的子功能,尽量降低每个模块的成本,二是尽量使模块间的接口不能太多,太多会使接口成本增加。兼顾二者可取得最佳划分状态,确保软件总成本最低,如图 10-9 所示。划分模块的过程就称为模块化。

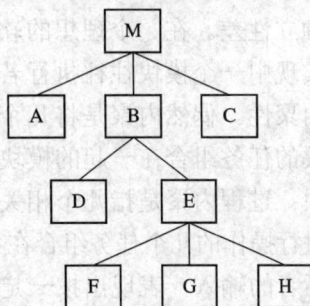

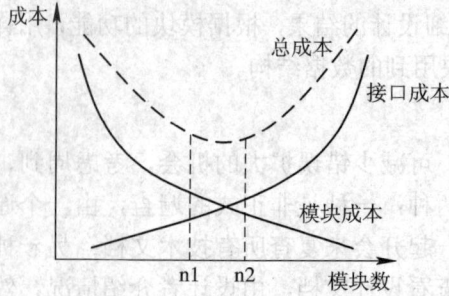

图 10-9　模块划分与软件成本关系

3. 模块独立性准则

把软件划分成模块后，怎样评价模块结构的好坏？为解决这一问题，提出模块独立性概念。模块独立性是指模块具有功能专一，模块之间无过多相互作用的特性。具有独立性的模块，开发容易，模块组合更容易，也容易修改，容易测试，并且能减少错误的传播。为了更好地定性度量模块独立性，引入了模块的内聚性和耦合性概念。内聚性是模块内各部分之间联系紧密程度的度量，耦合性是模块之间联系紧密程度的度量。

(1) 内聚性。一个程序主要有两部分，数据部分以及对数据的加工处理，而内聚性是一个模块内各元素彼此的结合程度。内聚性强，标志模块的独立性强；内聚性弱，标志模块的独立性差。在一个理想的软件系统中，每个模块只做需求的一件事情，单一的功能，但在实现中一个模块往往执行若干结合在一起的任务，这些任务组合方式不同就构成了不同的内聚性。偶然内聚是将几个无关系的任务组合在一起的模块；逻辑内聚是将几个逻辑上相关的任务组合在一起的模块；时间内聚是将在某一时刻同时要执行的任务组合在一起的模块；过程内聚是指几个相关联的任务组合在一起的模块；通信内聚是指在同一数据结构上进行操作的几个任务组合在一起的模块；顺序内聚是指模块的几个任务总是前者的输出即为后者的输入，表现出按一定顺序执行；功能内聚是指模块只包含完成单一功能的任务。这些不同的内聚，前面的内聚性弱，后面的强。在进行模块设计时，尽量争取使模块内聚性强。

(2) 耦合性。耦合性是模块间相互连接紧密程度的度量。耦合性强，标志互联的强，模块独立性差；耦合性弱，标志互连的弱，模块独立性强。耦合强弱取决于划分模块造成模块间接口的复杂程度。

耦合性类型有如下几种：

数据耦合是指通过调用传送简单数据；

特征耦合是指通过调用传送数据结构值；

控制耦合是指通过调用传送控制变量。

以上几种耦合程度都较低。外部耦合是指模块受软件的外部环境的约束；公用耦合是指几个模块引用一个全程数据区；内容耦合是指一个模块使用另一个模块内的数据或控制信息，或直接转移到另一个模块的内部。后面这几种耦合都是模块间联系较强的耦合性。

设计阶段开发软件结构要考虑模块独立性准则，应力求内聚性高，耦合性低，既模块是功能单一，通过调用语句传送简单的局部数据值。

10.4.3 结构化设计方法

结构化设计(SD，Structured Design)方法是由美国 IBM 公司的 Constantine 等人研究出来的，这是用于总体设计的一套方法，与 SA 方法联合使用。SD 方法的出发点是建立一个结构良好的软件系统，基本思想来源于模块化、自顶向下逐步求精的功能划分，评价软件结构的准则是模块独立性，既模块内聚性高、模块之间的耦合性低。SD 方法提供了从数据流图导出软件结构的方法和规则，它采用软件结构图来描述软件结构。

SD 方法应用较为广泛，它的基础是数据流图，几乎所有软件都能表示为数据流图，所以在理论上可适用于任何软件的开发工作。用 SD 方法进行总体设计的过程大致如下：

- 精细化数据流图，确定数据流图的类型；
- 指出各种信息流的流界；
- 将数据流图映射为软件结构；
- 精细化软件结构图；
- 开发接口描述和全程数据描述。

1. 数据流图的类型

数据流图可分为两大类型：变换型和事务型。大多数数据流图可看成对输入数据流进行变换而得到输出数据流，因此有输入流、输出流、变换流三部分。在输入流中，信息由外部数据转换为内部形式进入系统；在变换流中，对内部形式的信息进行一系列加工处理，得到内部形式的结果；在输出流中，信息由内部形式的结果转换为外部形式数据流出系统。这就是变换型数据流图的特点。

事务型数据流图的特点是一个数据流经过某个加工后，有若干平行数据流流出，那个输入数据流称为事务流，那个加工称为事务中心，若干平行数据流称为事务路径。当事务流中的事务送到事务中心后，事务中心分析每一事务，确定其类型，根据事务类型选择一个事务路径继续进行处理。

在一个大的数据流图中，可能变换型和事务型均存在，总的来说以变换为主，某个局部可能是事务型的。变换型和事务型的数据流图形式如图 10-10 所示。

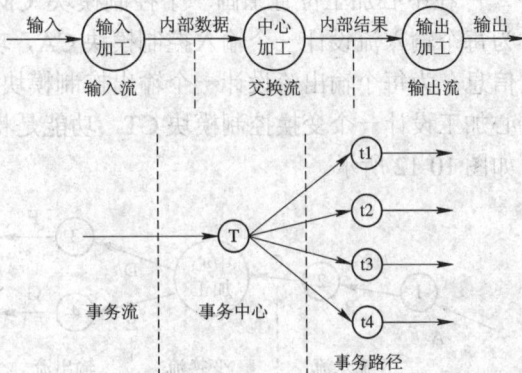

图 10-10 变换型和事务型的数据流图形式

2. 软件结构图

软件结构用一种结构图来描述，它是设计说明书的一部分。用方框表示模块，方框中用文字标记该模块的名字，方框之间的连线表示关系，如图 10-11 所示。A 是 B、C 的直接

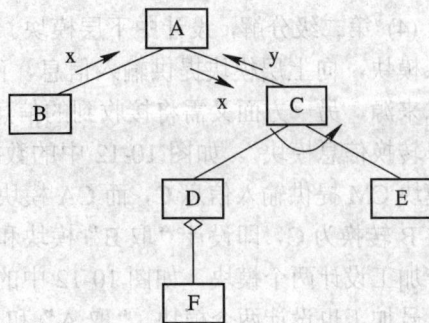

图 10-11 软件结构图

上层模块，B、C 是 A 的直接下层模块，表示控制关系的连线不加箭头，模块之间的小箭头表示接口信息，小箭头旁边标记的文字表示接口信息的名字，小箭头的方向表示接口信息传送的方向。模块之间的菱形符号表示上层模块有条件地调用下层模块，弧形箭头表示上层模块重复地调用下层模块。

3. 变换分析

使用变换分析技术可从典型的变换型数据流图推导出相应的软件结构图，变换分析是一组设计步骤，可把数据流图映射为一种标准结构。有了标准结构再根据软件结构的度量准则、模块化准则、模块独立性准则来修改完善软件结构图，从而得到良好的软件结构。

交换分析步骤为：确定数据流图的类型；确定输入流、中心加工和输出流的流界；第一级分解，设计上层模块；第二级分解，设计中下层模块；进一步精细化。

(1) 确定数据流图的类型。一般从整体上看，一个系统总可分为输入、处理、输出三大部分，因此，总可以表示为变换型。但在某个局部的数据流图中，可能遇到多分支，则是典型的事务型，故应根据数据流图的主要性质来决定整个软件系统的数据流图特征。

(2) 确定流界。这一步主要是找出输入流、中心加工和输出流三者之间的分界线。首先找出输入流的终点，输入流是把物理输入转换为逻辑输入；然后找出输出流的起点，输出流是把逻辑输出转换为物理输出；位于逻辑输入和逻辑输出之间的加工就是中心加工。

(3) 第一级分解，设计上层模块，即设计顶层和第一层模块。

在中心加工位置上画一个控制模块 CM，功能是控制整个软件结构，这是顶层模块。为每个输入流设计一个输入控制模块 CA，功能是协调输入数据的处理工作，提供逻辑输入信息。为每个输出流设计一个输出控制模块 CD 和 CE，功能是协调输出数据的处理。为中心加工设计一个变换控制模块 CT，功能是将逻辑输入变换为逻辑输出。上层模块设计结果如图 10-12 所示。

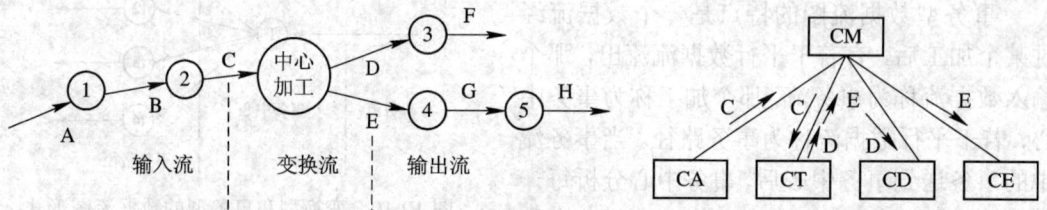

图 10-12　顶层结构图

(4) 第二级分解，设计中下层模块。自顶向下，逐步求精，为每个输入流加工设计一个输入模块，向上层模块提供输入信息，而这个模块又需要两个下层模块，一方面本身需要信息来源，另一方面又需将接收到的信息转换为上层模块所需的信息，即为"取信息模块"和"转换信息模块"。如图 10-12 中的数据流图，C 是逻辑输入数据流，已经设计 CA 模块向模块 CM 提供输入信息 C，而 CA 模块又需要两个下层模块，首先要得到输入信息 B，然后将 B 转换为 C，即设计"取 B"模块和"转换 B"模块。也可以说沿输入流逆向分析，对每个加工设计两个模块，如图 10-12 中的 2 号加工，设计"取 B"和"转换 B"两个模块，对 1 号加工也设计两个模块，"取 A"和"转换 A"，"转换 A"的输出信息是 B，传送到上层模块"取 B"，模块"转换 B"的输出信息是 C，传送到上层模块 CA，如图 10-13(a)

所示。按此方法一直分解下去，直到遇到物理输入为止。数据流 A 是物理输入，所以分解到此为止。

为每个逻辑输出流设计一个输出模块，图 10-12 中有两个逻辑输出流 D 和 E，已经设计了 CD 模块和 CE 模块，下面以 CD 模块为例进行说明。CD 模块的功能是要输出 CM 模块送来的数据流 D，为此要设计两个下层模块，一个要把送来的信息进行转换，另一个要把转换后的信息送走。也就是说对每个逻辑输出流，沿流向分析，对每个加工设计两个模块，一个是"转换信息"模块，另一个是"送信息"模块。如图 10-12 中的 3 号加工，设计"转换 D"和"送 F"模块；4 号加工和 5 号加工，分别设计"转换 E"、"送 G"、"转换 G"、"送 H"模块。如此分析下去，一直到遇到物理输出为止。因为数据流 F 和 H 是物理输出数据流，所以分解到此为止。设计的中下层结构图如图 10-13(b)和(c)所示。

为中心加工设计变换模块，变换模块的设计无规律性，一般可根据中心加工的子加工来建立模块，现给图 10-12 的数据流图的逻辑输入 C 和逻辑输出 D、E 设计出相应的变换模块，如图 10-13(d)所示。

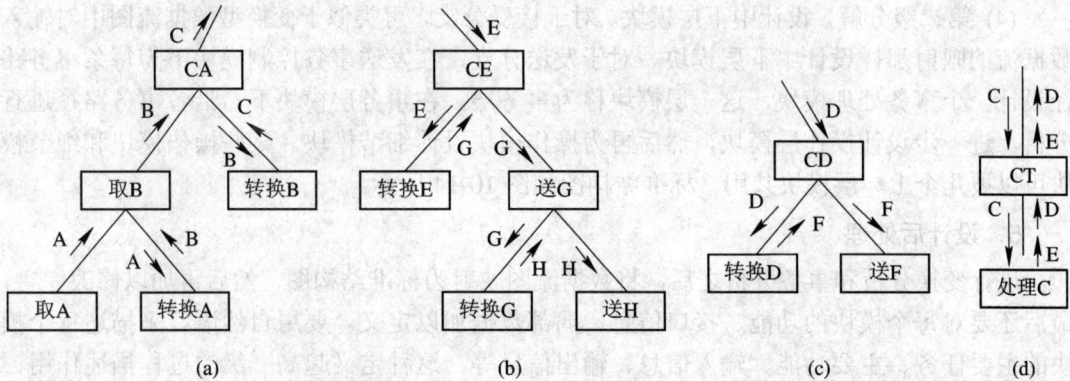

图 10-13 中下层结构图

上述设计中下层模块的映射方法是将一个加工映射为两个模块，另一种设计中下层模块的映射方法是将一个加工映射为一个模块。

(5) 进一步精细。由上述步骤得到的软件结构图是按映射规则得到的标准结构图，这只是一个初步的设计，可能有不符合软件设计准则的地方，就要用前面介绍的软件设计准则来检查软件结构图，进一步修改和完善这个结构图。例如有些模块仅仅是传送一些信息，没有什么处理工作，这种模块就可以取消；有些模块功能很多，很复杂，需进一步分解；有的模块的作用域可能不在该模块的控制域内，则要作适当调整才行。

4. 事务分析

当数据流图呈现出事务型特征时，就要用事务分析技术，将相应的数据流图映射为对应的标准结构图，其步骤与变换分析相同。

(1) 决定数据流图类型。事务型数据流图的显著特点是有一事务流，经过事务中心后，发散为若干事务路径，某一事务只按其中一条事务路径处理下去。

(2) 确定流界。首先识别事务流、事务中心和事务路径。事务中心前是接受事务，事务中心后是事务路径。而事务中心本身有着显著特点，即一股数据流流入，有若干数据流流出。因此，事务型的流界比变换型的流界容易确定。

(3) 第一级分解，设计上层模块。事务分析把数据流图映射成具有接受分支和发送分支的软件结构，对应事务中心，设计"事务控制"模块；对应事务流，设计"接受事务"模块；对应事务路径，设计一个"发送事务"控制模块。对应的上层模块如图 10-14 所示。

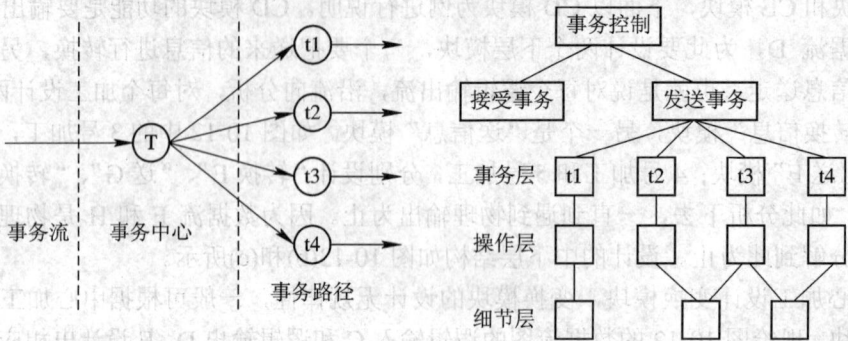

图 10-14　事务分析及标准结构图

(4) 第二级分解，设计中下层模块。对于接受分支，可类似于变换型数据流图中对输入数据流的映射那样设计中下层模块。对于发送分支，在发送事务控制模块下为每条事务路径设计一个事务处理模块，这一层模块称为事务层。在事务层模块下，沿各事务路径进行分析，进一步设计操作层模块，然后再为操作模块设计细节模块。某些操作模块和细节模块可以被几个上一层模块共用。标准结构图如图 10-14 所示。

5. 设计后处理

进行变换分析和事务分析之后，将数据流图映射为标准结构图，然后再加以修改完善，最后还要对每个模块的功能、接口信息、局部数据加以定义。要用自然语言来描述每个模块的主要任务、主要功能、输入信息、输出信息等，这种定义起高一级的过程描述作用，以后在详细设计期间还要进一步精细。

设计后处理可用两种方法来描述，详细描述可用 IPO 图，一张 IPO 图描述一个模块；简单的描述可用一张表格，如图 10-15 所示。

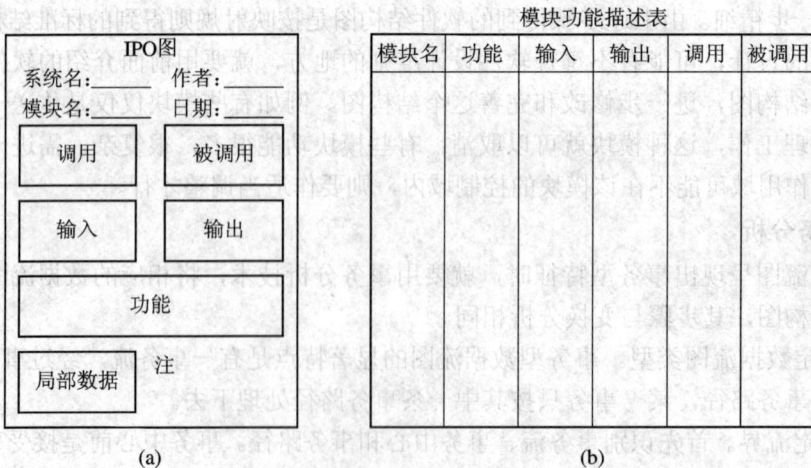

图 10-15　设计后模块功能描述

软件设计，就是要确定软件由哪些模块组成及这些模块之间的动态调用关系，软件结构图是描述软件结构的常用工具。在进行软件结构设计时，应该遵循的最主要的准则是模块独立性准则，也就是说软件应该由一组具有相对独立功能的模块组成，这些模块彼此之间的接口关系应该尽量简单。软件结构准则及模块化准则也能给如何改进软件结构设计提供宝贵的提示。在进行详细的过程设计和编写程序之前，首先进行软件结构设计，其好处在于可以在软件开发的早期从全局的角度对软件结构进行优化，在这个时期进行优化付出的代价不高，但却可以使软件质量得到很大提高。

10.4.4 详细设计方法

详细设计的根本任务是确定每个模块的内部特征，即确定每个模块内部的执行过程，也就是说经过这个阶段的工作，应该得出对目标系统的精确描述，从而在编程阶段可以把这个描述直接翻译成用某种高级程序设计语言书写的程序。

在总体设计中，不但建立了软件结构，还为每个模块确定了它应完成的功能，定义了模块与其它模块的外部接口，设计了关键性的算法。详细设计是以总体设计的设计说明书为依据，针对每个模块进行设计，以实现指定的功能、算法和外部接口所要求的模块内部的数据结构和程序逻辑结构。详细设计阶段的产品——详细设计规格说明书是编程阶段的依据。

另外，详细设计的目标不仅仅是逻辑上正确地实现每个模块的功能，更重要的是设计出的处理过程应尽可能简明易懂。结构化程序设计方法是实现上述目标的关键技术。

1. 结构化程序设计

结构化程序设计(SP，Structured Programming)的概念最早由 E.W.Dijkstra 提出。1966 年 Bohm 和 Jacopin 证明了只用"顺序"、"分支"、"重复"三种基本控制结构就能实现任何单入口单出口的程序。1977 年 IBM 公司的 Mills 进一步指出程序应该只有一个入口和一个出口。Bohm 和 Jacopin 的证明给 SP 方法奠定了理论基础，Mills 的工作补充了 SP 的规则。SP 技术的要点是：

- 采用自顶向下、逐步求精的设计方法；
- 求精过程只使用顺序、分支、重复三种控制结构；
- 一个程序只有一个入口一个出口。

使用 SP 方法有如下的好处：

(1) 自顶向下、逐步求精的方法符合人们解决复杂问题的普遍规律，可以显著提高软件系统的成功率和生产率；

(2) 用先全局后局部、先整体后细节、先抽象后具体的逐步求精过程开发的程序有清晰的层次结构，容易理解和阅读；

(3) 不使用 GOTO 语句，只使用单入口单出口的控制结构，使程序静态结构和它的动态执行情况相一致，容易理解和阅读，开发出的程序容易修改、维护；

(4) 控制结构有确定的逻辑模式，编写程序代码只限于很少几种直截了当的方式。

2. 基本控制结构

(1) 顺序结构。按顺序执行。

(2) 分支结构。一种是两分支的 IF-THEN-ELSE 结构，条件成立执行 THEN 分支，条件不成立执行 ELSE 分支。它有一种退化形式，即 IF-THEN 结构，条件成立执行 THEN 分支，条件不成立什么也不作。另一种是多分支的 CASE 结构。

(3) 重复结构。有两种重复结构，一种是 WHILE 型，当条件成立时执行循环体，条件不成立时离开循环体，先判别条件，后执行循环体；另一种是 UNTIL 型，它是先执行循环一次，才去判定条件。还有一种 FOR 步长型，它的执行过程可用 WHILE 来表示。

3. 详细设计的描述方法

详细设计的描述方法也称为详细设计工具，可以分为图形、语言和表格三类，不论是哪类工具，对它们的基本要求都是能够提供对设计的无二义的描述，同时应该指明控制流程、处理功能、数据组织以及其它方面的实现细节，并能在编程时将设计的描述直接翻译成程序代码。下面简述几种详细设计的工具。

(1) 程序流程图。也称程序框图，它是历史悠久使用最广泛的描述详细设计的工具，然而也是用得最混乱的一种工具。它用方框表示一个处理步骤，菱形表示一个逻辑条件，箭头表示控制流向。图 10-16 给出了几种不同的基本控制结构，其中 S、S1、S2、…表示各种处理，e、e1、e2、…表示各种逻辑判断条件。

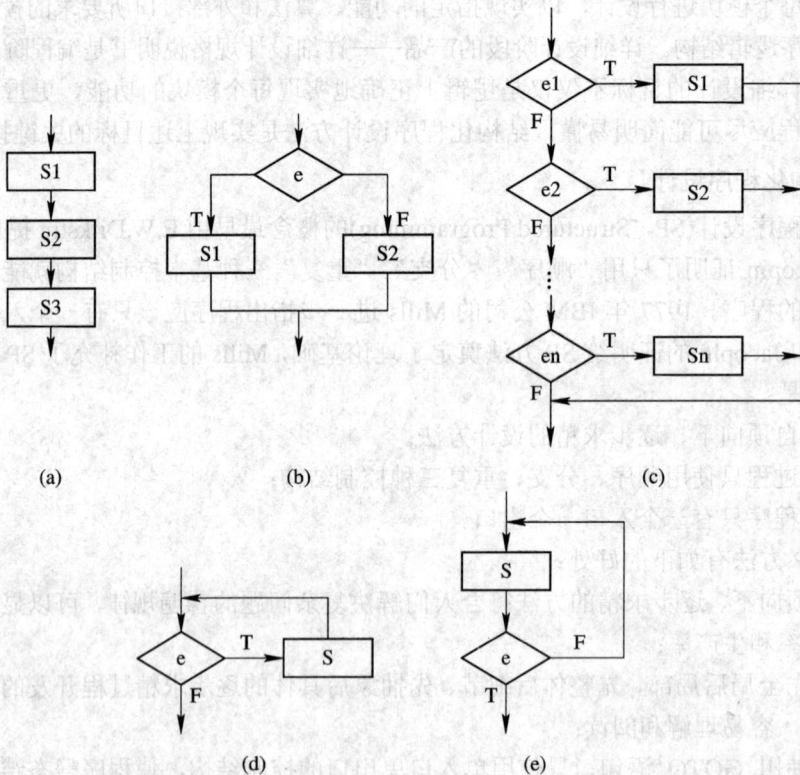

图 10-16　程序流程图的基本控制结构

(a) 顺序结构；(b) IF-THEN-ELSE 结构；(c) 多分支选择结构；

(d) DO-WHILE 循环结构；(e) REPEAT-UNTIL 结构

(2) PAD 图。问题分析图(PAD，Problem Analysis Diagram)是一种改进的图形描述方式，可以用来取代程序流程图。PAD 图是日本日立制作所中央研究所主任研究员二村良彦于 1979

年提出的，它是一种二维展开的图形，比程序流程图直观，结构更清晰，最大的优点是能够反映和描述自顶向下逐步求精的历史和过程。首先可以描述出一个模块由几部分构成，然后再求精每一个部分是什么结构，再进一步描述每种结构的细节部分，直至求精结束。而程序流程图做不到这一点，所看到的程序流程图已是最后结果，中间的求精过程无法保存，无法描述。

PAD 图的基本控制结构如图 10-17 所示。其中 S、S1、S2、…为处理；e、e1、…为逻辑判定条件。分支结构有两部分，带锯齿的框为条件判定，每一个锯齿表示该判定中的一种条件，与该齿相连的处理框表示该分支要执行的处理。重复结构由两部分组成，左边框的右部多一道竖线，表示循环的类型和终止条件，右边的部分表示要重复执行的循环体。

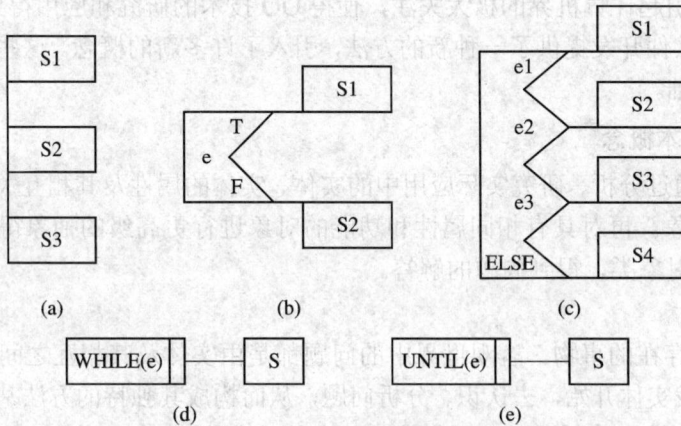

图 10-17　PAD 图的基本控制结构

(a) 顺序结构；(b) 选择结构；(c) 多分支结构；(d) WHILE 结构；(e) UNTIL 结构

(3) 伪码和 PDL 语言。伪码(Pseudo Code)属于文字形式的表达工具，类似于结构化语言，但比结构化语言表示更规范完整。PDL 语言是在伪码的基础上，扩充了数据描述，输入输出描述，定义和调用模块的描述。PDL 语言的控制结构描述，仍采用伪码的描述。这种语言描述工具不同于高级语言，计算机是不能识别和执行的，控制结构的框架采用了高级语言的关键字(如：IF-THEN-ELSE 等)，但各种条件和处理描述采用的是自然语言。用它来描述详细设计，工作量比画图小，又较易转换为真正的代码。

以上介绍的几种工具，都可以用来描述模块的逻辑过程。由于图形表达工具绘图费时，又不易修改，许多人宁愿用 PDL 代替流程图来进行详细设计，惟有 PAD 图由于其简明而灵活的结构表达能力，仍然深受广大软件设计人员的欢迎。

通过详细设计的描述工具，把每个模块的控制流程都描述出来了，这些控制结构是统一的、一致的，而且描述出来的结构都是准确无二义性的，均有高级语言的语句和它们对应，到编程阶段只要按照对应关系写出语句即可。

10.4.5　面向对象的程序设计方法

面向对象(Object Oriented)程序设计方法简称为 OO 方法。面向对象的程序设计是以对象为基础，以消息驱动对象执行的程序设计技术。OO 方法的思想最早出现于挪威奥斯陆大学和挪威计算中心共同研制的仿真语言 Simula67 中。1980 年美国加州的 Xerox 研究中心推出 SmallTalk80 语言，使得 OO 方法得以较完善地实现。20 世纪 90 年代初，OO 方法和 OO 程序设计语言开始成熟。

OO 方法迅速发展的最直接动力是社会对软件日益增长的需求和软件生产低效率的矛盾所致。随着计算机科学的发展，其应用拓宽到各个领域，软件承担了越来越重要的工作。从大到宇宙空间的探索研究，小到日常生活的衣食住行；从金融、交通、国防等重要部门，到各行各业，都离不开软件。因此，当软件出现问题时所付出的代价将是昂贵的。这就要求软件产品具有更高的可靠性、更好的可维护性和更多的可重用性。传统的结构化设计方法根本无法满足这些要求，致使计算机界一直经受着软件危机的困扰。当 OO 的思想和方法一经出现，就引起计算机界的极大关注，使得 OO 技术的研究和应用得到了迅速发展。

OO 技术为软件开发提供了一种新的方法，引入了许多新的概念。这些概念是理解和使用 OO 技术的基础。

1．OO 的基本概念

OO 方法是通过分析、研究实际应用中的实体、实体的属性及其相互关系，从中抽象出要解决问题的对象。再对具有相同属性和功能的对象进行更高级的抽象得到能够求解的对象类。最后求解对象类，得到问题的解答。

1) 实体和对象

实体是客观存在的事物。客观世界中的问题都是由实体及其相互之间的关系构成的。OO 技术就是从找实体开始，去认识、分析问题，从而构成其独特的方法基础。在需求分析阶段找出的实体越多，在设计阶段对问题的描述就越准确。

对象是 OO 方法的核心，到底什么是对象呢？我们可以把要研究的任何事物都作为对象。例如，在办公室自动化问题中，可以把政府部门、工厂、学校作为对象；对于教学管理问题，可以将教师、学生、班级和课程作为对象；在文字处理系统中，可将字符、图形、窗口、菜单，及咨询系统中的法律条文、设计标准、产品说明等作为对象。由此可见，对象的表达能力和描述功能确实是其它方法无法比拟的。

在计算机解题过程中，首先要把客观世界中的实际问题转换为能用计算机表示的形式，才能进行编程处理。即要把客观问题域中的实体抽象为计算机求解域中的对象。因此，对象是逻辑化的实体。对象具有自己的数据结构(也称为属性)，用于描述对象的状态(例如，用一个字符串、整数和逻辑性字段组成的记录描述教师对象的姓名、年龄和婚姻状况)。对象的状态通过各自的行为方法(操作)可以改变。而操作是通过向目标对象传递消息来实现的。所以，也可以说对象是封装了数据和操作的逻辑实体。OO 方法是以"对象为中心"的解题过程，它将数据抽象和功能抽象有机地结合为一体，使对象具有较强的独立性和自治性，从而具有很好的模块化的特点。

2) 方法和消息

对象的处理称为操作或方法。每个对象都有自己的属性和方法，对象自己不能改变自身的属性和实现自己的方法，这些行为是通过其它对象来实现的。

消息是对象之间进行联系和通信的惟一方式，为了实现对象的方法，消息中必须包括：目标对象名称、方法名称和变量、调用与选定方法对应的程序等信息。这种机制有些类似于结构化程序设计语言中的过程调用，但与传统方法的重要区别在于：消息传递可以动态联编到目标对象中去。换句话说，传递消息可以在编译时执行，也可以在运行时执行。

表示消息的形式是消息模式。一个消息模式定义对象的一种方法，所有消息模式及其相对应的方法定义了对象的外部特征(使用者可以调用的方法)。我们用学生档案管理为例说明对象方法和消息之间的关系，如图 10-18 所示。

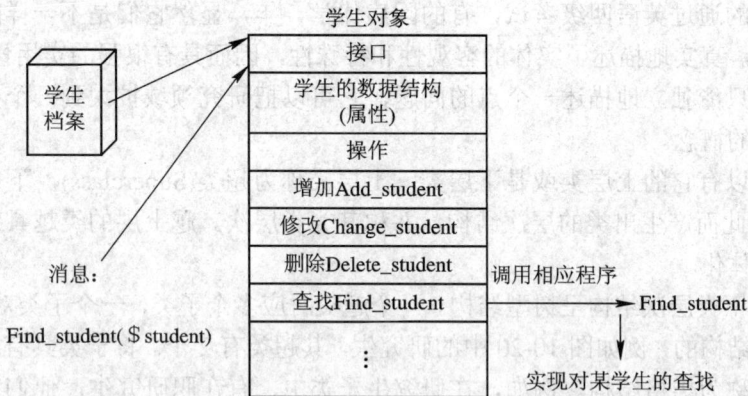

图 10-18　学生对象和消息传递示意图

学生对象在计算机中实现后具有自己的数据结构(例如姓名、学号、专业等)和操作(例如增加、修改、删除和查找学生记录)。具体操作时，通过学生对象的接口向对象发送消息 Find_student($student)；消息中包括操作名称 Find_student( )、操作变量$student，该变量中指出要找的某个学生名字、学号和班级。通过内部调用，执行查找指定学生的操作。对于同一模式的不同消息，同一对象所做的解释和处理是相同的，但处理结果是不同的。例如，发出消息 Delete_student($student)，处理结果是删除指定的学生记录。

3) 对象类、类层次和类格

从对象的观点看，对象类(简称类)就是具有共同属性、共同操作性质的对象的集合。一个类实质上定义了一种对象类型，它描述了属于该类型的所有对象的性质。而每个不同的对象则是所属类的一个实例(Instance)。一个类可以包含许多不同的但性质相同的对象。在 OO 程序设计语言中可以直接定义、求解并实现类。

类包含两方面的内容：外部特性和内部实现。

外部特性即类的外部接口描述，它定义了一组使外界可以识别的操作符(每个操作符由操作名称和操作对象组成)，用消息模式的形式来解释，也可以说类的外部接口描述定义了一组消息模式及其相应的处理能力。通过外部特性，使用户可以了解这样一个类是什么，能够做什么事情。

内部实现即类的内部表示及类定义的具体实现方法，它定义了一组内部实现处理能力的程序以及由这组程序所识别的变量。如"学生类"实现示意图如图 10-19 所示。类的内部实现对用户来说是不透明的，用户只需

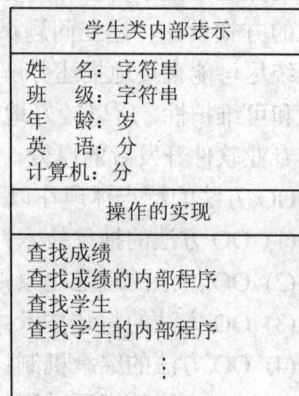

图 10-19　"学生类"实现示意图

了解该类能够做什么事情就足够了，至于怎样做这些事情，那是系统开发人员在系统设计和编程时所考虑和解决的问题，这丝毫不影响用户实现类的有关操作。

类具有动态性，这是类和类型的显著区别之一。类好比一个加工厂，它可以生产出许多不同的对象，但这些对象都是按相同"类型"模式制作的，它们都具有相同的性质。然而，同类生成的对象并非完全一模一样，它们还有其不同的内部状态。例如，学生类中的不同学生，有的通过英语四级考试，有的因病休学一年，显然它们是不一样的。这正是对象和类的优点，真实地描述了实体的客观性和特殊性，因而具有很强的实用性。

类并不是只能独立地描述一个点的问题，它可以把研究领域扩大到一个方面，这就是所谓的类层次的概念。

一个类可以有它的上层类或是下层类，上层类称为超类(Superclass)，下层类称为子类(Subclass)。由此而产生出类的层次结构，并称其为类层次。越上层的类越具有概括性，越下层的类越具体化。

一般情况下类层次结构呈树型结构。一个超类对应多个子类，一个子类对应一个超类，但也有呈网状结构的，例如图 10-20 中的研究生，其超类有 2 个。将子类具有一个以上超类的类层次结构称为类格结构。例如，在研究生子类中，有在职研究生，他们在攻读学位的同时，还要承担教学任务。类格结构用来描述具有多重隶属关系(多重属性)的求解对象类。

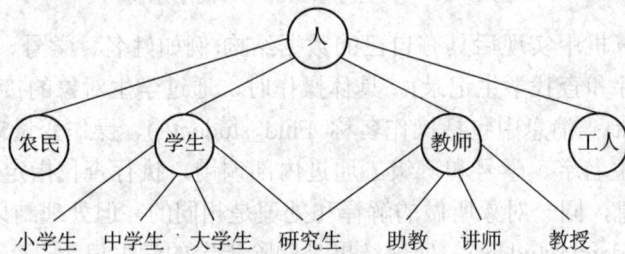

图 10-20 "人"类层次结构示意图

2. OO 方法的特点

OO 方法是一种与传统方法截然不同的、面貌全新的方法，它的出发点和基本目标是使求解问题所选用的方法与人类认识问题的方法尽可能接近，即使描述问题的定义域与解决问题的方法域在结构上尽可能一致。由于 OO 方法对问题域进行自然分割，以更接近人类思维的方式设计、建立问题域模型，以便对客观实体进行结构和行为模拟，从而使设计出的系统尽可能直接地描述并解决实际问题。OO 方法所产生的系统模块具有可重用性、可扩充性和可维护性，所以较好地解决了因软件危机而产生的矛盾。OO 方法也因此受到越来越多的专业软件开发者的厚爱。

OO 方法的特点体现在以下几个方面：

(1) OO 方法的抽象技术；

(2) OO 方法的规范化原则；

(3) OO 方法的封装技术；

(4) OO 方法的继承机制；

(5) OO 方法的解题过程；

(6) OO 方法便于用户参与。

1) OO 方法的抽象技术

抽象是对复杂的客观事物进行简化并概括。OO 方法比其它已有方法从应用设计到解决方案有更高的抽象性和更好的对应性，主要体现在以下几个方面。

(1) 对象具有极强的抽象表达能力。OO 方法采用对象来表达一切事物实体。由于对象可具有不同的属性，使得 OO 方法具有很强的建模能力。

(2) 对象实现了抽象的数据类型。在对对象抽象的基础上，OO 方法更进一步提出对象类的概念，从而实现了更高层的抽象。对象类将数据结构上的抽象与功能上的抽象相结合，实现了类定义。它不仅可由系统来定义类所具有的数据类型，还可以由用户按需要灵活地定义类的数据类型。这种允许用户定义类的数据类型的机制被称为"抽象的数据类型"，它使得 OO 方法具有更强的解决复杂问题的能力。

(3) 规范化的抽象方法。OO 方法的抽象技术不像其它方法那样有很大的随意性，它更接近于人类认识客观事物的思维方法。其方法主要步骤为：

① 寻找需要研究的实体。

② 研究每个实体的属性、特征和功能。

③ 根据这些实体的属性、特征和功能，将它们组合形成不同的模块，最后形成整个应用系统。

OO 方法的抽象技术是从最实际、具体的实体开始，规范化地按步骤进行，从而减少了随意性。而其它方法则着眼于问题的解决方案，差异和主观性也随之产生。

2) OO 方法的规范化原则

OO 方法的设计思想是建立在严谨的规范化原则基础上，并将这种原则贯穿其需求分析、设计和实现的操作过程中。

OO 方法把其设计分成两个层次：一个是应用域，对应问题的现实空间；一个是求解域，对应问题的逻辑空间。如图 10-21 所示。

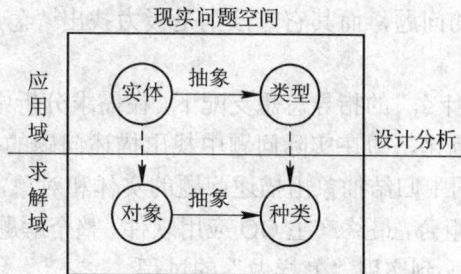

图 10-21 逻辑问题空间

OO 方法明确地规定：设计从在应用域中寻找具体的实体开始，对实体进行抽象得到类型；通过分析实体的结构属性和行为方法，在求解域中可以找到与实体对应的对象，再经抽象得到种类；最后用编程工具去实现种类。OO 方法的这种从具体到抽象、从应用域到求解域的一一对应的规范设计方法在其它方法中是没有的。

3) OO 方法的封装技术

所谓封装技术是一种信息隐藏技术，其目的是将对象的设计者和对象的使用者分开。对象的封装性体现在：

(1) 对象具有清楚的边界，对象内部的数据结构和操作限定在这个边界之内。

(2) 对象具有统一的外部接口，外部接口也称为消息模式，它描述了该对象和其它对象之间的关系。

(3) 对象的内部实现是不公开的。对象的内部实现给出了对象提供的功能细节，而这些功能细节用户和外部对象是不能使用的，但对设计开发人员是开放的。这样做更便于用户能集中精力去考虑系统以及各模块间的相互关系等重大问题；而软件开发人员则主要研究和保证模块的质量与可靠性。

信息隐藏是软件开发过程中强调的一个重要概念，对象的封装性很好地体现了这一概念。封装性向开发人员和用户屏蔽了软件的复杂性和实现细节，从而降低了应用系统开发和维护的难度，提高了开发效率、质量和可靠性。这也正是软件工程追求的一个目标。

4) OO 方法的继承机制

继承性是 OO 方法独有的，因此，继承性是 OO 方法区别于其它方法的重要标志之一。

所谓"继承性"是指：任何一个对象都是某一个类的实例，并继承该类定义的数据结构和操作。将能够对类(包括对象)的数据结构及操作进行描述的特性称之为语义特性。继承性是自动共享类及对象的语义特性，这种共享机制包括：

(1) 新产生的对象自动继承该类的语义特性；

(2) 子类自动继承其超类的语义特性；对多层类层次结构，下层子类可以继承其上各层超类的语义特性(继承传递性)；

(3) 子类可以从它的多个超类中继承它们的语义特性(多重继承)。

继承性是现代软件工程中的重要概念。软件的可重用性、程序成分的可重用性是通过继承(共享)类中的数据结构和操作而实现的。

5) OO 方法的解题过程

OO 方法的解题过程与其它方法的主要区别在于：OO 方法在解决问题的一开始就提出"做什么"这样最实质性的问题，而其它方法则是极力找出"怎样做"的模型。显然这是两种截然不同的设计思想。

OO 方法是在寻找"做什么"的指导思想支配下，在需求分析中抽象出解决问题的对象。抽象过程十分具体并且规范化，即在实际问题中找出描述问题的名词和体现内部运动规律的动词。从这些名词、动词中归结抽象出描述问题的实体和对象，然后将实体和对象(不可再分的基本单元)进行不同组合，最终产生 OO 应用软件。整个解题过程是"从小到大"，"自下而上"，从寻找"做什么"到实现"怎样做"的过程。

而其它方法，例如结构化方法的解题过程是"从大到小"，"自上而下"，"逐步求精"，在"怎样做"的总体构思前提下，去实现"做什么"的。

结构化方法是以"过程为中心"，强调功能抽象与模块化，模块是对功能的抽象，每个模块都是一个过程。因此，解题过程可以看作是"处理一系列过程"的活动。

OO 方法则是以"对象为中心"，它统一了数据抽象和功能抽象。因此，其解题过程是"操纵一系列相关对象"的活动。在 OO 方法中，把解决问题的过程看作是一个对象分类演绎的过程，对象则是一个被封装起来的、包含数据和方法(操作)的整体，是对数据和功能的抽象和统一，对象本身包含了模块的概念。

OO 方法采用对象、类和子类描述客观事物，它们都自然地对应于实际问题域中物理或逻辑的实体。实现过程中，其编程工作量仅仅是将实际问题翻译成程序代码。从而使由"实际问题"到"计算机表示形式"的转换工作量达到最小程度。事实上，采用 OO 方法可降低编程工作量 40%～90%。

6) OO 方法便于用户参与

应用系统开发的成败关键在于对应用问题的深刻理解。显然，用户是最理解应用问题的。因此，在需求分析过程中应该是系统设计人员和用户"共同"参与、分析、讨论需求定义。这里的"共同"一词有两层含义：一是两者一起工作，共同承担起需求定义的任务；二是两者使用双方都熟悉的共同语言去工作。但在实践中，如果碰上不懂计算机技术的用户，双方是很难建立共同语言的。

结构化方法在做需求分析时，往往是系统设计人员不懂实际问题，用户不懂计算机技术。在这种情况下，双方很难建立起共同语言，更谈不上要用户提出让计算机"怎样做"和"做什么"，应用系统的子系统及模块如何划分等具体意见，因而也就很难保证完整、准确地描述应用系统的需求定义。

OO 方法在"做什么"的设计思想指导下，从一开始就把重点放在寻找实际应用中的最小单位——实体上，这就给设计人员和用户设置了一个共同的起点，使双方很容易建立起共同语言。在分析讨论需求时，讨论的是用户所熟悉的事和物，以及日常的业务工作，结果是大大地缩短了设计人员和用户建立共同语言的时间，这样就能很块地和用户一起找出"做什么"的实体。然后，再由设计人员去研究"怎样做"。

OO 方法的这种需求定义方法，在寻找系统"做什么"的分析阶段，以用户为主体，发挥了用户熟悉、了解实际问题的优势，从而保证了描述需求定义的完整性和准确性。然后，以设计人员为主体，由他们去研究"怎样做"，发挥了他们熟悉、了解计算机技术和计算机表示形式的特长，从而保证了系统功能的完整性和准确性。这正是其它设计方法追求而又无法达到的设计目标，而这个目标在 OO 方法中很自然地实现了。

3．OO 方法的设计简例

下面我们通过一个实例分析来了解结构化方法和 OO 方法在设计上的区别，进而更好地理解 OO 方法的抽象技术。以下是一个简化了的宾馆客人登记系统的例子。

宾馆客人登记系统用于在宾馆总台处理客人入住登记业务，它是宾馆前台管理信息系统的一个子系统，是整个宾馆前台管理数据流中有关客人数据的源头。具体的功能(简化的)要求是：

(1) 客人可以是散客或团体成员；

(2) 既可以办理即时到达客人的入住登记，又可以办理预订客人的入住登记。

1) 结构化方法的设计处理

结构化方法在设计时从问题的应用着手，采用从大到小、从上而下的设计方法，把应用分成不同的子系统、模块。根据功能要求，按结构化方法，宾馆客人登记系统可分成两个子系统：预订客人登记和无预订客人登记。预订客人登记子系统又划分为：预订查询、预订登记、可用房查询和记录修改四个模块。无预订客人登记子系统划分为：入住登记、可用房查询和记录修改三个模块。再根据具体操作需要，各个模块下再细分为若干个模块。总体功能模块如图 10-22 所示。

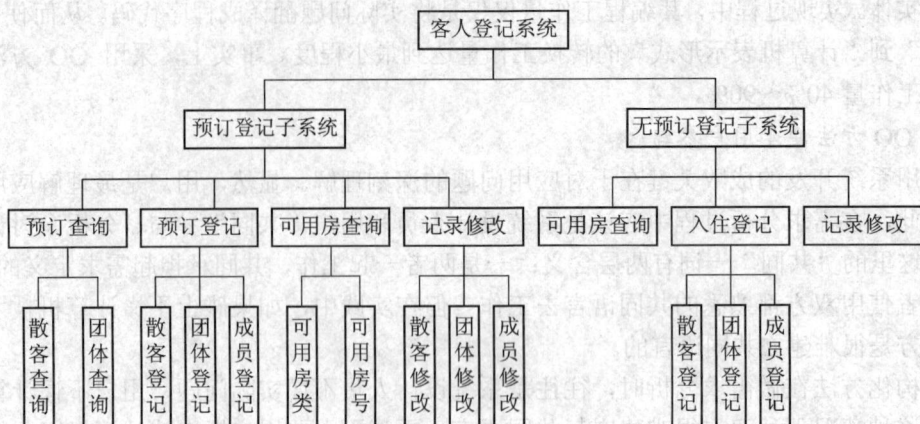

图 10-22 宾馆客人登记系统功能模块

对这个具体例子的功能抽象和模块划分，不同的设计人员会有不同的结果。例如，两个子系统都有"可用房查询"模块，是否可将其合并为一个模块或子系统？两个子系统中的"记录修改"模块是分开还是合并？等等诸如此类的问题。显然，结构化方法把注意力集中在对系统的功能描述(模块划分)和实施上，即"怎样做"上。

2) OO 方法的设计处理

根据前面的介绍，OO 方法中要做的第一件事是在应用需求中找出名词术语来。在宾馆客人登记业务中，可找出这样一些名词：客人、散客、团体、团体成员、总台、房类、房号和房态。经分析和研究有些名词省略。例如，客人可用散客或团体成员取代，总台可省略，因为我们要实现的是客人登记系统；房态是形容客房使用状态的，可用属性去描述，因此也可省略。这样我们在宾馆客人登记系统中确定的名词为：散客、团体、团体成员、房类和房号，这些名词都可以作为应用系统中的实体。

接下来是分析这些实体的属性，确定它们的数据结构。分析结果如下：

(1) 散客和团体成员有类似的属性：姓名、年龄、国籍、证件号码、职业、到达日期、离开日期、账号、房号和房租(团体成员还要具有团体的属性，包括：团名、团体账号、所属旅行社等)。

(2) 团体的属性：团体名称、团体账号、人数、团长姓名、随团导游姓名、到达/离开日期、到达航班/车次。

(3) 房类的属性：名称、数量、日期、售价。

(4) 房号的属性：编号、类别、日期、状态、房租。

然后，根据宾馆客人登记系统的功能要求，确定要"做什么"。经调研分析，结果如下：

(1) 散客/团体成员操作包括：输入(无预订)、修改、查询、删除、登记(有预订)、统计。

(2) 团体操作包括：输入(无预订)、修改、查询、删除、登记(有预订)。

(3) 房类/房号操作包括：浏览显示、查询、出售、修改、加入、删除、统计、报表打印。

最后，把这些实体和它们的属性进行归类处理从而得到抽象的类型。这是一个从具体到抽象的过程，其结果是在需求分析过程中完成了在应用域中寻找"做什么"。

OO 方法的第二步是研究"怎样做"。

根据第一步中确定的"做什么",在第二步中就可以在解决域中找到实体的抽象体对象和类型的抽象体种类。它们的对应关系如图 10-23 所示。

得到了类和对象后,就可以用 OO 程序设计语言编程了。

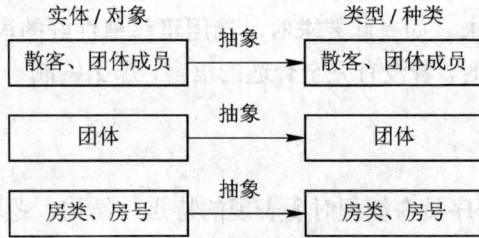

实体 / 对象   类型 / 种类

| 散客、团体成员 | 抽象→ | 散客、团体成员 |

| 团体 | 抽象→ | 团体 |

| 房类、房号 | 抽象→ | 房类、房号 |

图 10-23 宾馆客人登记系统的抽象过程

10.5 软件的编程

软件开发的最终目标,是产生能在计算机上执行的程序。分析阶段和设计阶段产生的文档,都不能在计算机上执行,只有到了编程阶段,才产生可执行的代码,把软件的需求真正付诸实践。所以编程阶段也称为实现阶段。编程的任务是为每个模块编写程序,也就是将模块的逻辑描述转换成某种程序设计语言编写的程序。编程阶段应交付的文档就是程序。

程序阅读是软件开发工作中的一个重要工作。编程的目的就是写出逻辑上正确且易于阅读的程序。为了使程序具有良好的可读性,就要使程序结构良好,层次分明,思路清晰,这就涉及到编程风格问题。

1. 编程语言的选择

在编写程序时,程序员都习惯于使用自己熟悉的语言。而目前的计算机上所配备的程序设计语言越来越多,选择一个合适的程序设计语言对编程的顺利实现及后期的调试与测试都是十分重要的。那末如何选择语言呢?一般来说有这样一些原则:

最少工作量原则。即使用最小代价让系统工作。这就要求使用高级语言,除非在实时系统或很特殊的复杂算法、代码优化要求高的应用领域中才考虑使用汇编语言。

最少技巧性原则。即程序员无须培训或很少培训就能编制程序。

最少错误原则。所选用高级语言的编译系统能尽可能多地发现程序中的错误,以便于调试和提高软件的可靠性。

最少维护原则。所选用的高级语言应该有良好的独立编译机制,以降低软件开发和维护的成本。

最少记忆原则。所选用的高级语言应该有理想的模块化机制,以及可读性好的控制结构和数据结构,以使程序容易测试和维护。

在项目开发时选择语言的具体考虑准则有以下几方面:

(1) 项目的应用领域。这往往是选择语言的关键因素,各种语言往往适用于不同的应用领域。

(2) 用户的要求。用户要求使用他们熟悉的语言。

(3) 可以使用的编译程序。运行目标系统的环境中可以提供的编译程序限制了对语言的选择。

(4) 程序员的经验和知识。如果条件允许，尽量选用程序员所熟悉的语言。

(5) 软件可移植性要求。如有此要求时，选用可移植性好的语言。

(6) 当工程规模很大时，若没有完全合适的语言，那么编制一个专用语言可能是一个正确的决策。

2．编程风格

编程风格是指一个程序员在编程时所表现的特点、结构、逻辑思路的总和。编程风格包括源程序文件，数据说明，输入输出安排等。编程风格的原则是简明性和清晰性。

1) 源程序文件

源程序中各种变量如何命名，如何加注解，源程序应按什么格式写，这对于源文件的编写风格有至关重要的作用。

(1) 各种名字的命名。理解程序中每个名字的含义是理解程序逻辑的关键，所以程序中的各种名字应当适当命名，使其直观、易于理解且安全可靠，采用有实际意义的名字能帮助理解和记忆。例如，DISTANCE = SPEED * TIME 比 D = S * T 更容易理解，所需的注释也少。

当然名字过长，会增加输入量，一般认为，变量名以 3 至 8 个字符为宜，而且对名字的命名约定应有统一的标准，以后阅读理解就方便得多。例如，所有名字均采用汉语拼音，或者均采用英语名字等，两者不能混用。在命名时不采用过于相似的名字，例如，变量名起名为 ENN、ENMN、ENNN 等，这样容易引起误解或输入错误。同一个名字不要具有多种含义，否则阅读和修改都容易造成错误。

(2) 源程序中的注解。源程序中需要注解，开发者通过注解与他的读者进行通信，注解说明了程序的功能、性能等，在维护阶段，对理解程序提供指导。注解分首部注解和功能注解两种。首部注解位于每个模块的前面，说明整个模块的功能、接口信息、数据结构、开发历史、设计者、使用方法、修改情况等。功能注解嵌在源程序的内部，用来描述处理功能。注解应该与程序一致，提供一些从程序本身难以得到的信息，而不是重复程序语句。

(3) 源程序书写格式。程序清单的布局对于程序的可读性有很大影响。在书写源程序时应注意：不要一行书写多条语句，这会掩盖程序的逻辑结构；各种控制结构的层次应呈锯齿型，同一层要对齐，下一层应退缩几格；在程序段之间、程序段和注解之间用空行和空格来分隔。

2) 数据说明

为了使数据定义更容易看懂，更容易维护，要建立一些指导原则。数据说明的次序应该标准化，例如，按照数据结构或数据类型确定说明的次序。有次序就容易查阅，因此能够加速测试、调试和维护的过程。

当多个变量在一个语句中说明时，应该按字母顺序排列这些变量。

如果设计中使用了复杂的数据结构，则应该用注解说明实现这个数据结构的方法和特点。

3) 语句构造

设计阶段仅确定了软件的逻辑结构,而语句的构造是编写程序的一个主要任务。构造语句时应该遵循的原则是每个语句应该简单而直接,不能为了提高效率而使程序变得过分复杂。下述规则有助于使语句简单明了:尽量避免复杂的条件测试;尽量减少对"非"条件的使用;尽量避免使用多层嵌套的循环和分支;利用括号使表达式的运算顺序清晰直观。

4) 输入输出

在设计和编写程序时,应考虑下述有关输入输出风格的规则:

(1) 保持输入格式简单;

(2) 对所有输入数据都进行校验;

(3) 使用数据结束标记,不要要求用户指定数据的数目;

(4) 当程序设计语言对格式有严格要求时,应保持输入格式的一致性;

(5) 设计良好的输出报表;

(6) 给所有的输出数据加标记。

10.6　软件的测试

无论怎样强调软件测试的重要性和它对软件可靠性的影响都不过分。因为现在的软件是如此的庞大和复杂,在软件开发的任何一个阶段都不可避免地存在着错误,找出并纠正这些错误是必要的。因此在软件交付使用之前必须经过严格的软件测试,通过测试尽可能找出需求分析、总体设计、详细设计和软件编程中的错误,并加以纠正,才能得到高质量的软件。软件测试不仅是软件设计的最后复审,也是保证软件质量的关键。1963 年美国发射了探测金星的火箭,其控制程序中的一个 FORTRAN 程序语句"DO 5 I=1,3"被误写成"DO 5 I=1.3",结果导致火箭爆炸,损失一千万美元,这仅是","号与"."号之差,就造成巨大的损失,可见软件测试是多么至关重要。测试的范围是整个软件的生存周期,而不限于编程阶段。

10.6.1　软件测试概述

软件测试的目标是发现软件中的错误,但是发现错误并不是最终目的,软件工程的根本目标是开发出高质量的完全符合用户需要的软件,因此,通过测试发现错误,然后找出错误的原因并加以纠正,这就是调试的目的。

什么是测试?它的定义是"为了发现程序中的错误而执行程序的过程"。由于测试的目标是暴露程序中的错误,从心理学角度看,由程序的编写者自己进行测试是不恰当的,因此,在测试阶段通常由其他人员组成测试小组来完成测试工作。即使经过了最严格的测试之后,仍然可能还有没被发现的错误潜藏在程序中,测试只能用于查找出程序中的错误,不能证明程序中没有错误。

测试的关键问题是如何设计测试用的数据,设计测试用的数据一般有两种方法:白盒法和黑盒法。白盒法是把程序看成装在一个透明的白盒子里,也就是人们完全了解程序的结构和处理过程，按照程序内部的逻辑结构，检验程序中的每条通路是否都能按照预定的要求正确工作。黑盒法是完全不管程序内部的结构和处理，把程序看成一个黑盒子，只按照程序需求说明书规定的功能和性能正常使用，程序是否能适当地接受输入数据并产生正确的输出信息。

如果对每种可能的数据都进行测试，就可以得到完全正确的程序，这种包含所有可能情况的测试称为穷尽测试。然而对于实际程序，穷尽测试通常是做不到的。对于黑盒法，为了做到穷尽测试，至少必须对所有输入数据各种可能值的排列组合都进行测试，但是由此得到的应测试的情况往往大到根本无法测试的程度。例如，一个程序需要 3 个整数的输入数据，如果计算机字长为 16，则每个数据可能取的值为 2^{16} 个，3 个输入数据的各种可能值的排列组合共有

$$2^{16} \times 2^{16} \times 2^{16} = 2^{48} \approx 3 \times 10^{14} \text{ 种}$$

也就是说，大约需要把这个程序执行 3×10^{14} 次才能做到穷尽测试。假定每执行一次程序需要一毫秒，则执行这么多次大约需要一万年！这是根本不可能的事。然而严格地说，这还不算穷尽测试，为了保证测试能发现程序中所有错误，不仅应该使用有效输入数据，还必须使用一切可能的输入数据(例如不合法的整数、实数、字符串等)。

使用白盒法选择测试数据，为了做到穷尽测试，把程序中每条可能的通路都执行一次，即使对很小的程序，通常也做不到这一点。例如一个有 5 个分支的判定语句循环执行 20 次，该段程序共有 5^{20} 条可能的执行通路，显然，即使每条通路只执行一次也是不可能的。

测试数据的设计关键在于在所有可能的测试数据中，怎样的子集有可能发现最多的程序错误。

测试阶段应该注意的一些基本原则是：

(1) 测试用例应该由以下两部分组成：输入数据和预期的输出结果。也就是说，在执行程序之前应该对期望的输出有明确的描述，这样，测试后可将程序的输出同它仔细地对照检查。若不事先确定预期的输出，就可能把似乎是正确而实际是错误的结果当成是正确的结果。

(2) 不仅要选择合理的输入数据作为测试用例，还应选用不合理的输入数据作为测试用例。

(3) 除了检查程序是否做了应做的工作之外，还应检查程序是否做了不应做的事。

(4) 应该长期保留所有的测试用例，直至这个程序系统被废弃不用为止。设计测试用例是很费力的，如果采用过的例子丢弃了，以后一旦再测试这个程序(例如程序内部作了某些修改)就需要再花费人力。

测试阶段分为以下几个步骤：

(1) 模块测试。又称单元测试，检查每个模块是否有错误，主要发现编程和详细设计阶段的错误；

(2) 组装测试。又称综合测试，检查模块之间的接口的正确性，主要用于发现总体设计阶段的错误；

(3) 确认测试。检查程序系统是否满足用户的功能性能要求，主要用于发现需求分析阶段的错误。

测试是相当困难的，它需要一定的软件方法来指导，因为工作量大，如果有软件工具来辅助，将会大大提高效率。

10.6.2 测试用例的设计

设计测试用例是测试阶段的关键技术。所谓测试用例包括预定要测试的功能，应该输入的测试数据和预期的结果。其中最难的是设计测试用的输入数据。

不同的测试数据发现程序错误的能力差别很大，为了提高测试效率，降低测试成本，应该选用高效的测试数据，即选用少量"最有效"的测试数据，做尽可能完备的测试。设计测试用例的基本目标是：确定一组最可能发现某个错误或某类错误的测试数据。已经研究出许多设计测试数据的技术，这些技术各有优缺点，没有哪一种可以代替其余的所有技术，同一种技术在不同的应用场合效果可能会相差很大，因此通常需要联合使用多种设计测试数据的技术。通常是用黑盒法设计基本的测试用例，再用白盒法设计一些补充用例。

1. 黑盒测试

黑盒测试即功能测试，测试时完全不考虑程序内部细节、结构和实现方式，仅检验程序结果与需求说明书的一致性。黑盒测试不关心程序内部的逻辑，只是根据程序的功能说明来设计测试用例。黑盒测试分为等价类划分、边值分析等。

1) 等价类划分

等价类划分就是将输入数据的可能值分成若干个等价类，每一类的一个代表值在测试中的作用就等价于这一类中的其它值。即如果某一类的一个例子发现了错误，这一等价类中的其它例子也能发现同样的错误。反之，如果某一类中的一个例子没有发现错误，则认为这一类的其它例子也不会发现错误。因此，可以从每个等价类中只取一组数据作为测试数据，这样选取的测试数据最有代表性，最可能发现程序中的错误。

等价类分为有效等价类和无效等价类。用等价类划分法设计测试用例分两步：先划分等价类，再选择测试用例。

(1) 划分等价类。首先要研究程序的功能说明，从中确定输入数据的有效等价类和无效等价类。即先取出每一个输入条件(通常是功能说明中的一句话)，然后把每个输入条件划分成两个或更多的等价类，这里所指的等价类有两类：有效等价类是指程序的各种有效输入，无效等价类是指程序的其它可能的输入情况(即错误输入)。

划分等价类需要经验，下面几条启发式规则有助于等价类的划分。

① 如果某个输入条件说明了输入值的范围 (如 1～999)，则可划分一个有效等价类(1～999)和两个无效等价类(小于 1 和大于 999)。

② 如果某个输入条件说明了输入数据的个数(如标识符由1～6 个字符组成)，则可划分出一个有效等价类和两个无效等价类。

③ 如果某个输入条件说明了输入数据的一组可能的值，而且程序对不同输入值做不同处理，则每个允许的输入值是一个有效等价类，另外还有一个无效等价类(任何不允许的输入值)。

④ 如果一个输入条件说明了输入数据必须遵循的规则，则可划分一个有效等价类(符合规则)和若干个无效等价类(从各种不同角度违反规则)。

⑤ 如果某一等价类中各元素在程序中的处理方式有区别，则应把这个等价类分解成更小的等价类。例如输入数据为整数，则可划分出正整数、零和负整数三个有效等价类。

以上列出的启发式规则只是测试时可能遇到的情况中的一部分，实际情况千变万化。为了正确划分等价类，一是要注意积累经验，二是要正确分析被测试程序的功能。此外，在划分无效等价类时，还必须考虑编译程序的查错功能，一般来说，不需要设计测试数据来暴露编译程序肯定能发现的错误。

(2) 确定测试数据。在输入数据等价类划分后，应确定测试数据，其步骤如下：

① 为每个等价类规定一个惟一的编号。

② 设计一组新的测试数据，使其尽可能多地覆盖尚未覆盖的有效等价类。重复这一步骤，直到所有有效等价类均被测试数据所覆盖。

③ 设计一组新的测试数据，使其只覆盖一个无效等价类。重复这一步骤，直到所有无效等价类均被覆盖。

2) 边值分析

实践证明，程序在处理边界情况时容易出错，例如在处理循环的初始条件和终止条件时常易出错。因此，设计使程序运行在边界情况附近的测试数据，更易暴露程序的错误。

使用边值分析方法设计测试用例首先应该确定边界情况，这需要经验和创造性。通常输入等价类和输出等价类的边界值，就是着重测试程序的边界情况，也就是说，应该选取刚好等于、稍小于和稍大于边界值等价类的数据作为测试数据，而不是选取每个等价类的典型值或任意值作为测试数据。

边值分析也需要经验，下面给出几条设计测试用例的启发式规则：

① 如果输入条件规定了值的个数，则分别把值的最大个数，最小个数，以及接近最大、最小的个数作为测试用例。如文件有 1~225 个记录，则应写出具有 0，1，255 和 256 个记录时的测试数据。

② 如果输入条件规定了值的范围，则写出这个范围的边界测试用例，以及刚超出范围的无效测试用例。

③ 对于每个输出条件也使用前面的①和②两条规则。

④ 如果说明书中指出输入输出是有序集，则取有序集的第一个和最后一个元素作为测试数据。

⑤ 分析需要说明找出其它可能的边界条件，取其上下浮动值做测试数据。

通常设计测试用例时，总是联合使用等价类划分和边值分析两种方法。

2. 白盒测试

白盒测试即结构测试，它与程序内部结构相关，要利用程序结构的实现细节设计测试用例，其基本思想是选择测试数据覆盖程序的内部逻辑结构，如覆盖所有的语句，覆盖所有的判定等。为了衡量测试的覆盖程度，需要建立一些标准，目前常用的一些覆盖标准从弱到强排列为：语句覆盖、判定覆盖、条件覆盖、判定/条件覆盖、条件组合覆盖等。现在以一段源程序作为被测试的程序：

```
PROCEDURE SAMPAL(VAR A，B，X：REAL)
    BEGIN
        IF(A>1)AND(B=0)
            THEN X := X/A;
```

```
        IF(A=2)OR(X>1)
            THEN X := X+1
    END；
```

图 10-24 是被测程序的流程图。下面依据流程图设计测试用例，讨论各种覆盖的情况。

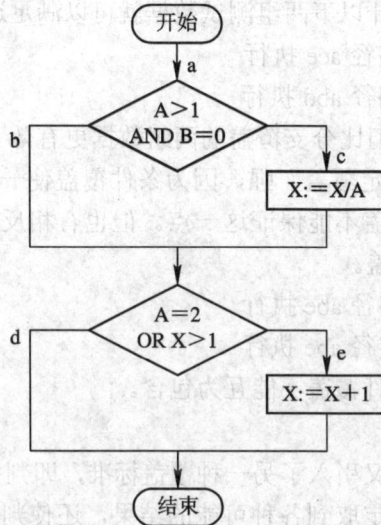

图 10-24　被测试程序的程序流程图

1) 语句覆盖

语句覆盖是一个比较弱的测试标准，它的含义是：选择足够的测试用例，使得程序中每个语句至少都能执行一次。为了使图 10-24 中的每个语句至少执行一次，只需设计一个通过路径 ace 的例子就够了，例如 A=2，B=0，X=3 这组数就可达到"语句覆盖"标准。如果源程序中把逻辑运算符 AND 错写成 OR，或是把条件"X>1"误写成"X>0"，这个测试用例均不能暴露其错误。

2) 判定覆盖

判定覆盖也称分支覆盖，其含义是选择足够的测试数据，使得每一个判定获得每一种可能的结果，也就是说每个分支都必须执行一次。判定覆盖的特点是只关心条件表达式的值。对图 10-24，如果设计两组数据使它们通过路径 ace 和 abd，或者通过路径 acd 和 abe，就可达到"判定覆盖"的标准，为此，选择输入数据为

A=3，B=0，X=1，沿 acd 执行

A=2，B=1，X=3，沿 abe 执行

判定覆盖比语句覆盖严格，因为每个分支都执行了，则每个语句也就执行了。但是，判定覆盖还是比较弱的，例如上述两组数据都未能检查沿路径 abd 执行时，X 值是否保持不变，把"X>1"错写为"X<1"时，还是查不出来，它只有 50%的机会去查 X 的情况。

3) 条件覆盖

条件覆盖的含义是选择足够的测试用例，使判定中每个条件可能的值至少出现一次，即条件表达式中各个条件取两个不同的值。如图 10-24 中，包含了四个条件：A>1，B=0，

A=2，X>1，为了达到条件覆盖准则，需要设计足够的测试用例使得有

        A>1，A<=1，B=0，B<>0

以及有

        A=2，A<>2，X>1，X<=1

等各种结果出现。为此需要设计以下两组测试数据就可以满足这一标准。

        A=2，B=0，X=4 沿路径 ace 执行

        A=1，B=1，X=1 沿路径 abd 执行

虽然同样只有两组测试数据，但比分支覆盖的两组数据更有效了。

"条件覆盖"通常比"判定覆盖"强，因为条件覆盖使一个判定中的每个条件都取得了两个不同的结果，而判定覆盖不能保证这一点。但也有相反的情况，如下面两组数据满足条件覆盖，但不满足判定覆盖。

        A=1，B=0，X=3 沿路径 abe 执行

        A=2，B=1，X=1 沿路径 abe 执行

因此，有时判定覆盖和条件覆盖不能互为包含。

4）判定/条件覆盖

针对条件覆盖中的问题，又引入了另一种覆盖标准，即判定/条件覆盖。其含义是：选择足够的测试数据，使每个判定取到各种可能的结果，还使判定中每个条件取两种不同的值。对图 10-24，上面选取的两组数据：A=2，B=0，X=4 和 A=1，B=1，X=1 是满足这一标准的。

判定/条件覆盖似乎比较合理，但事实并非如此。在含有 AND 或 OR 的逻辑表达式中，某些条件将抑制其它条件，例如表达式 A AND B，如果 A 为假，则就不再检查条件 B 了，这样 B 中的错误就发现不了。这说明尽管"判定/条件覆盖"看起来能使各种条件取到所有可能的值，但实际上并不一定能检查到这样的程度，所以较彻底的测试应使每个简单判定都真正取到各种可能的结果。

5）条件组合覆盖

条件组合覆盖的含义是选择足够的测试数据，使得每个判定中的条件的各种组合都至少出现一次。显然，满足条件组合覆盖的测试数据，一定满足判定覆盖、条件覆盖和判定/条件覆盖。对图 10-24，选择适当的数据，使得下面 8 种条件组合都能够出现。

(1) A>1，B=0；

(2) A>1，B<>0；

(3) A<=1，B=0；

(4) A<=1，B<>0；

(5) A=2，X>1；

(6) A=2，X<=1；

(7) A<>2，X>1；

(8) A<>2，X<=1。

下面四组测试数据可以覆盖上面的 8 种条件组合。

A=2，B=0，X=4，覆盖 1），5）；

A=2，B=1，X=1，覆盖 2），6）；

A=1，B=0，X=2，覆盖 3)，7)；

A=1，B=1，X=1，覆盖 4)，8)）。

上述四组数据虽然满足条件组合覆盖，但并不能覆盖程序中的每个路径，例如 acd 就没有执行。注意，该程序只有四条路径，就可以看出条件组合覆盖标准仍然是不彻底的。因此还需要和黑盒测试联合起来共同来完成测试用例的设计。

10.6.3　测试实施策略

为了发现软件的错误，测试过程应针对分析、设计和编程每个阶段可能产生的错误，采用某些特殊的测试技术。图 10-25 给出了开发过程和测试过程的对应关系。从问题到开发出程序，经过需求分析、总体设计、详细设计、编程阶段，而从程序到产品，需要经过模块测试(或称单元测试)、组装测试(或称综合测试、集成测试)、确认测试(或称有效性测试)。下面分别讨论各种测试的实施策略。

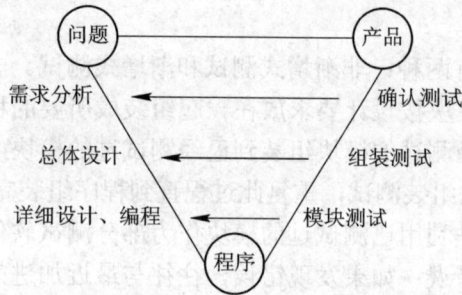

图 10-25　开发与测试的对应

1. 模块测试

模块测试是对模块进行测试，其目的是根据该模块的功能说明检验模块是否有错误，模块测试主要可以发现详细设计和编程时犯的错误，如某个变量未赋值，数组上下界不对等。

程序员在完成某个模块的编程后，一般总要自己先对模块进行一次测试(常用白盒法选择一些测试数据检验程序的内部逻辑，再用黑盒法补充一些例子)，经测试认为程序基本可行，才会将程序交付。程序交付之后，又由其他人员以黑盒法为主再次对该模块进行测试。

在模块测试期间，主要评价模块的下述五个特性：

(1) 模块接口；

(2) 局部数据结构；

(3) 重要的执行通路；

(4) 出错处理通路；

(5) 影响上述各方面特性的边界条件。

模块测试是测试阶段的第一步，在编写出各模块的源程序之后进行。模块不是一个独立的程序，因此必须为每个模块测试开发驱动模块和存根模块。驱动模块用来启动被测模块，它接受测试数据，把这些数据传送给被测试的模块，并且打印出有关结果。存根模块代替被测试模块所调用的模块，因此存根模块也称为"模拟子程序"，它模拟被测试模块所调用的那个模块的功能，因此它使用被它代替的模块的接口，做最少量的数据操作，打印出对入口的检验或操作结果，并把控制归还给调用它的模块。

驱动摸块和存根模块代表测试的开销，它是为了进行模块测试而必须编写的测试软件，通常不作为软件产品交给用户。许多模块不能用简单的测试软件充分测试，为了减少开销，可在组装测试的过程中同时完成对模块的详尽测试。模块内聚性高可以简化模块测试过程，如果每个模块只完成一种功能，则需要的测试用例数目明显减少，模块中的错误也更容易预测和发现。

2. 组装测试

把模块按照设计要求组装起来的同时进行测试，主要目标是发现与接口有关的问题。例如模块之间传递的数据是否丢失；一个模块是否可能破坏另一模块的功能；子功能的组合是否达到预期要求的主功能；全程数据结构是否有问题；单个模块的误差集成放大是否会达到不能接受的程度。所以，需要在模块集成的同时进行整体测试，发现并清除模块联接中出现的问题。

进行组装测试的方法有两种：非渐增式测试和渐增式测试。非渐增式测试是先分别测试每个模块，然后把所有模块按设计要求放在一起组装成所要的程序后才进行组装测试。渐增式测试是逐个地把未经测试的模块组装到已经测试过的模块上去，进行组装测试，每加入一个新模块都进行一次组装测试，重复此过程直到程序组装完成。

由于渐增式测试方法是利用已测试过的模块作为部分测试软件，系统开销小；另外可较早地发现模块间的接口错误；如果发现错误，往往与最近加进来的那个模块有关，错误容易定位。因此使用渐增式测试作为组装测试的方法比较好。

当使用渐增式测试方法把模块结合到软件系统中去时，有自顶向下和自底向上两种方法。

1) 自顶向下结合

这是人们广泛采用的组装软件的方法。从主控模块开始，沿着软件控制层次向下移动，逐渐把各个模块结合进来，在把属于主控模块的那些模块组装到软件结构中去时，可以使用深度优先策略，也可以使用宽度优先策略。

例如图 10-26 所示的模块结构，首先对顶层主控模块 M1 进行模块测试，为此需为它编写三个存根模块(S1，S2，S3)来模拟 M2，M3 和 M4 模块，M1 通过测试后，发现并改正了错误，然后把第二层的模块 M2 结合进来进行组装测试(也包括 M2 的模块测试)。若按深度优先策略，接着把模块 M5，M8，M6 依次结合进来进行组装测试，最后再把中央和右侧控制通路上的模块结合进来。若按宽度优先策略，应先把和 M2 处于同一层的模块 M3，M4 结合进来，然后再组合下一层的模块 M5，M6，M7。如此下去，直到所有模块组装完毕。

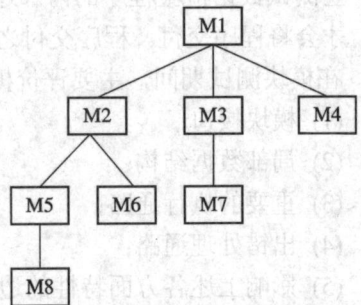

图 10-26　自顶向下结合

把模块组装进软件结构的具体步骤如下：

(1) 对主控模块进行测试，测试时存根模块代替所有直接下层模块；

(2) 根据选定的组装策略，每次用一个实际模块代替存根模块(新组装的模块往往又需新的存根模块)；

(3) 在结合进一个模块的同时进行测试；

(4) 为了保证加入的模块没有引入新的错误，可能需要回归测试，即全部或部分地重复以前的测试；

(5) 不断重复(2)，(3)，(4)三步过程，直到构造出完整的软件结构为止。

2) 自底向上结合

自底向上结合是从最底层模块开始组装和测试。因此不需要编写存根模块，但需编写驱动模块。

通常采用下述步骤来实现自底向上结合的策略：

(1) 把底层模块组合成实现某个特定软件子功能的族(如图 10-27 中模块族 1，2，3)；

(2) 为每一族编写一个驱动模块，以协调测试数据的输入和测试结果的输出；

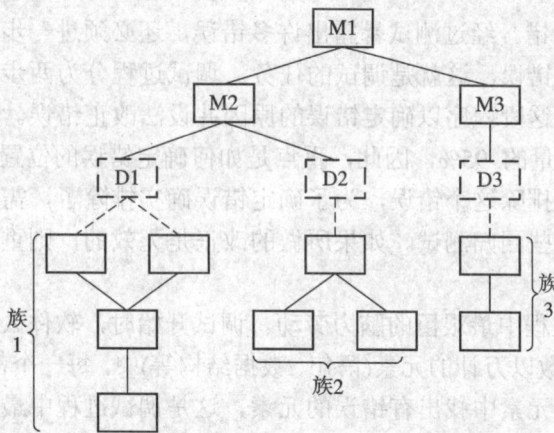

图 10-27　自底向上结合

(3) 对由模块组成的子功能族进行测试；

(4) 按模块结构图依次向上扩展，把子功能族组合起来形成更大的子功能族，再进行测试。重复此步骤直到软件系统全部测试完成。

在图 10-27 中表示了自底向上的测试过程，先用驱动模块 D1，D2 和 D3 分别对模块族 1，2 和 3 组装测试后，去掉驱动模块，把模块族 1 和 2 直接同 M2 连接起来进行组装测试，模块族 3 同 M3 连接起来进行组装测试，最后都与模块 M1 连接起来进行组装测试。

自底向上结合方法的优点是比较容易设计测试用例和不需要编写存根模块，缺点是看不见系统概貌，直到把最后一个模块结合进来以前程序作为一个整体始终不存在。自顶向下结合方法的优点是不需要驱动模块，能够较早地实现并验证系统的主要功能，较早发现接口错误，缺点是需要存根模块，低层关键模块中的错误发现较晚。

在实际测试时，常把这两种方法结合起来，对软件结构中的上层使用自顶向下的方法，而对下层使用自底向上的方法，这种结合方法兼有两种方法的优点和缺点。当被测试的软件中关键模块比较多时，这种结合方法可能是最好的折衷方法。

3．确认测试

经过组装测试，已经把所有模块组装成一个完整的软件系统，接口错误也已经基本排除，接着就应该进一步确认软件的有效性，这就是确认测试的任务。那么什么样的软件才是有效的呢？当软件的功能和性能如同用户所合理期待的那样，则软件是有效的。

确认测试一般使用黑盒法测试以表明软件符合需求说明书的要求，应该仔细设计测试用例和测试过程。确认测试必须有用户参加，或以用户为主，用户应参与设计测试用例，通常主要使用生产中的实际数据进行测试，测试数据通过用户接口输入。

确认测试有两种可能的结果：

(1) 功能和性能符合用户要求，该软件系统是可以接受的。

(2) 功能或性能与用户要求有差距。如果确认测试发现有差距，这通常与需求分析阶段的差错有关。因涉及面广，解决起来比较困难，通常需要和用户充分协商妥善解决。

10.6.4　软件的调试

调试也称排错或纠错。经过测试暴露出许多错误，还必须进一步诊断错误的原因和位置，进而改正程序中的错误，这就是调试的任务。调试过程分为两步：首先确定错误的准确位置，然后仔细研究这段程序以确定错误的原因并设法改正错误。其中第一步所需的工作量大约占调试工作总量的 95%，因此，重点是如何确定错误的位置。一旦确定了错误的位置，则进行修改以便排除这个错误，为了确定错误确实排除了，需要重复进行暴露这个错误的原始测试以及某些回归测试。如果所做的改正是无效的，则重复上述过程直到找到一个有效的解决办法。

调试是软件开发过程中最艰巨的脑力劳动。调试开始时，软件人员仅仅面对着错误的征兆，在组成源程序的数以万计的元素(语句、数据结构等)中，每一个都可能是错误的根源。如何在浩如烟海的程序元素中找出有错误的元素，这是调试过程中最关键的问题。人们已研究出一些帮助调试的技术，当然更重要的还是调试策略。

1．调试技术

现在的调试技术主要有以下几类：

(1) 输出寄存器的内容。在测试中出现问题，设法保留现场信息。把所有寄存器和主存中有关部分的内容打印出来(通常以八进制或十六进制的形式打印)，进行分析研究。用这种方法调试，输出的是程序的静止状态(程序在某一时刻的状态)，效率非常低，不得已才采用。

(2) 打印语句。为取得关键变量的动态值，在程序中插入打印语句。这是取得动态信息简单的办法，并可检验在某事件后某个变量是否按预期要求发生了变化。此法的缺点是：可能输出大量需要分析的信息；必须修改源程序才能插入打印语句，这可能改变关键的时序关系，引入新的错误。

(3) 自动调试工具。利用程序语言提供的调试功能或专门的调试工具来分析程序的动态行为。一般程序语言和工具提供的调试功能有：检查主存和寄存器；设置断点，即当执行到特定语句或改变特定变量的值时，程序停止执行，以便分析程序此时的状态。

在使用任何一种调试技术之前，都应先使用调试策略对错误的征兆进行全面的分析，通过分析大致推测了错误的部位，再用调试技术检验位置推测的正确性。

2. 调试策略

用调试策略来推测错误原因是调试的中心工作。常用的调试策略有：

(1) 试探法。在分析出错征兆基础上，猜想错误的大致位置，再用前述的调试技术检验推测正确性或错误位置。这种方法效率较低。

(2) 回溯法。检查错误征兆，确定最先发现"症状"的位置，然后沿程序控制流往回追踪程序代码，直到征兆消失为止，进而找出错误原因。

(3) 对分查找法。如果知道每个变量在程序内若干个关键点上的正确值，则可用赋值语句或输入语句在程序中关键点附近"注入"这些变量的正确值，然后检查程序的输出。如果输出结果是正确的，则表示错误发生在前半部分，否则，不妨认为错误在后半部分。这样反复进行多次逐渐逼近错误位置。

(4) 归纳法。归纳法是一种系统化的思考方法，是从个别推断全体的方法，这种方法从线索(错误征兆)出发，通过分析这些线索之间的关系找出故障。主要有下述四步：

① 收集有关数据。收集测试用例，弄清哪些观察到错误征兆，什么情况下出现错误等信息。

② 组织数据。整理分析数据，以便发现规律，即什么条件下出现错误，什么条件下不出现错误。

③ 导出假设。分析研究线索之间的关系，力求找出它们的规律，从而提出关于错误的一个或多个假设，如果无法做出假设，则应设计并执行更多的测试用例，以便获得更多的数据。

④ 证明假设。假设不等于事实，证明假设的合理性是极其重要的，不经证明就根据假设排除错误，往往只能消除错误的征兆或只能改正部分错误。证明假设的方法是，用它解释所有原始的测试结果，如果能圆满地解释一切现象，则假设得到证明，否则要么是假设不成立或不完备，要么是有多个错误同时存在。

3. 调试原则

(1) 要思考。实际上不用计算机就能确定大部分错误。

(2) 如果陷入困境，就把问题放到第二天去解决。

(3) 如果陷入困境，就与别人交谈你的问题，往往在谈的过程中就发现纠正错误的办法。

(4) 避免用试验法。不要在问题没有搞清楚之前，就改动程序，这样对找出错误不利，程序越改越乱，以致于面貌全非。

10.7 软件的维护

软件交付使用以后便进入正常运行阶段，也是软件生存周期中的最后一个阶段，即维护阶段。目前还没有一种能够确认软件中不存在错误的技术，在这个阶段不可避免会出现错误，加上用户需求的不断改变，对软件要不断改进，这些工作只有通过对软件的维护来解决。

1. 维护的基本概念

所谓软件维护是软件交付使用以后，为了改正错误或满足其它需要而修改软件的过程。

(1) 改正在开发阶段产生、测试阶段没有发现、运行之后才出现的错误，称为正确性维护。

(2) 为适应软件的外部环境改变(如硬件，操作系统等)而对它进行的修改，称为适应性维护。

(3) 为了提高软件性能和扩充软件功能而对软件进行的修改，称为要求性维护或者完善性维护。完善性维护是软件维护工作中最主要的部分，约占软件维护总工作量的一半。

(4) 为了给未来的改进奠定更好的基础而修改软件的维护活动称为预防性维护。

需要指出的是，维护是对"整个软件配置"进行的，也就是说，除了修改程序之外，必须同时修改涉及的所有文档。维护是一项涉及面很广的活动，一旦某个维护目标确定之后，就要产生一个维护方案。由于对程序的修改会影响到程序的其它部分，所以又要考虑修改后的影响范围和波及作用，修改后还要进行测试，然后修改文档。由此可见，维护的工作量极大，故费用较高。

2．维护的实施

为了保证维护工作的进行，在软件工程实践中，初步形成了一套工序：首先建立一个维护机构，提出维护申请报告，制定维护计划方案和改动方案，报告后再作评估，确认之后再实施改动，并记录全过程和总体评价。

(1) 软件维护人员组成的维护机构必须与软件环境相适应，维护主管负责协调维护工作，维护人员将维护申请报告递交给维护主管，由技术人员评估申请报告，初步估计问题起因和修改时间并报告维护主管。维护主管与变动控制机构一起确定每一个任务的优先次序，估计所做变动的影响范围，并定出初步的维护时间表，然后交给维护人员进行维护。

(2) 制定维护计划。维护计划包括维护范围所需资源、成本、进度等，它最终将成为基本文档之一。

(3) 报告出错情况。通过"软件问题报告"来报告错误。

(4) 变动评估。当收到完整的软件问题报告后，维护人员便填写"软件变动报告"，提出错误类型、修改策略和性质，这是提交变动控制机构的惟一报表。

(5) 改正错误。按上面的工序对维护申请评估后，归并有关错误，一起改正。就像开发新软件一样，按软件工程的办法一步一步地进行。

最后，全部维护报告按软件项目存档。

习　题

1．软件和程序的区别是什么？
2．软件危机产生的原因是什么？
3．何谓软件工程？
4．软件可行性研究应考虑哪几个方面的因素？
5．什么是 SA 方法？它的描述工具是什么？
6．数据流图的基本成分有哪些？怎样画数据流图？
7．数据字典有哪些条目？它的作用是什么？

8. 软件结构和软件过程的区别是什么？

9. 软件设计的准则和原则是什么？

10. 何谓模块化？何谓模块独立性？

11. 说明从转换型数据流图设计出软件结构的过程。

12. 软件设计分哪两步？每一步的任务是什么？

13. 模块基本控制结构有哪些？有哪些图形和语言表示手段？

14. 面向对象方法有哪些主要特点？

15. 什么是封装性、继承性？它们的作用是什么？

16. 程序设计的风格体现在哪几个方面？

17. 源程序中的注释有几种？各有什么作用？

18. 软件测试有哪些基本原则？

19. 测试阶段分哪几个步骤？每个步骤与开发各阶段有什么对应关系？

20. 什么是白盒法？什么是黑盒法？

21. 选择测试数据的基本原则是什么？

22. 设计测试数据的方法有哪些？

23. 何谓驱动模块？何谓存根模块？

24. 调试策略有哪些？

25. 软件维护的含义是什么？

参 考 文 献

[1]　孟彩霞，王曙燕，陈莉君编著. 计算机软件基础. 北京：机械工业出版社，1997

[2]　严蔚敏，吴伟民编著. 数据结构. 北京：清华大学出版社，1992

[3]　陈一华，刘学民，潘道才编. 数据结构. 成都：电子科技大学出版社，1998

[4]　谭浩强著. C 语言程序设计. 北京：清华大学出版社，1999

[5]　冯博琴等编. 计算机软件基础. 西安：西安交通大学出版社，1997

[6]　汤子瀛，哲凤屏，汤小丹. 计算机操作系统. 西安：西安电子科技大学出版社，1996

[7]　徐甲同. 操作系统教程. 西安：西安电子科技大学出版社，1992

[8]　滕至阳编著. 现代操作系统教程. 北京：高等教育出版社，2000

[9]　李大友主编. 软件技术基础. 北京：机械工业出版社，1996

[10]　萨师煊，王珊. 数据库系统概论. 北京：高等教育出版社，2000

[11]　杨冬青等编. 全国计算机等级考试三级教程(数据库技术). 北京：高等教育出版社，2002

[12]　刘润彬，张华编. 软件工程简明教程. 大连：大连理工大学出版社，1994

[13]　荣钦科技主笔室. 完全接触 Oracle. 北京：电子工业出版社，2002